Cécile Armand

La publicité en Chine

Transformations of Modern China

Edited by
Jennifer Altehenger, Daniel Leese, Nicola Spakowski and Sebastian Veg

Volume 5

Cécile Armand

La publicité en Chine

Naissance d'une industrie (1914–1956)

DE GRUYTER
OLDENBOURG

ISBN 978-3-11-118539-2
e-ISBN (PDF) 978-3-11-133634-3
e-ISBN (EPUB) 978-3-11-133674-9
ISSN 2511-6029

Library of Congress Control Number: 2023950569

Bibliographic information published by the Deutsche Nationalbibliothek
The Deutsche Nationalbibliothek lists this publication in the Deutsche Nationalbibliografie; detailed bibliographic data are available on the internet at http://dnb.dnb.de.

Cover image: “The seat of the Huashang guanggao gongsi (華商廣告公司)”, ca. 1926–1939. Source: Shanghai tushuguan 上海圖書館 [Shanghai Library]. Virtual Shanghai collection: https://www.virtualshanghai.net/Photos/Images?ID=33114
Typesetting: Integra Software Services Pvt. Ltd.
Printing and binding: CPI books GmbH, Leck

www.degruyter.com

Table des matières

Troisième partie : **Théories et pratiques publicitaires**

Liste des figures, cartes et illustrations

https://doi.org/10.1515/9783111336343-203

Liste des tables

https://doi.org/10.1515/9783111336343-204

Liste des principales abréviations utilisées

ACC	Advertising Club of China (Zhongguo guanggao gonghui)
AAA	Association of Advertising Agencies
ACAA	Association for Chinese Advertising Agencies (Zhonghua guanggao shanghui)
BAT	British-American Tobacco Company
CCAA	China Commercial Advertising Agency (Huashang guanggao gongsi)
CP	*China Press*
CWR	*China Weekly Review*
FC	Concession française
MRFE	*Millard's Review of the Far East*
NCH	*North China Herald*
SB	*Shenbao*
SCMP	*South China Morning Post*
SMA	Archives municipales de Shanghai
SMC	Shanghai Municipal Council
WRFE	*Weekly Review of the Far East*
YMCA	Young Men's Christian Association
LMS	Lu Meiseng
LSL	Lu Shoulun
WYB	Wang Yingbin
YJW	Yao Junwei
ZYN	Zheng Yaonan
ZZP	Zhang Zhuping

https://doi.org/10.1515/9783111336343-205

Cette recherche a reçu le soutien de la Fondation Chiang Ching-kuo for International Scholarly Exchange, que nous remercions vivement pour sa confiance et sa générosité.

Introduction

Shanghai, 1er septembre 1936. Deux cent cinquante invités de marque sont réunis au Park Hotel pour célébrer le dixième anniversaire de la China Commercial Advertising Agency (Huashang guanggao gongsi). Signe de l'importance acquise par la publicité sous la République (1912–1949), les personnalités les plus influentes du monde économique et politique participent aux festivités. La petite société que Lin Zhenbin, fils d'un marchand de Fuzhou éduqué aux États-Unis, a ouvert dix ans auparavant avec un unique assistant, est devenue l'une des plus puissantes agences de publicité en Chine. Ses soixante employés travaillent d'arrache-pied pour servir une centaine de clients, parmi lesquels de grandes multinationales américaines comme Ford Motors, Colgate, Kodak et National City Bank. Son siège social est établi à Shanghai, mais l'agence possède des relais dans toute la Chine, une succursale à Hong Kong et des associés dans le monde entier. La réussite de CCAA n'est pourtant que la partie émergée de l'histoire de la publicité chinoise. A la veille de la guerre sino-japonaise (1937–1945), plus d'une centaine d'agences indépendantes sont actives rien qu'à Shanghai.

Bien étudiée en Europe et aux États-Unis, l'industrie publicitaire en Chine reste un angle mort de la connaissance historique.[1] Les historiens des entreprises ont commencé à s'y intéresser à la fin des années 1980. En s'appuyant sur les archives de Nanyang Brothers et de British-American Tobacco, Sherman Cochran a montré l'importance que jouait la publicité dans la compétition entre les deux géants du tabac.[2] L'historien américain a analysé avec la même finesse les stratégies *marketing* de Huang Chujiu, fondateur de l'International Dispensary (Wuzhou dayaofang).[3] Plus récemment, Eugenia Lean s'est penchée sur le cas de

1 Concernant l'histoire de l'industrie publicitaire dans les pays occidentaux, voir notamment : Marie-Emmanuelle Chessel, *La publicité : naissance d'une profession, 1900–1940* (Paris : CNRS Éditions, 1998) ; Marc Martin, *Trois siècles de publicité en France* (Paris : Éditions Odile Jacob, 1992) ; Roland Marchand, *Advertising the American Dream : Making Way for Modernity, 1920–1940* (Berkeley : University of California Press, 1985) ; Véronique Pouillard, des Lettres et des Beaux-Arts de Belgique (Bruxelles) Académie Royale des Sciences, et Classe des Lettres, *La publicité en Belgique, 1850–1975 : des courtiers aux agences internationales* (Bruxelles : Académie Royale de Belgique, 2005) ; Shelley Baranowski et al., *Selling Modernity : Advertising in Twentieth-Century Germany* (Durham : Duke University Press, 2007) ; Robert Crawford et Jacqueline Dickenson, *Behind Glass Doors : The World of Australian Advertising Agencies, 1959–1989*, 2016.

2 Sherman Cochran, *Big Business in China : Sino-Foreign Rivalry in the Cigarette Industry, 1890–1930* (Cambridge, Mass. ; London : Harvard University Press, 1980).

3 Cochran Sherman, « Marketing Medicine and Advertising Dreams in China, 1900–1950 », in *Becoming Chinese : Passages to Modernity and Beyond*, éd. par Wen-Hsin Yeh (Berkeley : University of California Press, 2000), 62-97.

https://doi.org/10.1515/9783111336343-001

l'industriel vernaculaire Chen Diexian, magnat des cosmétiques à l'activité protéiforme.[4] Ces grandes entreprises équipées de leurs propres services de publicité constituent cependant l'exception plus que la règle. La publicité n'étant pas leur activité principale, elle ne constitue pas l'objet central du récit historique. En dehors de ces cas exceptionnellement bien documentés, le travail des agences spécialisées reste méconnu.

Dans les années 1990, l'intérêt nouveau pour la presse historique et la numérisation de vastes collections de périodiques ont orienté les chercheurs vers l'étude des publicités imprimées dans les journaux. Des bases de données entièrement dédiées à la publicité ont ainsi vu le jour, facilitant l'exploration de ce matériau longtemps négligé par les spécialistes de la presse.[5] Alors que les premiers travaux avaient tendance à interpréter les publicités comme un miroir de la société[6], les plus récents se sont montrés plus critiques, soulignant la relation complexe qu'entretiennent les images commerciales avec la réalité sociale qui les inspire.[7] L'historiographie foisonnante en langue chinoise s'est orientée vers les périodiques les mieux conservés et les plus facilement accessibles, notamment le *Shenbao*, l'un des principaux quotidiens nationaux jusqu'en 1949, et des magazines illustrés tels que *Liangyou* (Young Companion).[8] Dans leur grande majorité, ces travaux se sont

4 Eugenia Lean, *Vernacular industrialism in China : local Innovation and translated technologies in the making of a cosmetics empire, 1900–1940* (New York : Columbia University Press, 2020).

5 Voir notamment : « Chinese Commercial Advertisement Archive », consulté le 1er janvier 2018, https://scholarship.rice.edu/handle/1911/69922 ; « Chinese Women's Magazine », consulté le 1er janvier 2018, http://kjc-sv013.kjc.uni-heidelberg.de/frauenzeitschriften/index.php.

6 Huang Kewu, « Cong Shenbao yiyao guanggao kan minchu Shanghai de yiliao wenhua yu shehui shenghuo, 1912~1926 (La culture médicale et la vie sociale à travers les publicités du Shenbao, 1912–1926) », *Zhongyang yanjiu yuan Jindai shi yanjiu suo jikan* 17 (1988) : 141–194.

7 Laikwan Pang, *The Distorting Mirror : Visual Modernity in China* (Honolulu : University of Hawai'i Press, 2007) ; Barbara Mittler, « Imagined Communities Divided : Reading Visual Regimes in Shanghai's Newspaper Advertising (1860s–1910s) », in *Visualising China, 1845–1965 : Moving and Still Images in Historical Narratives*, éd. par Christian Henriot et Wen-hsin Yeh (Leiden : Brill, 2013), 267–378.

8 Voir par exemple : Chen Deming, *Yuanqu de huihuang : « Shenbao » (1929–1949) haipai guanggao meishu zitu ji* (Gloires du passé : l'art publicitaire dans le style haipai dans le *Shenbao*, 1929–1949) (Shanghai : Shanghai daxue chubanshe, 2019) ; Lin Shengdong, *Zhongguo jin xiandai jingdian guanggao chuangyi pingxi : « Shenbao » qishi qinian* (Analyse de la publicité moderne en Chine, à travers les 70 ans du Shenbao) (Nanjing : Dongnan daxue chubanshe, 2005) ; Pang Ju'ai, *Kuawenhua guanggao yu shimin wenhua de bianqian : 1910–1930 nian « Shenbao » kuawenhua guanggao yanjiu* (Les publicités transculturelles et la transformation de la culture populaire : une études des publicités transculturelles dans le *Shenbao* dans les années 1910–1930) (Shanghai : Jiaotong daxue chubanshe, 2011) ; Ma Guoliang. *Liangyou yijiu : yijia huabao yu yige shidai* (Se souvenir de Liangyou : un journal illustré et son époque) (Beijing : Sanlian shudian, 2002). Voir aussi : Emily Baum, « Health and the Bottle : The Dr. William's Medicine Company and the

concentrés sur les cigarettes et les médicaments, dont les publicités sont les plus nombreuses et les plus visibles sur les pages des journaux. Ces deux secteurs ont également été privilégiés car ils se prêtent à l'examen de sujets chers aux historiens, comme les tensions entre tradition/modernité, nationalisme/individualisme, les questions de genre et la place des femmes dans la société.[9] Plus minoritaire, un dernier ensemble de travaux s'est intéressé aux calendriers commerciaux (*yuefenpai*) en retraçant, dans une perspective d'histoire sociale de l'art, le parcours d'artistes connus comme Zhang Zhiying ou Zheng Mantuo.[10] Ces calendriers illustrés occupent cependant une place marginale dans l'industrie publicitaire sous la République.

Malgré leur abondance, les études consacrées aux publicités imprimées dans la presse ont pour limite de se tenir à la surface des images, donnant lieu à certaines dérives interprétatives. L'approche consiste généralement à traiter les publicités comme un point d'entrée dans l'imaginaire des consommateurs et l'inconscient collectif de la société chinoise, mais faute d'archives pour les étayer, les conclusions ne peuvent guère dépasser le stade spéculatif. Sous l'influence de la sémiotique et du tournant linguistique, l'analyse des publicités est finalement devenue un exercice de virtuosité herméneutique.[11] En l'absence des plans de campagnes, ces travaux tendent à oublier que les publicités avaient avant tout pour fonction de faire vendre les produits. Comment et par qui sont-elles conçues ? A quelles commandes

Commodification of Well-Being in Liangyou », in *Liangyou : Kaleidoscopic Modernity and the Shanghai Global Metropolis, 1926–1945*, éd. par Paul Pickowicz (Leiden : Brill, 2013), 71–94.

9 Voir par exemple : Barbara Mittler, « Gendered Advertising in China : What History Do Images Tell ? », *European Journal of East Asian Studies* 6, n° 1 (2007) : 13–41 ; Eugenia Lean, « The Modern Elixir : Medicine as a Consumer Item in the Early Twentieth-Century Chinese Press », *UCLA Historical Journal* 15 (1995) : 65–92 ; Weipin Tsai, *Reading Shenbao : Nationalism, Consumerism and Individuality in China, 1919–37* (Houndmills, Basingstoke : Palgrave Macmillan, 2008) ; Tani Barlow, « Advertising Ephemera and the Angel of History », *Positions : East Asia Cultures Critique* 20, n° 1 (2012) : 111–158.

10 Ellen Johnston Laing, *Selling Happiness : Calendar Posters and Visual Culture in Early Twentieth-Century Shanghai* (Honolulu : University of Hawai'i Press, 2004) ; Russell W. Belk Xin Zhao, « Advertising Consumer Culture in 1930s Shanghai : Globalization and Localization in Yuefenpai », *Journal of Advertising* 37, n° 2 (2008) : 45–56 ; Song Jialin, *Lao yuefenpai* (Calendriers commerciaux du passé), 11 (Shanghai : Shanghai huabao chubanshe, 1997) ; Cheng Chaonan, et Feng Yiyou, *Lao guanggao* (Publicités anciennes) (Shanghai : Shanghai huabao chubanshe, 1998).

11 L'une des analyses sémiologiques qui a eu le plus d'influence est celle de Roland Barthes, « Rhétorique de l'image », *Communications* 4 (1964) : 41–42. A propos du tournant linguistique, voir : Richard Rorty, *The Linguistic Turn : Recent Essays in Philosophical Method* (Chicago : University of Chicago Press, 1967) ; Christian Delacroix, « Linguistic turn », in *Historiographies : concepts et débats*, éd. par Christian Delacroix, Patrick Garcia, et Nicolas Offenstadt, vol. 1 (Paris : Gallimard, 2010), 476–490 ; Gabrielle Spiegel, *Practicing History : New Directions in Historical Writing after the Linguistic Turn* (Taylor & Francis, 2005).

et quelles demandes sociales répondent-elles ? Qui sont les publicitaires ? Comment se sont-ils formés ? Quelles stratégies poursuivent-ils ? Quelle(s) vision(s) du monde les anime(nt) ? Ces questions essentielles concernant la matérialité des publicités, les acteurs et les conditions historiques de leur production sont rarement posées.

Si l'industrie publicitaire a globalement été négligée, c'est parce que les agences ont pour la plupart disparu sans laisser d'archives. Il a fallu trouver d'autres sources pour nourrir ce travail. Les archives municipales de Shanghai, en premier lieu, ont été d'un immense secours, ayant conservé l'abondante correspondance des administrations municipales avec les agences de publicité, les chartes des associations professionnelles, les règlements municipaux, et diverses enquêtes sur l'industrie publicitaire. Les archives nationales américaines (NARA), en particulier celles du Department of Commerce et du Department of State, ont également conservé plusieurs rapports sur la publicité, notamment les *trade reports* compilés chaque mois par les consulats américains en Chine, et d'autres enquêtes conduites par le bureau de l'attaché commercial. Les papiers personnels du journaliste Carl Crow, conservés à la State Historical Association du Missouri, ceux du juriste Norwood Allman, de l'attaché commercial Julean Arnold et de son successeur Alonzo Calder, conservés à la Hoover Institution à Stanford, apportent eux aussi de précieux témoignages. Enfin, la série de manuels professionnels que nous avons collectés au cours de nos recherches, traduits de l'américain ou écrits directement par des auteurs chinois, éclaire la codification progressive des pratiques publicitaires. En m'appuyant sur cette documentation riche et encore inexploitée, j'ai pu entreprendre, pour la première fois, une histoire sociale de la publicité chinoise, redonnant toute leur place à ses acteurs et ses conditions de production. En dévoilant le monde encore inexploré des agences spécialisées, cette étude complète les travaux antérieurs dédiés aux services de publicité internes aux entreprises et aux grandes figures d'industriels vernaculaires, tels que Huang Chujiu ou Chen Diexian.[12] Il vient aussi enrichir les travaux que Tani Barlow, Barbara Mittler, et d'autres chercheurs ont consacrés aux images publicitaires et aux imaginaires consuméristes, en donnant un visage aux acteurs qui les ont façonnés en amont.[13]

L'enjeu n'est pas seulement de combler un manque ou de rattraper le retard accumulé par rapport à l'historiographie occidentale, mais de décentrer une littérature scientifique qui reste largement dominée par la publicité nord-américaine et

12 Concernant Huang Chujiu, voir : Cochran Sherman, « Marketing Medicine and Advertising Dreams in China, 1900–1950 ». A propos de Chen Diexian voir : Lean, *Vernacular industrialism in China*.

13 Barlow, « Advertising Ephemera and the Angel of History » ; Mittler, « Gendered Advertising in China ».

européenne. En situant le développement de la publicité chinoise dans le contexte spécifique de la Chine pré-communiste, cette étude propose de réexaminer, à travers le cas précis de la publicité, certains thèmes chers à l'historiographie de la période républicaine, comme « l'âge d'or » du capitalisme chinois et la question de « l'occidentalisation », qui constituent, dans le contexte de la Chine post-impériale, deux ressorts indissociables de la « modernisation ».[14] Pour comprendre le contexte dans lequel naît la publicité chinoise, il est nécessaire de remonter en amont. Les guerres de l'opium (1839–1860) ouvrent un siècle de bouleversements politiques et sociaux majeurs en Chine, caractérisé par une série de guerres, de crises, de changements de régimes, et par l'entrée forcée du pays dans l'ordre mondial à travers le système des traités dits « inégaux ». Si ces traités n'instaurent pas un système colonial au sens strict, la Chine est forcée de concéder des privilèges commerciaux et territoriaux à certaines puissances étrangères, assortis d'un droit d'extraterritorialité pour leurs ressortissants. Dans les faits, il n'y a pas de ségrégation. Les étrangers n'ont jamais représenté qu'une minorité de la population (moins de 4% à Shanghai). Dans les ports ouverts comme Shanghai, Canton ou Tianjin, Chinois et étrangers se côtoient quotidiennement, ce qui n'empêche pas que des tensions éclatent de manière épisodique, comme l'incident du 30 mai 1925, ou la série de protestations consécutives au traité de Versailles (1919) et à l'invasion de la Mandchourie par le Japon en 1931.[15] Dans ce contexte critique, les lettrés chinois commencent à penser qu'il est nécessaire d'apprendre de l'Occident pour inverser le déclin supposé de leur pays. L'abolition des examens impériaux en 1905, qui avaient assuré la stabilité du système impérial et la reproduction des lettrés-fonctionnaires depuis le Xe siècle, donne une impulsion décisive à cette idée, tandis que la fondation de la République en 1912 ouvre de nouvelles perspectives de carrière pour les élites ayant reçu une éducation étrangère.[16] Entre le milieu du XIXe et le milieu du XXe siècle, quelque 200 000 jeunes Chinois partent étudier outremer, principalement au Japon et aux Etats-Unis, avec le projet de revenir après leurs études pour mettre en pratique les connaissances acquises au service de leur pays. Alors que la publicité nord-américaine s'affirme comme un référent central dans la première moitié du

---

14 Marie-Claire Bergère, *L'âge d'or de la bourgeoisie chinoise, 1911–1937* (Paris : Flammarion, 1986).

15 Le 30 mai 1925, plusieurs manifestants chinois sont abattus par la police municipale de la Concession internationale de Shanghai. L'incident déclenche un vaste mouvement de grèves et d'émeutes anti-étrangères qui dure plusieurs mois et s'étend à d'autres villes, notamment Tianjin, Canton et Hong Kong.

16 Ping-ti Ho, *The Ladder of Success in Imperial China : Aspects of Social Mobility, 1368–1911* (New York : Columbia University Press, 1962) ; Y.C. Wang, *Chinese intellectuals and the West, 1872–1949* (Chapel Hill : University of North Carolina Press, 1966) ; Benjamin A. Elman, *Civil Examinations and Meritocracy in Late Imperial China* (Harvard University Press, 2013).

XXe siècle, autour d'agences influentes comme J. Walter Thompson ou Ayer & Sons, le thème de l'occidentalisation, dans le domaine précis de la publicité, se formule essentiellement en termes d'américanisation.[17] Même si, avec le régime des traités inégaux, d'autres sources d'inspiration sont disponibles localement (britannique, allemande, française, japonaise), l'influence américaine est sans équivalent sur le développement de la publicité chinoise, car elle s'appuie sur ces milliers d'étudiants qui partent aux Etats-Unis (*liumei*) pour y acquérir des connaissances de première main. Des travaux récents ont montré que cette migration intellectuelle sans précédent, souvent négligée par les travaux plus anciens, avait eu un impact déterminant dans le développement du capitalisme et des professions modernes en Chine.[18] La publicité en est une excellente illustration.

Épousant les rythmes propres à l'industrie publicitaire, le cadre chronologique choisi pour cette étude (1914–1956) déplace légèrement les bornes conventionnelles délimitant la période républicaine (1912–1949). L'année 1914 voit la naissance de la première agence spécialisée dans la publicité (Oriental Advertising Agency), issue du monde de l'édition (Presse Orientale), et le début de la Première Guerre mondiale, qui favorise l'industrialisation chinoise et sert de matrice

17 Sur l'influence de la publicité américaine en Europe, en Amérique latine, et plus récemment, en Australie, voir notamment : Marie-Emmanuelle Chessel, « Une méthode publicitaire américaine ? Cadum dans la France de l'entre-deux-guerres », *Entreprises et Histoire*, n° 11 (1996) : 61–76 ; Marie-Emmanuelle Chessel, « From America to Europe : Educating Consumers », *Contemporary European History* 11, n° 1 (2002) : 165–175 ; R. Crawford, « Opening for Business : A Comparison of J. Walter Thompson and McCann Erickson's Entries into the Australian Market », *Journal of Historical Research in Marketing* 8, n° 3 (2016) : 452–472 ; Victoria De Grazia, *Irresistible Empire : America's Advance through Twentieth-Century Europe* (Cambridge, Mass. : Belknap Press of Harvard University Press, 2005) ; Simona De Iulio et Carlo Vinti, « The Americanization of Italian Advertising during the 1950s and the 1960s Mediations, Conflicts, and Appropriations », *Journal of Historical Research in Marketing* 1, n° 2 (2009) : 270–294 ; Richard F. Kuisel, *Seducing the French : The Dilemma of Americanization* (Berkeley : University of California Press, 1997) ; Nixon, « Apostles of Americanization ? » ; Véronique Pouillard, « American Advertising Agencies in Europe : J. Walter Thompson's Belgian Business in the Inter-War Years », *Business History* 47, n° 1 (janvier 2005) : 44–58 ; Thomas A. Schwartz, « Coca-Cola and Pax Americana : The limits of americanization in postwar Europe », *Contemporary Austrian Studies* 3 (janvier 1995) : 262–272 ; James P. Woodard, « Marketing Modernity : The J. Walter Thompson Company and North American Advertising in Brazil, 1929–1939 », *Hispanic American Historical Review* 82, n° 2 (mai 2002) : 257.

18 Weili Ye, *Seeking Modernity in China's Name : Chinese Students in the United States, 1900–1927* (Stanford : Stanford Univ. Press, 2001) ; Peter E. Hamilton, « The American-Returned Students : Educational Networks and New Forms of Business in Early Republican China », in *Knowledge, Power, and Networks. Elites in Transition in Modern China*, éd. par Cécile Armand, Christian Henriot, et Huei-min Sun (Leiden : Brill, 2022), 258–288 ; Liang Chen, Ren Yunzhu, et Li Zhongqing, *Qi shanlin zhe : Zhongguo xiandai zhishi jieceng de xingcheng* (Beijing : Beijing shehuikexue wenxian chubanshe, 2023).

aux agences d'inspiration américaine. L'année 1956 acte la mainmise totale de l'État-Parti communiste sur l'industrie publicitaire, la nationalisation du secteur marquant la fin de la publicité commerciale et du capitalisme éclairé qui s'appuyait sur elle. Entre les deux, après une période politiquement incertaine mais fertile au développement de la profession (1914–1927), le régime nationaliste installé à Nankin (1927–1937) apporte une certaine stabilité politique favorable à l'industrie vernaculaire, malgré une conjoncture économique difficile et la montée des tensions avec le Japon dans les années 1930. En éliminant toute concurrence étrangère, la guerre sino-japonaise (1937–1945), puis la guerre civile (1945–1949) permettent aux agences les plus influentes de prospérer jusqu'au milieu des années 1950. Concernant les bornes spatiales, Shanghai est au cœur du récit pour des raisons historiques et documentaires objectives. Place financière et commerciale sans rivale, centre national de la presse et de l'édition, Shanghai s'impose comme la capitale de l'industrie publicitaire, et l'activité publicitaire qui s'y développe a laissé une documentation d'une richesse inégalée (archives municipales, journaux, littérature professionnelle). Bien que centrée sur Shanghai, cette étude la dépasse cependant, en révélant l'emprise nationale de certaines agences, le profil multinational de leur clientèle, la formation internationale des publicitaires et leurs multiples connections outre-mer.

Devenue incontournable sous la République, la publicité participe directement aux transformations profondes que connaît la société chinoise depuis la fin de l'empire. Sur les pages des journaux, les emballages des objets quotidiens, dans les rues des villes, le long des routes et des voies de chemin de fer, lors des expositions industrielles et des événements officiels, la publicité est partout. A la fin des années 1920, les publicitaires ont su se rendre indispensables. Non seulement ils prennent directement part au premier « miracle » économique chinois amorcé pendant la Première Guerre mondiale, mais ils contribuent aussi à remodeler les espaces urbains et à instaurer un nouveau modèle économique pour la presse.[19] Exploitant l'ubiquité de la publicité sous ses multiples facettes, cette recherche propose d'éclairer sous un angle inhabituel ces sentiers apparemment bien battus par les historiens de la Chine moderne. En raison de son ampleur, il a été nécessaire de partager le récit en deux volumes. Ce premier ouvrage analyse la naissance de l'industrie publicitaire et sa contribution au premier « âge d'or » du capitalisme chinois. Le rôle de la publicité dans le développement de la presse moderne et les mutations urbaines fera l'objet d'un second volume.

---

19 Sur le « miracle » économique, voir : Bergère, *L'âge d'or de la bourgeoisie chinoise, 1911–1937*. L'historienne française attribue essentiellement ce « miracle » aux opportunités exceptionnelles créées par la Première Guerre mondiale.

Ce premier ouvrage se compose de trois grandes parties subdivisées en trois chapitres chacune. La première partie analyse le processus par lequel la publicité est devenue une profession autonome sous la République. Le premier chapitre, consacré aux organisations professionnelles qui se forment à Shanghai au sortir de la Première Guerre mondiale, décortique leurs stratégies de légitimation en réaction à l'amateurisme des « charlatans » et aux abus de l'affichage prédateur. Le deuxième chapitre documente le développement et le fonctionnement des premières agences indépendantes, qui deviennent les forces vives de la professionnalisation. Ce chapitre s'appuie sur une série d'études de cas représentant trois générations successives d'agences, marquant la transition d'un modèle d'entreprise familiale (Carl Crow, China Commercial Advertising Agency) dominé par la presse jusqu'aux années 1920, vers l'ère des conglomérats dans les années 1930 (Millington, Consolidated National Advertising Company). Le troisième chapitre retrace les parcours variés de leurs fondateurs : le journaliste américain Carl Crow, l'autodidacte Francis Millington, et les deux professionnels chinois formés aux États-Unis, Lin Zhenbin et Liu Meiseng. Cette première partie conclut que les publicitaires en Chine forment un groupe multi-professionnel et multinational plus fluide et plus ouvert que les professions assermentées réglementées par l'État (avocats, médecins, comptables), moins normé mais non moins dynamique et organisé qu'en Europe et aux États-Unis.

La deuxième partie s'attache à comprendre comment les publicitaires ont progressivement conquis, ou plus justement construit leurs marchés. Le quatrième chapitre examine de manière minutieuse l'éventail des produits exposés dans la presse et les rues de Shanghai. En s'appuyant sur le journal *Shenbao*, les archives municipales de Shanghai et les photographies de rue, cette étude montre que l'offre évolue profondément dans la première moitié du XXe siècle. Alors que les médicaments et les cigarettes dominent le secteur jusqu'à la Première Guerre mondiale, les publicités d'après-guerre introduisent des produits encore inconnus, comme les cosmétiques, les appareils électriques, les sodas ou les produits laitiers, qui renouvellent la culture matérielle et les modes de consommation. Le cinquième chapitre retrace l'appropriation progressive de la publicité par les annonceurs chinois. Alors que jusqu'à la Première Guerre mondiale, les multinationales étrangères sont les principales consommatrices de publicité, les entreprises chinoises formées sous le régime de Nankin s'y convertissent rapidement et dominent la clientèle des publicitaires à partir de la guerre sino-japonaise. Le sixième chapitre analyse la création des marques commerciales et les problèmes spécifiques de traduction qu'elles posent aux professionnels du marché en Chine. Initialement conçues pour combler l'absence de protection juridique de la propriété industrielle, les marques commerciales contribuent *in fine* à segmenter plus finement les marchés en tenant compte des attributs sociaux et des préférences culturelles des consommateurs chinois. Cette deuxième partie conclut que la publicité contribue fortement au décollage des industries de consommation, qui deviennent en retour le principal moteur de l'industrie publicitaire jusqu'au début des années 1950.

Qu'est-ce qu'une bonne publicité ? C'est la question que pose la troisième partie. Pour y répondre, cette recherche épluche pour la première fois la littérature professionnelle en confrontant la pensée des théoriciens (chapitre 7) avec les réalisations des praticiens observables sur les pages des journaux et dans les rues de Shanghai (chapitre 8). Si la publicité nord-américaine reste un référent incontournable, les publicitaires chinois s'efforcent de transposer les méthodes étrangères en tenant compte des particularités de la société chinoise. Le dernier chapitre examine de manière critique le mythe des « quatre cents millions de consommateurs » et tente de comprendre comment les premiers publicitaires ont pu envisager la possibilité d'une société de consommation de masse en Chine, bien avant l'ère des réformes entamées à la fin du siècle dernier.

Note

Cet ouvrage s'accompagne d'une plateforme numérique (MADSpace) contenant tous les documents primaires et les données secondaires cités, et bien d'autres ressources encore, que le lecteur peut librement consulter.[20]

20 MADSpace (Mapping Advertising Spaces in China), https://madspace.org/ (Dernière consultation le 29 juillet 2022). Concernant la construction de cette plateforme et ses enjeux méthodologiques, voir : Cécile Armand, « MADSpace : a Janus-faced digital companion to a PhD dissertation in Chinese history », in *Shaping the Digital Dissertation : Knowledge Production in the Arts and Humanities*, éd. par Virginia Kuhn et Anke Finger (Open Book Publishers, 2021), 119–128, https://doi.org/10.11647/OBP.0239.08.

Première partie : **Naissance d’une profession**

Chapitre 1
Une profession en quête de légitimité

A ses débuts, la publicité a mauvaise réputation en Chine. Dans les années 1920, les pionniers sont confrontés à trois grands préjugés. Pour la plupart des Chinois, les publicités ne sont qu'un tissu de mensonges et d'exagération. Personne ne se donnerait vraiment la peine de les lire, moins encore de les mémoriser. Les Chinois sont convaincus qu'un bon produit n'a pas besoin de publicité, sa réputation étant établie par le bouche-à-oreille. Au contraire, la publicité éveille la suspicion, signalant un produit de qualité inférieure ayant besoin d'artifices pour se vendre. De leur côté, les entrepreneurs chinois y voient une dépense inutile, ou au mieux, un investissement risqué dont l'efficacité reste à prouver.[21] Peu l'envisagent comme un moyen rationnel de faire connaître leurs produits. Mal conseillés, ceux qui ont essayé ont été découragés par une expérience malheureuse.[22]

Pour les pionniers de la publicité, l'ignorance des techniques de vente modernes compromet sérieusement le développement de l'économie chinoise. Selon C.P. Ling (Lin Zhenbin 林振彬, 1896–1964), l'un des premiers publicitaires formés aux États-Unis, l'essor de la publicité moderne se heurte au culte du secret qui façonne la culture marchande depuis des siècles. Il critique notamment l'habitude qu'ont les commerçants de conserver leurs marchandises les plus précieuses dans l'arrière-boutique pour ne les présenter qu'à leurs clients d'exception.[23] D'autres intellectuels influents, comme P.K. Kuo (Guo Bingwen 郭秉文, 1879–1969) et Hollington K. Tong (Dong Xianguang 董顯光, 1887–1971), partagent le même point de vue. Dong déplore la persistance des réclames de charlatans dans la presse et Guo regrette que les dépenses de publicité restent très inférieures à celles qui lui sont consacrées en Europe et aux États-Unis.[24]

Le troisième ensemble de préjugés concerne plus spécifiquement la publicité extérieure, jugée nuisible à l'apparence des villes. Les critiques se portent d'abord sur l'affichage sauvage, ou *sniping,* qui consiste à recouvrir la moindre parcelle

21 S.P. Westaway et Chow P.S. (Chu Seng-shuo), « The three Ideas I would use for Wall Calendars or Novelties for the North China Trade », *North China Herald* (NCH), 14 février 1920.

22 « Report on the first meeting of the Advertising Association of China (Copy of minutes of the meeting) », Shanghai, 15 janvier 1924, SMA (SMC), U1-14-3267 (General Buildings Advertisements – General).

23 C.P. Ling (Lin Zhenbin), « Advertising in China Fast Becoming Essential Part of Merchandising », *China Press* (CP), 29 août 1931 ; Ling, « Recording a decade of service and progress », *CP*, 1er septembre 1936.

24 Hollington Kong Tong, « Newspapers as an Advertising Medium in China », *CP*, septembre 1936, 30 ; P.W. Kuo, « Foreign Trade and Advertising », *CP*, septembre 1936, 28.

https://doi.org/10.1515/9783111336343-002

d'espace disponible sur les murs, les portes et les façades des bâtiments publics et privés. Ce phénomène, combattu en Europe et aux États-Unis depuis le XIXe siècle, prend en Chine des proportions qui inquiètent les observateurs contemporains.[25] Le journaliste américain C.A. Bacon constate que même les temples, les cimetières et les poteaux d'utilité publique ne sont pas épargnés.[26] Dans les années 1920, les panneaux d'inspiration américaine, qui se sont multipliés depuis la guerre, deviennent à leur tour la cible des élites urbaines, qui protestent contre la « défiguration » des quartiers résidentiels et des paysages bucoliques à l'extérieur de la ville.[27] Les plus conservateurs pointent du doigt l'obscénité de certaines affiches menaçant l'intégrité morale des femmes et des enfants.[28]

Comment les pionniers de la publicité réagissent-ils à ces critiques ? Quels arguments avancent-ils pour gagner la confiance du public ? Comment s'organisent-ils pour légitimer leur activité auprès des consommateurs, des entreprises et des autorités publiques ? Les deux prochaines sections examinent l'arsenal discursif déployé par les publicitaires pour combattre les préjugés auxquels ils sont confrontés. La dernière partie étudie les organisations collectives qu'ils créent pour relayer leurs discours et défendre leurs intérêts.

Trois mots d'ordre : moraliser, rationaliser, servir

Moraliser les discours

Pour gagner la confiance du public, les premiers professionnels auto-proclamés s'efforcent de rompre avec la réputation de charlatanisme qui s'attache à la publicité. S'inspirant du mouvement *truth in advertising* initié aux États-Unis vers 1911,

25 Concernant l'afffichage sauvage aux Etats-Unis et en Europe, voir : Catherine Gudis, *Buyways : Billboards, Automobiles, and the American Landscape* (New York : Routledge, 2004), 9–34 ; Stefen Haas, « Visual Discourse and the Metropolis : The Importance of Mental Models of Cities for the Emergence of Commercial Advertising », in *Advertising and the European City : Historical Perspectives*, éd. par Clemens Wischermann (Aldershot, Hants, England ; Burlington, Vt. : Ashgate Pub., 2000), 64–78 ; Hazel Hahn, « Furnishing the Street : Urban Rationalization and Its Limits », in *Scenes of Parisian Modernity : Culture and Consumption in the Nineteenth Century* (New York : Palgrave Macmillan, 2009), 144–160.

26 C.A. Bacon, « Advertising in China », *Chinese Economic Journal and Bulletin* 5, n° 3 (septembre 1929) : 754–767.

27 Lettre de l'Automobile Club of China au Shanghai Municipal Council (SMC), 27 mai 1924, SMA (SMC), U1-3-583.

28 « Victim of the ‹ Chinese Dracula › : Girl Declared to Have died from fright on Seeing Huge Figure », *Shanghai Times*, 11 mars 1937.

les pionniers défendent le projet d'une publicité éthique lavée de tout mensonge et de toute exagération.[29] Cependant, ces appels à l'autocensure relèvent de l'initiative individuelle, sans déboucher sur un véritable mouvement organisé. Le régime des traités dits « inégaux » complique la situation. Les villes à concessions juxtaposent plusieurs systèmes juridiques reposant sur des conceptions différentes de la morale et de la vérité. Les administrations étrangères n'ont pas l'autorité suffisante pour sanctionner les journaux chinois qui font paraître des publicités jugées indécentes. Par ailleurs, les législations nationales, comme le Pure Food and Drug Act adopté en 1907 par le government fédéral américain pour garantir la sécurité des consommateurs américains, ne traversent pas les frontières. Les multinationales interdites de publicité dans leur pays d'origine peuvent ainsi trouver en refuge en Chine. Jusqu'à la guerre sino-japonaise, par exemple, les publicités pour Dr. William's Pink Pills continuent de paraître dans la presse chinoise, alors qu'elles sont censurées en Europe et en Amérique du Nord.

Rationaliser les pratiques

Aux entrepreneurs qui doutent de son utilité, les professionnels ont à cœur de montrer que la publicité est non seulement utile, mais indispensable à la prospérité de leurs affaires. Dans une économie de marché élargie où règne l'anonymat, affirme Guo Bingwen, le bouche-à-oreille, le porte-à-porte et les relations personnelles ne suffisent plus.[30] Les annonceurs qui souhaitent changer d'échelle ne peuvent se passer de publicité. *There is only one real, adequate means of making your product widely known in the trade fields of the vast nation of China – ADVERTISING,* proclame en 1920 une publicité pour l'agence Chun Mei News [Figure 1].[31] La publicité s'impose d'autant plus aux exportateurs chinois dont les produits sont peu connus ou mal perçus à l'étranger, comme les œufs ou les oranges de Fuzhou, et à ceux qui sont soumis à une forte concurrence internationale, comme le thé ou la soie.[32] Emanant du *trade commissioner* américain J. Sanger, ces projections doivent toutefois être appréhendées avec prudence. Le *trade commissioner* a le statut d'un envoyé spécial chargé de collecter et synthétiser ses observations pour le bu-

29 « Men and Events », *Millard's Review of the Far East* (MRFE), 20 juillet 1918. « Advertising Club of China. Address by Mr. J. Sanger », *NCH,* 15 mai 1920.

30 Kuo, « Foreign Trade and Advertising », 28.

31 Chun Mei News Agency, « Making Your Products Widely Known in China Will Open Her Markets », *MRFE,* 17 janvier 1920.

32 J. Sanger, *Advertising methods in Japan, China, and the Philippines* (Washington : Govt. Print. Office, 1921), 58. « Advertising Club – Dinner at Yih Ping-hsiang », *Shanghai Times,* 12 mai 1920.

Figure 1: Publicité pour l'agence Chun Mei News (Zhongmei tongxinshe), *Millard's Review of the Far East*, 17 janvier 1920.

reau américain du commerce extérieur. En tournée pour quelques mois, successivement au Japon, en Chine et aux Philippines, il n'a qu'une connaissance superficielle du terrain, qu'il regarde à travers le prisme d'un représentant de l'administration américaine. Néanmoins, son témoignage est précieux pour documenter les perceptions américaines du marché chinois au sortir de la Première Guerre mondiale. Par ailleurs, plusieurs publicitaires chinois partagent son point de vue. Transcendant les intérêts nationaux, les mêmes arguments circulent dans les milieux professionnels. Tous les pionniers martèlent que loin d'être un gaspillage, la publicité professionnelle permet aux annonceurs de rationaliser leurs dépenses et de réaliser des économies d'échelle.[33]

Servir la société

Pour s'attirer les bonnes grâces des autorités publiques, les publicitaires insistent sur l'utilité sociale de leur activité. La publicité, affirment-ils, contribue à l'élévation du niveau de vie et au bien-être général de la population. Elle guide le consommateur dans ses achats et l'aide à faire les choix susceptibles d'améliorer son confort et sa productivité.[34] Les professionnels soulignent aussi le rôle pédagogique de la publicité. Bercott Advertising Company, par exemple, propose d'utiliser les pousse-pousse pour sensibiliser les usagers de la voie publique aux dangers de la route.[35] L'agence Millington s'appuie sur la publicité radiophonique pour instruire les couches populaires à la sortie des usines et des manifestations sportives.[36] S'inspirant de la compagnie Colgate aux États-Unis, China Soap Company exploite les nouvelles techniques cinématographiques pour inculquer aux écoliers de Shanghai les règles élémentaires d'hygiène publique.[37] Face aux critiques de l'Automobile Club, le publicitaire américain Carl Crow prétend embellir les paysages et favoriser l'éveil artistique des citadins, tandis que la China Advertising Company promet de

---

33 Chun Mei News Agency, « Making Your Products Widely Known in China Will Open Her Markets ». Voir aussi : Wu Tiesheng et Zhu Shengyu, *Guanggaoxue* (La science publicitaire) (Shanghai : Zhonghua shuju, 1946), 46–47.

34 Kuo, 28 ; Ling, août 1931. Les manuels de publicité répercutent la même idée. Voir notamment : Wu et Zhu, 44 (cf. chap.7).

35 « Covers Encasing Hood. Bercott Advertising Agency (Formerly International Advertising Corporation », SMA (SMC), U1-3-2992 (1930).

36 « Advertising Radio Broadcasting Vans, Millington, Limited », SMA (SMC), U1-3-2992 (1934).

37 « Advertising by Means of Cinematograph Displays. W.H. Jansen Cinema exhibitions in Markets, Schools, etc. », SMA (SMC), U1-4-3820 (1935) ; « Cinema Street Advertising – China Soap Company, Limited », SMA (SMC), U1-14-3271 (1936).

débarrasser la ville des *snipers* en remplaçant l'affichage anarchique par des panneaux standardisés.[38]

Pour étayer leurs discours, les pionniers puisent à trois sources d'inspiration principales : les professions libérales, l'art et la science, l'histoire et le culte du progrès.

Trois sources d'inspiration

Le modèle des professions libérales : expertise et service

Le premier modèle des publicitaires est celui des professions libérales, qui prétendent fournir à leurs clients un service appuyé sur une expertise certifiée. Cette conception de l'activité publicitaire ne va pas de soi dans les années 1920. Au sortir de la guerre, les courtiers d'espace dominent la profession. Plus soucieux, selon leurs détracteurs, d'empocher leur commission que de servir leur client, les *brokers* sont portés responsables du discrédit qui pèse sur l'activité publicitaire. En 1936, Lin Zhenbin résume ainsi les conditions dans lesquelles il a débuté son activité dix ans auparavant :

> SERVICE in advertising was not generally understood at the time we started. Space-brokers were numerous, soliciting business mostly on rebates. Trained men in copy and artwork were hard to find. People were not so advertising-minded as they are to-day. Despite prejudices and difficulties, we determined to develop a service based on our intimate knowledge of the market and the people.[39]

Malgré une certaine tendance à noicir le tableau pour mieux mettre en valeur leur rôle de pionniers, Lin et ses contemporains sont les premiers à envisager la publicité comme un service nécessitant un savoir-faire spécifique.

Employée tantôt au singulier, tantôt au pluriel, la notion de *service* recouvre trois sens principaux sous la plume des publicitaires : l'intérêt du client, l'éventail des activités proposées et une expertise adaptée au marché local. Pour se distinguer des « charlatans », les professionnels auto-proclamés se définissent comme des *consultants* agissant dans l'intérêt de leurs clients. Cet argument accompagne

38 « China Advertising Company. Licensing Street advertising », SMA (SMC), U1-2-371 (1905–1910) ; « Rural Beauties Marred by Ugly Hoardings. Auto Club's Protest. Should the Council Prohibit Erection Boards Around Rubicon ? », *Shanghai Sunday Times*, 13 juillet 1924, SMA (SMC), U1-14-5775.

39 Ling, « Recording a decade of service and progress », *CP*, septembre 1936.

une conception nouvelle du marché, défini comme un ensemble de problèmes commerciaux auxquels les publicitaires apportent des solutions concrètes. Dans leurs publicités, les agences mettent en avant la variété des services qu'elles proposent en réponse à la complexité croissante des marchés : placement, traduction, rédaction, mise en page, étude de marché et d'impact.[40] Rompant avec l'amateurisme supposé des courtiers, les agences spécialisées prétendent s'appuyer sur un personnel hautement qualifié. Outre les compétences générales attendues de tout publicitaire, les professionnels actifs en Chine mettent l'accent sur leur maîtrise de la langue, leur familiarité avec la culture locale et leur capacité à adapter le message aux consommateurs chinois.[41]

Si les professions libérales offrent un premier modèle aux publicitaires, toutes n'ont cependant pas la même force d'attraction. Alors que la médecine constitue un référent central pour les publicitaires français, elle sert plutôt de repoussoir en Chine, où elle reste associée aux réclames de charlatans.[42] Le métier d'architecte séduit davantage les publicitaires chinois, leur permettant de concilier deux valeurs essentielles à leur activité : l'art et la science.

Concilier l'art et la science

Pour répondre aux accusations de vulgarité et de défiguration paysagère, les publicitaires mobilisent un large répertoire de références artistiques. Si l'art occidental est à l'origine le principal référent, les pionniers puisent aussi leur inspiration dans la peinture chinoise. Présentant les affichistes français de la fin du XIXe siècle comme des modèles, A.C. Row leur attribue le mérite d'avoir légitimé l'art commercial en le réconciliant avec les beaux-arts. D'après le publicitaire américain, les affiches chinoises gagneraient en qualité si elles s'inspiraient davantage des maîtres de la peinture chinoise.[43] Au tout début de la République, les grands fabricants de cigarettes et de médicaments font appel au service de peintres chinois renommés, dont les plus talentueux, tels que Zheng Mantuo (1888–1961) et Hang Zhiying (1900–1947),

---

40 Carl Crow, « The Advertising Agent in China and America. The Advertising Agent – His Prospects in China », *CP*, 16 août 1919 ; « Merger formed by advertising firms in Shanghai. Five leading Chinese Companies in new combine », *CP*, 1er août 1930.

41 Chun Mei News Agency, « Making Your Products Widely Known in China Will Open Her Markets ».

42 Bacon, 1929, 755–756. Sur la profession publicitaire en France, voir : Marie-Emmanuelle Chessel, *La publicité : naissance d'une profession, 1900–1940* (Paris : CNRS Éditions, 1998).

43 A.C. Row, « The Art of the Poster », *NCH*, 14 février 1920.

ouvrent leurs propres studios commerciaux.[44] A partir des années 1920, les manuels professionnels comportent tous au moins un chapitre consacré à l'art commercial, décrivant ses principes et ses techniques. Comme le montreront les prochains chapitres, les agences les plus influentes sont équipées d'un service de création artistique et s'efforcent d'attirer des artistes célèbres en leur temps. En réponse aux accusations de « défiguration » paysagère, les promoteurs de publicité extérieure revendiquent le caractère artistique leurs panneaux et leur contribution à l'embellissement des villes.[45]

Pour se distinguer de l'amateurisme des courtiers, la publicité ne doit pas seulement être artistique, affirment les professionnels, elle doit aussi être « scientifique ». Les références à la science sont foisonnantes dans leurs discours, bien que la notion de scientificité reste floue. Au sortir de la Première Guerre mondiale, l'agence Chun Mei News est l'une des premières à proposer des campagnes « scientifiques », sans donner plus de details [Figure 1] :

> The Chun Mei News Service has introduced and obtained wide sales for well-known products in China. Its work has the backing of successful campaigns scientifically conducted. (. . .) Advertising in China can only be scientifically prepared in the field itself.[46]

Dix ans plus tard, Lu Meiseng justifie la création de la Consolidated National Advertising Company (Lianhe guanggao gongsi) par le « besoin urgent de publicité scientifique et moderne », mais sans préciser en quoi consiste cette science publicitaire.[47] Au milieu des années 1930, Lin Zhenbin divise l'histoire de la publicité en deux âges suggestifs : un âge « pré-scientifique » incarné par les charlatans et un âge « scientifique », dont il se présente lui-même comme un précurseur.[48] Ces appels à la science ne sont pas exempts de tensions. Tout en professant la scientificité de leur activité, les praticiens reconnaissent que la publicité reste une affaire d'intuition. Le discours scientiste se heurte à la conscience intime que la publicité relève du « bricolage » et ne pourra jamais prétendre au statut de science exacte.[49] A la fin de la Seconde Guerre mondiale, le scepticisme finit par gagner les « pères fondateurs » comme

---

44 Cochran Sherman, « Marketing Medicine and Advertising Dreams in China, 1900–1950 », in *Becoming Chinese : Passages to Modernity and Beyond*, éd. par Wen-Hsin Yeh (Berkeley : University of California Press, 2000), 62–97.

45 Wu et Zhu, 34.

46 Chun Mei News Agency, « Making Your Products Widely Known in China Will Open Her Markets ».

47 « Merger formed by advertising firms in Shanghai ».

48 Ling, « Advertising in China Fast Becoming Essential Part of Merchandising ».

49 Row, « The Art of the Poster ».

Carl Crow, qui peine à s'adapter aux évolutions de la profession.[50] Avec le développement du *marketing*, la magie rhétorique de la science n'opère plus. Pour la nouvelle génération de publicitaires formés aux sciences économiques et cognitives, la publicité scientifique renvoie à un ensemble de techniques de pointe incompatibles avec l'approximation des pionniers.

Réconcilier le passé avec la modernité

Pour renforcer leur légitimité, les premiers professionnels enracinent leur activité dans le temps long de l'histoire chinoise et de l'humanité. Le publicitaire américain A.C. Row trace une filiation directe entre l'affiche chinoise et le théâtre médiéval japonais, remontant même jusqu'aux placards officiels de la dynastie des Zhou, vers 517 avant notre ère. Assimilant publicité commerciale et propagande impériale, il affirme que la publicité a toujours existé en Chine et que des recherches historiques permettraient de mieux comprendre la spécificité des formes actuelles.[51] Alors les publicitaires étrangers s'efforcent de siniser le récit des origines, inversement, leurs collègues chinois choisissent de l'ancrer dans l'histoire occidentale. Guo Bingwen se tourne vers l'Antiquité romaine, voyant dans les inscriptions marchandes et les placards annonçant les combats de gladiateurs les prémices de l'affiche moderne.[52] Malgré leurs divergences, ces discours téléologiques ont un point commun : la continuité historique qu'ils établissent entre le passé et le présent tend à minimiser la mutation profonde qui se joue au tournant du XXe siècle avec la professionnalisation de la publicité. Tout en affirmant cette continuité, les manuels en langue chinoise commencent tous par une introduction historique séparant radicalement la publicité « traditionnelle » de la publicité « moderne », qui débuterait avec les guerres de l'opium et l'arrivée des étrangers en Chine.[53] Pour surmonter la contradiction, les théoriciens expliquent que l'art et la science publicitaires se perfectionnent constamment. L'histoire de la publicité chinoise, telle qu'elle est racontée dans la littérature professionnelle, est une histoire linéaire orientée vers le progrès.[54]

Pour relayer ces discours et défendre les intérêts de la profession naissante, trois organisations sont créées à Shanghai à l'issue de la Première Guerre mondiale.

---

50 Carl Crow, *Four Hundred Million Customers : The Experiences, Some Happy, Some Sad, of an American in China, and What They Taught Him* (New York ; London : Harper, 1937), 315.

51 Row, « The Art of the Poster ».

52 Kuo, « Foreign Trade and Advertising », 27.

53 Wu et Zhu, 10–11.

54 Bacon, 762.

Le rôle limité des associations

Parmi les trois organisations qui representent la profession publicitaire à Shanghai, l'Association des publicitaires chinois (Zhonghua guanggao gonghui 中華廣告公會), aussi connue comme l'Association for Chinese Advertising Agencies (ACAA), est la seule organisation purement vernaculaire. Les deux autres – l'Advertising Club of China (ACC) et l'Association of Advertising Agencies (AAA) – sont créées à l'initiative de professionnels étrangers en Chine. Faute d'avoir conservé leurs archives, ces organisations restent mal connues, mais la presse locale et les archives municipales fournissent des informations précieuses sur leurs activités, leurs membres et leurs modes de fonctionnement.

L'Advertising Club of China (ACC) (1918, 1931)

L'Advertising Club of China (Zhongguo guanggao gonghui 中國廣告公會) est formé le 4 juin 1918 à Shanghai, à l'initiative d'une trentaine d'hommes d'affaires réunis à l'Oriental Hotel. Ce club constitue la plus ancienne organisation établie par des publicitaires en Chine. Il s'agit d'une organisation mixte composée de membres chinois et étrangers. Sans programme concret, le club se fixe trois objectifs généraux : renforcer les liens entre les milieux d'affaires, de la publicité et de l'édition ; favoriser les échanges entre membres chinois et étrangers ; défendre les intérêts communs à l'ensemble de la profession. L'empreinte de la Première Guerre mondiale pèse fortement sur les conditions d'adhésion. Seuls les ressortissants des pays neutres ou alliés peuvent adhérer, tandis que les publicitaires de nationalités allemande et japonaise en sont exclus.[55] Comme la plupart des associations, l'ACC est doté d'un conseil d'administration chargé des décisions stratégiques, d'un bureau gérant les affaires courantes et de comités spécialisés. Au moment de sa fondation, le club élit un président (le journaliste américain J.B. Powell), un vice-président (un certain D.K. Wong), deux secrétaires (le Chinois C.F. Lin et l'Américain A.N. Lethin), un trésorier (Kuang Fuzhuo 鄺富灼, alias Fong Foo Sec) et un trésorier adjoint (John A. Dissmeyer). Le conseil d'administration, initialement constitué de cinq membres chinois et étrangers (S.C. Wong, H.H. Wong, John S. Potter, A.G. Loehr et E. Strassman), est remplacé l'année suivante par un comité exécutif d'une dizaine de membres élus pour un an.[56] Les membres du bureau sont également renouvelés chaque année. A partir de 1920, le comité exécutif est divisé en six comités spécialisés dédiés aux adhésions, aux

55 « First Advertising Club in Orient Formed in Shanghai », *MRFE*, 8 juin 1919.
56 « Advertising Club of China. Annual General Meeting and Dinner », *NCH*, juin 1919.

locaux, à la communication, l'éducation, l'organisation et la surveillance. Chaque comité se compose de deux membres élus, l'un Chinois et l'autre étranger, renouvelés annuellement.[57] En dehors des assemblées générales annuelles, l'ACC se réunit régulièrement. En décembre 1919, il s'est déjà réuni six fois en moins d'un an d'existence.[58]

L'ACC compte parmi ses membres des représentants d'entreprises multinationales (British-American Tobacco, Andersen Meyer & Company), d'organisations internationales (Pan-Pacific Association, Young Men's Christian Association), des journalistes et des hommes de presse (J.B. Powell, C.F. Lin). Pour renforcer sa légitimité, le club s'assure le soutien de personnalités influentes, comme le commissaire chinois aux affaires étrangères (Yang Zhang), le consul américain à Shanghai (A.G. Loehr), le consul général chinois à Londres (Cao Yunxiang 曹雲祥, alias Y.S. Tsao) et le *trade commissioner* américain (J. Sanger).[59] Les membres sont relativement stables, certains, comme C.F. Lin et J.B. Powell, restant fidèles au club jusqu'à sa disparition en 1931. A partir de 1920, néanmoins, un renouvellement important intervient avec le développement des agences indépendantes. Les fondateurs d'agences comme Carl Crow, Lin Zhenbin (China Commercial Advertising Agency), Zhang Zhuping (Consolidated National Advertising Company) et J.A.E. Bates (Oriental Advertising Agency, Millington) commencent à rejoindre le club.[60] En novembre 1923, l'ACC compte plus d'une cinquantaine de membres qui se réunissent dans les locaux de l'Union Club pour déguster des produits d'origine américaine récemment introduits en Chine (Campbell's Soup, Sun Maid Raisin, George Washington Coffee).[61]

L'influence étrangère marque fortement l'ACC, qui fonctionne comme la plupart des clubs d'expatriés. Le choix des lieux de réunion, généralement des hôtels de luxe, conforte ce tropisme occidental : Carlton Cafe (1918–1919), Columbia Country Club (1919), Union Club (1919–1920), Great Western Hotel (1929), Astor House Hotel (1931), American International Underwriters Building (1931). L'ACC est toutefois moins sélectif que les clubs d'inspiration britannique. Parmi les trente membres fondateurs, le club compte une vingtaine de membres chinois. L'effort d'intégration se manifeste aussi par la mixité du bureau et des comités exécutifs, qui s'efforcent de respecter la parité entre membres chinois et étrangers. En 1919 par exemple, J.B. Powell et H.H. Wong se partagent le comité de surveillance, tandis que Lin et Loehr prennent conjointement en charge le co-

57 *Millard's Review*, 24 avril 1921.

58 *Shenbao* (SB), 13 décembre 1919 ; *Millard's Review*, 13 décembre 1919.

59 « The Art of Advertising. Advertising Club of China Hold Annual Meeting and Discuss Advertising Projects in China. » *Shanghai Times*, 18 juin 1919 ; *Millard's Review*, 8 mai 1920 ; *NCH*, 15 mai 1920 ; *Shanghai Times*, 12 mai 1920. *SB*, 12 mai 1920.

60 *China Weekly Review* (CWR), 17 novembre 1923.

61 *Ibid.*

mité d'organisation. La même année, le secrétariat est partagé entre l'Américain S.P. Westaway et le Chinois Thomas H. Yu.[62]

Malgré son ambition de légitimer la profession naissante, le club n'est pas une organisation professionnelle au sens strict. A la différence des associations de médecins, de journalistes et d'avocats, le club ne se donne aucun programme militant visant à obtenir sa reconnaissance par les autorités officielles. L'ACC constitue simplement un groupe de réflexion et de discussion entre pairs, relayant les idées venues d'Europe et des États-Unis, et réfléchissant à leurs conditions d'application en Chine. La mission de l'ACC est essentiellement d'informer sur les dernières avancées de la profession et de favoriser la socialisation entre ses membres. A sa création en 1918, l'ACC envisage de publier un bulletin d'information bilingue rendant compte de ses activités.[63] L'année suivante, le comité d'organisation annonce un programme de conférences couvrant une grande variété de sujets : journaux et magazines, art de l'affiche, publicité postale, « superstitions » chinoises, comparaison des agences en Chine et aux Etats-Unis.[64] A l'instar du Rotary Club fondé au même moment, les conférences sont souvent animées par les membres du club, comme le journaliste Jabin Hsu (Xu Jianbin 許建屏), les publicitaires Carl Crow, C.F. Lin et A.C. Row. Comme le Rotary, L'ACC fait également appel à des experts extérieurs, comme le représentant du *New York Evening News*, Emil Scholz, en visite à Shanghai en juin 1919.[65]

Si la publicité de presse est initialement la principale préoccupation des fondateurs issus du journalisme, au cours des années 1920, l'ACC commence à s'intéresser à de nouveaux sujets, comme les affiches, les calendriers, la commercialisation des produits laitiers, la protection des marques et le problème des contrefaçons.[66] Certaines conférences sont accompagnées d'expositions, de photographies et d'échantillons, qui manifestent un effort d'innovation dans les méthodes de communication.[67] Les rencontres ont généralement lieu en fin de journée et parfois tard dans la soirée, afin de permettre aux professionnels d'y assister sans empiéter sur leurs journées de travail. S'inspirant d'autres clubs élitaires à Shanghai, les réunions se concluent généralement par un dîner. L'ACC organise aussi des réceptions

62 *NCH*, 21 juin 1919.

63 *Shanghai Times*, 22 août 1918. Il semblerait que cette publication soit restée à l'état de projet.

64 « Advertising Club of China Announces Year's Program of Lectures », *Millard's Review*, 9 août 1919.

65 *Shanghai Times*, 18 juin 1919 ; *Millard's China National Review*, 21 juin 1919 ; *NCH*, 21 juin 1919.

66 « Advertising Club of China Has Novel Program », *Millard's Review*, 25 septembre 1920 ; W.B. Kennett, « Trade Marks and Copyrights in China », *Millard's Review*, 26 juillet 1919 ; « Trade Marks in China », *NCH*, 2 août 1919.

67 *Shanghai Times*, 18 juin 1919.

chez les membres qui acceptent d'ouvrir leur résidence, et des activités de plein air comme des promenades dans les jardins de Bansong.[68]

L'ACC est relativement bien inséré dans les réseaux locaux, grâce à ses alliances institutionnelles et aux relations personnelles de ses membres. Entre 1918 et 1921, la Young Men's Christian Association (YMCA) prête régulièrement ses locaux pour permettre au club de se réunir. A travers les affiliations multiples de ses membres, l'ACC est lié à d'autres clubs comme le Rotary Club ou l'Union Club, qui organisent parfois des événements en commun. Au niveau international, l'ACC est officiellement affilié à l'Associated Advertising Clubs of the World (1918) et à l'Advertising Association of New York (1920).[69] La position de l'ACC dans les réseaux professionnels mondiaux reste cependant marginale. En 1920, la proposition portée son président, A.R. Hager, d'accueillir à Shanghai le prochain congrès annuel de l'Associated Advertising Clubs of the World, est rejetée. Si Hager obtient en compensation la création d'une section spéciale pour l'Extrême-Orient, il regrette amèrement le manque d'intérêt que les publicitaires américains accordent à cette région du globe.[70]

L'ACC disparaît des sources après la cérémonie d'adieux de son président Kuang Fuzhuo en janvier 1929.[71] Deux ans plus tard, en juin 1931, un représentant de l'American Asiatic Underwriters, A.E. Lucey, entreprend de ressusciter le club.[72] Parmi ses soutiens figurent d'anciens fidèles (A.R. Hager, Lin Zhenbin, J.B. Powell) mais aussi de nouveaux membres comme J.A.E. Bates (Oriental Advertising-Milllington), A. Hill-Reid (Millington) et Bruno Perme, directeur de l'agence éponyme. Faute de moyens, la tentative échoue l'année suivante et les fonds résiduels sont versés à une association caritative en faveur des tireurs de pousse-pousse.[73] Plusieurs raisons peuvent expliquer la disparition de l'ACC. Fixé sur ses origines étrangères et journalistiques, il est possible que le club n'ait pas su s'adapter aux mutations rapides de la profession, notamment le développement de la publicité extérieure et l'influence croissante des publicitaires chinois (cf. chapitre 2). Enfin, l'ACC s'est trouvé confronté à la concurrence de deux nouvelles organisations formées au début des années 1920 : l'Association for Chinese Advertising Agencies (1923) et l'Association of Advertising Agencies (1924).

---

68 *SB*, 23 juin 1921 ; *Weekly Review of the Far East* (WRFE), 25 juin 1921, 1er octobre 1921.

69 *Shanghai Times*, 22 août 1918 ; « Sanger Talk At Club Dinner », *Millard's Review*, 8 mai 1920.

70 *Millard's Review*, 13 novembre 1920.

71 *NCH*, 26 janvier 1929. *China Press*, 27 janvier 1929.

72 *CWR*, 13 juin 1931.

73 *CWR*, 15 octobre 1932.

L'Association of Advertising Agencies (AAA) (1924)

Le 15 janvier 1924, les représentants de six agences de publicité se réunissent dans les locaux de l'Union Club à Shanghai, avec le projet de fonder une nouvelle organisation : l'Association of Advertising Agencies (AAA). Les sources à son sujet sont lacunaires : seul le compte-rendu de sa réunion inaugurale a été conservé par les archives municipales de Shanghai. Parmi les membres fondateurs figurent les succursales de trois entreprises éditoriales – China Publicity Company, affiliée à la Commercial Press (Shangwu yinshuguan 商務印書館), Morning Society, affiliée à Chenshe (晨社) Publishing House, l'Oriental Advertising Agency, affiliée à la Presse orientale (française) – et quatre agences d'origine étrangère, Carl Crow, Incorporated (américaine), North China Advertising Company et Harvey Billposting Company (britanniques). Dans son discours inaugural, le président N.N. Leashin brosse un tableau plutôt sombre de la publicité extérieure en Chine.[74] Déconsidérée, en retard par rapport aux pays occidentaux, elle serait fragilisée par la persistance de l'amateurisme, l'affichage prédateur et la spéculation foncière. Ce sont ces trois fléaux que la nouvelle association se donne pour mission de combattre.[75]

Moins sélective qu'un club, l'AAA accueille tout professionnel qui s'engage à respecter les règles définies collectivement. L'association se veut plus ouverte et moins hiérarchique que l'ACC. Renonçant à constituer un comité exécutif et des bureaux spécialisés, les fondateurs préfèrent que les décisions soient prises de manière collégiale, par l'ensemble des membres réunis en assemblée plénière. Dès ses débuts, l'AAA est une organisation défensive, animée par la volonté de se protéger contre les trois menaces décrites par son président. Plus agressive que le club, elle se fixe un programme d'action contraignant, qui tranche avec le caractère ludique de l'ACC. Sa priorité est d'élaborer une réglementation pour la publicité extérieure, de définir des règles communes à l'ensemble de la profession, et de se donner les moyens de les faire respecter. Cependant, sa réunion inaugurale semble être restée sans lendemains. Comment expliquer que l'initiative n'ait pas rencontré le soutien espéré ? L'idée d'imposer des sanctions et des règles contraignantes a-t-elle rebuté les membres potentiels ? L'AAA était-elle trop spécialisée dans la publicité extérieure, dans un pays où la presse quotidienne constitue le principal médium ? Face au silence des archives, la question reste ouverte.

74 Leashin est également membre du comité exécutif de l'ACC (*CWR*, 17 novembre 1923).

75 « Report on the first meeting of the Advertising Association of China (Copy of minutes of the meeting) », Shanghai, 15 janvier 1924, SMA (SMC), U1-14-3267 (General Buildings Advertisements – General).

L'Association for Chinese Advertising Agencies (ACAA) (1923)

L'Association for Chinese Advertising Agencies (ACAA) (Zhonghua guanggao shanghui 中華廣告商會) est fondée en 1923 par un groupe d'entrepreneurs chinois qui estiment nécessaire de créer une organisation spéciale pour défendre les intérêts du « peuple chinois » (Huaren gongzhong).[76] La première réunion a lieu en novembre 1923 et sa charte de fondation est approuvée par la municipalité chinoise en juillet 1927. Bien que l'ACAA soit née en réaction à l'ACC, ses fondateurs ne sont pas foncièrement hostiles au club étranger. Certains d'entre eux font même partie des deux organisations. Les deux entités portent des noms très proches dans la langue chinoise (Zhongguo/Zhonghua guanggao gonghui) et fonctionnent de manière similaire. Comme l'ACC, l'association chinoise élit annuellement un bureau, un comité exécutif et des comités spécialisés. Elle se réunit régulièrement et organise des cycles de conférences pour informer ses membres sur l'état de la profession. Ne possédant pas ses propres locaux, l'ACAA se réunit dans le même genre d'établissement que le club étranger. Chaque réunion est suivie d'un thé de clôture, qui rappelle sous une forme sinisée les dîners de l'ACC.

Malgré le peu de traces qu'elle a laissées, l'ACAA est la plus active et la plus durable des trois organisations. Elle prend de l'importance dans les années 1930, au moment même où les organisations étrangères commencent à décliner. Elle compte une cinquantaine de membres en 1929 et une trentaine d'entités collectives (agences de publicité et annonceurs) en 1930. A mesure qu'elle s'agrandit, l'association est de plus en plus structurée. En 1929, un secrétariat et un comité de vigilance sont créés pour épauler le comité exécutif qui s'étoffe, passant de sept à neuf membres entre 1927 et 1930. La liste des membres, issus majoritement du monde de la presse, révèle une certaine stabilité. En 1930, l'ACAA est rebaptisée *Shanghai tebieshi guanggao tongye gonghui* (上海特別是廣告同業公會) pour se mettre en conformité avec la nouvelle loi sur les associations promulguée par le Ministère de l'Industrie et du Commerce.[77] La nouvelle dénomination met l'accent sur le caractère professionnel et l'ancrage local de l'association, plutôt que sur son identité nationale. Malgré ce changement de nom et de statut, l'activisme de l'ACAA ne faiblit pas. En juin 1930, par exemple, elle proteste contre le nouveau règlement de police interdisant la circulation des parades et des « hommes sand-

---

76 *SB*, 24 novembre 1923. Les membres fondateurs incluent : Wang Zilian 王梓濂 (président), Ren Jinping 任矜蘋 (secrétaire), Yan Xigui 嚴錫圭, Zheng Yaonan 鄭耀南 et Yao Junwei 姚君偉, deux fondateurs de l'agence Lianhe (cf. chapitre 3).

77 *Shanghai guanggao shangye lishi yange ji huiwu baogao* (Histoire de l'industrie publicitaire à Shanghai et minutes des réunions d'associations), SMA, S315-1-1 (1945).

wiches » dans la Concession internationale.[78] En 1931, elle conteste la décision du Shanghai Municipal Council (SMC) de créer une nouvelle taxe sur les publicités installées sur les toits, qu'elle juge discriminatoire à l'égard des annonceurs chinois. L'association obtient gain de cause : le nouvel impôt est supprimé l'année suivante.[79]

L'ACAA disparaît ensuite des sources jusqu'à la fin des concessions. En juin 1943, elle refait surface à l'occasion d'un nouveau changement de nom. Dans le cadre de la réorganisation municipale, l'ACAA est rebaptisée *Shanghaishi guanggao tongye gonghui* (上海市廣告同業公會). En 1947, elle adopte une nouvelle charte et un règlement intérieur. Elle compte alors une centaine de membres, majoritairement des agences chinoises. A la différence des clubs d'avant-guerre, l'adhésion ne relève plus d'une démarche volontaire, mais d'une obligation légale. En vertu de la nouvelle loi sur les associations, tous les professionnels en activité sont obligés d'y adhérer, en respectant les conditions suivantes : avoir plus de vingt ans, être pleinement titulaire de ses droits civiques, s'acquitter d'un droit d'entrée et d'une cotisation mensuelle, proportionnelle au niveau de revenus. Plus contraignant que ceux des associations antérieures, le règlement définit les droits et les devoirs des membres, les modalités d'élection et de convocation aux assemblées générales. N'importe quel membre peut se porter candidat aux élections, mais une fois élu, il ne peut se rétracter. Chaque agence doit envoyer au moins un représentant à chaque assemblée ordinaire, toute absence devant être justifiée par écrit. En cas de violation du règlement ou d'atteinte à la réputation de la profession, des sanctions allant jusqu'à l'exclusion sont prévues. La charte contient à la fois des principes généraux communs à toutes les corporations professionnelles (être au service de l'intérêt général et du progrès social, arbitrer les conflits, sanctionner les fautes) et des objectifs plus spécifiques à la publicité, comme la production d'enquêtes et de statistiques sur le marché.[80]

Après la révolution communiste, le nouveau régime entreprend de réglementer plus strictement les corporations professionnelles. La publicité n'y échappe pas. Au cours des années 1950, la profession publicitaire perd son autonomie et passe progressivement sous le contrôle de l'État-Parti. En 1956, les agences sont forcées de se regrouper pour former une vaste entreprise semi-publique (gongsi heying 公司合營). Après la fusion, il ne reste que six agences, représentant chacune un domaine de spécialité : la presse (Lianhe guanggao gongsi 聯合廣告公司),

---

78 Lettre de la Shanghai Advertisers' Guild au SMC, 26 juin 1930, SMA (SMC), U1-3-3917.

79 Lettre de l'Association for Chinese Advertising Agencies au Secrétaire du SMC, 27 juillet 1931, SMA (SMC), U1-14-3267.

80 *Shanghaishi guanggao shangye tongye gonghui* (Association des publicitaires de Shanghai), SMA, S315-1-5, S315-1-7 (3 juin 1947).

la publicité imprimée (Daxin guanggao gongsi 大新廣告公司), les panneaux (Rongchangxiang guanggao gongsi 榮昌祥廣告公司), les vitrines (Gongnong bingmeishu gongchang 工農兵美術工場), les films (Yinxing guanggao gongsi 銀星廣告公司) et la photographie (Lianhui guanggao meishu she 聯揮廣告美術社). Dotée d'un capital dépassant quatre millions de yuans, la nouvelle organisation emploie plus de quatre cents employés. En 1959, une nouvelle fusion intervient. Une seule organisation est maintenue. A Shanghai comme dans les autres villes, elle n'est qu'une branche locale de l'entreprise nationale de publicité (Zhongguo guanggao gongsi 中國廣告公司), siégeant dans la capitale Pékin. Ainsi réorganisée sur une base territoriale, la profession est à la fois plus centralisée et déconcentrée. Mis au ban du régime communiste comme un résidu de l'impérialisme et du capitalisme occidental, Shanghai perd son statut de capitale de l'industrie publicitaire.[81]

Conclusion

A l'issue de la Première Guerre mondiale, les premiers professionnels autoproclamés commencent à s'organiser pour combattre les préjugés qui s'attachent à la publicité. Comme les autres professions libérales, ils mettent en avant les idéaux de professionnalisme, d'indépendance et de service au public pour légitimer leur activité. A la différence des avocats et des médecins, l'État joue un rôle mineur dans l'affirmation de la profession publicitaire.[82] Même sous le régime de Nankin après 1927, les publicitaires fonctionnent essentiellement sur la base de l'autorégulation, échappant largement à la mainmise de l'État. Ce n'est que sous la République Populaire que l'industrie publicitaire passe sous le contrôle de l'État-Parti communiste. Cet effacement de l'État reflète la nature hybride de l'activité publicitaire. Structurellement, les publicitaires forment un groupe interprofessionnel ouvert, à l'intersection de plusieurs domaines d'expertise. En outre, les identités nationales occupent une place secondaire dans la construction idéologique de la profession. Plus que le nationalisme, en effet, c'est la barrière de la langue qui justifie le clivage entre l'Advertising Club of China et l'Association for

81 Sun Shunhua, *Zhongguo guanggao shi* (Histoire de la publicité en Chine) (Jinan : Shandong daxue chuban she, 2007), 116.

82 Xu Xiaoqun, *Chinese Professionals and the Republican State : The Rise of Professional Associations in Shanghai, 1912–1937* (Cambridge : Cambridge University Press, 2009) ; Xu Yin et Xiaoqun Xu, « Becoming Professional : Chinese Accountants in Early 20th Century Shanghai », *Accounting Historians Journal* 30, n° 1 (juin 2003) : 129–153.

Chinese Advertising Agencies.[83] Utilisant l'anglais comme *lingua franca*, l'ACC exclut *de facto* les professionnels non anglophones. En réaction, l'ACAA adopte la langue vernaculaire pour intégrer les professionnels chinois qui ne maîtrisent pas l'anglais. Moins nombreuses qu'aux États-Unis, les organisations de publicitaires en Chine ont néanmoins joué un rôle moteur dans la structuration de la profession à ses débuts. Au sortir de la guerre, elles ont permis aux pionniers de se regrouper pour s'informer, socialiser et défender leurs intérêts. Leur importance décroît dans les années 1930 avec la montée en puissance des agences indépendantes.

83 La situation est très similaire à celle du Rotary Club créé au même moment (1919). A ce sujet, voir : Cécile Armand, « Foreign Clubs with Chinese Flavor : The Rotary Club of Shanghai and the Politics of Language », in *Knowledge, Power, and Networks : Elites in Transition in Modern China*, éd. par Cécile Armand, Christian Henriot, et Huei-min Sun (Leiden : Brill, 2022), 233–259.

Chapitre 2
L'essor des agences indépendantes

Les premières agences spécialisées dans la publicité apparaissent à Shanghai à la fin de la Première Guerre mondiale. Créées en réaction à l'amateurisme des courtiers d'avant-guerre, ces agences d'un genre nouveau contribuent à professionnaliser la publicité et à en faire une industrie à part entière. A la différence des services internes aux entreprises telles que British-American Tobacco ou l'International Dispensary (Wuzhou dayaofang), dédiés exclusivement à ces annonceurs, les agences indépendantes agissent pour le compte de différents clients, parfois même concurrents.[84] Comment et par qui ces agences sont-elles établies ? Comment sont-elles organisées et comment évoluent-elles sous la République ? La première partie analyse leur essor rapide à partir des années 1920, en soulignant la progression remarquable des agences chinoises sous le régime de Nankin. Les trois sections suivantes présentent une série d'études de cas, représentant chacune une phase distincte dans le développement de l'industrie publicitaire : ses racines dans le monde de l'édition (Presse Orientale, Oriental Advertising Agency), les premières agences d'inspiration américaine (Carl Crow, China Commercial Advertising Agency), et enfin, la formation des conglomérats au début des années 1930 (Millington, Consolidated National Advertising Company).

Professionnalisation, croissance et sinisation

Les agences indépendantes présentent plusieurs traits distinctifs qui les distinguent à la fois des « amateurs » et des services de publicité internes aux entreprises. À la différence des courtiers, sans existence juridique ni adresse physique, les agences sont enregistrées auprès des autorités officielles (ministère de l'industrie, administration locale, consulat) et répertoriées dans les annuaires professionnels. Pour se démarquer de la concurrence, chaque agence se donne un nom distinctif, une devise et un logo qui lui confèrent une identité propre. Pour accroître leur capital et limiter les risques, la plupart adopte le statut de société par actions, ou

84 A propos des services de publicité dans le secteur pharmaceutique et l'industrie du tabac, voir : Sherman Cochran, *Big Business in China : Sino-Foreign Rivalry in the Cigarette Industry, 1890–1930* (Cambridge, Mass. ; London : Harvard University Press, 1980) ; Cochran Sherman, « Marketing Medicine and Advertising Dreams in China, 1900–1950 », in *Becoming Chinese : Passages to Modernity and Beyond*, éd. par Wen-Hsin Yeh (Berkeley : University of California Press, 2000), 62–97.

https://doi.org/10.1515/9783111336343-003

société à responsabilité limitée, ce qui les place dans l'obligation de rendre des comptes devant leurs actionnaires. Les agences les plus influentes ont leur siège social à Shanghai, qui s'affirme comme la capitale de l'industrie publicitaire pendant la période républicaine. Certaines ont également des bureaux dans d'autres villes d'importance, en particulier Pékin et Tianjin dans le nord de la Chine, Canton et Hong Kong au sud.

A partir des années 1920, les agences indépendantes cherchent à diversifier leurs activités afin de contrôler toute la chaîne de production, depuis le simple placement d'annonces jusqu'aux études de marché, en passant par la traduction, la rédaction et la composition graphique. L'intégration des différents services s'accompagne d'une spécialisation des compétences en interne. Avec la sophistication croissante des techniques publicitaires, les agences s'efforcent de rationaliser la division des tâches en créant des services spécialisés. Dans les années 1930, les services dédiés spécialement à la publicité extérieure et aux études de marché viennent s'ajouter aux départments artistiques créés à la fin des années 1920.[85] Les agences les mieux équipées, comme l'Oriental Advertising Agency, Millington et la China Publicity Company, louent également leurs services à d'autres agences moins bien pourvues.[86] Ce double processus d'intégration et de structuration interne n'empêche pas certaines agences de se spécialiser dans un domaine bien précis. Par exemple, l'agence Acme est spécialisée dans les panneaux-réclames, Claude Neon Lights dans la publicité lumineuse, tandis que la Shanghai Ricsha Advertising Company se consacre exclusivement au placement d'annonces sur les pousse-pousse.

Jusqu'à la Première Guerre mondiale, trois entreprises dominent la profession : l'Oriental Advertising Agency (Faxing guanggao gongsi), succursale de la Presse Orientale, d'origine française ; Harvey Advertising & Billposting Agency (Hawei gaobai jingli), d'origine britannique ; et China Publicity Company (Zhongguo shangwu guanggao gongsi), filiale de la Commercial Press (Shangwu yinshuguan), d'origine chinoise.[87] Alors qu'Harvey disparaît pendant la guerre, Oriental et China Publicity continuent de prospérer jusqu'aux années 1930, malgré la concurrence montante des agences indépendantes, fondées sur le modèle sur l'agence établie par le journaliste américain Carl Crow en 1918. Ces agences indépendantes se multiplient après la guerre, passant d'une trentaine en 1919, à 76 au

---

85 *CP*, 15 février 1930.

86 Carl Crow, *Four Hundred Million Customers*, 98.

87 John A. Fowles, « Memorandum to Grosvenor M. Jones », Washington, D.C., 4 décembre 1918, Records of the Bureau of Foreign and Domestic Commerce, General Records, 1914–1958, Trade Promotion, File 470, Advertising (Strait Settlements) – Publicity. 471.1, News & Trade Papers, Box 2252, National Archives and Records Administration (NARA), Washington, D.C.

cours de la décennie suivante, et jusqu'à 105 au milieu des années 1930. Après 1937, la guerre sino-japonaise porte un coup dur au secteur. Shanghai compte encore 76 agences au début de la guerre, mais seulement 11 après la disparition des concessions au printemps 1943 [voir Table 1 en annexe].[88]

Jusqu'en 1927, les agences fondées par des ressortissants étrangers dominent le secteur. Après la fondation du régime nationaliste, les créations chinoises se multiplient et finissent par éclipser les pionniers d'origine étrangère. Les agences occidentales reculent de 65% en 1919 à 35% en 1937, tandis que les agences vernaculaires doublent leur présence au cours de la même période. Dans le climat de tensions sino-japonaises, les agences nippones restent minoritaires : une seule avant la Première Guerre mondiale, affiliée au journal *Shanghai Nippo Sha* (Shanghai ribao she), un peu plus d'une vingtaine dans les années 1920 et une dizaine dans les années 1930. La guerre et l'occupation sont trop intermittentes pour favoriser l'implantation durable de la publicité japonaise en Chine. Il est à noter que les agences d'origine étrangère sont généralement des créations *ex nihilo*. Malgré la fascination qu'exerce la Chine sur les milieux d'affaires américains, aucune agence basée aux Etats-Unis ne s'est implantée en République de Chine.[89] La distance géographique, l'instabilité politique chronique et l'intérêt pour d'autres marchés, en particulier l'Europe, l'Amérique latine et l'Australie, semblent les en avoir détourné.

Ces statistiques générales masquent une grande variété de situations. Jusqu'aux années 1930, certaines agences auto-proclamées sont en réalité de simples courtiers, tandis que d'autres ne proposent qu'un service limité.[90] Les agences professionnelles ne font pas disparaître l'amateurisme, qui retrouve même une certaine vigueur en temps de crise. Avec la dépression des années 1930, l'activité publicitaire attire de nombreux chômeurs en quête d'un gagne-pain. Pendant la Seconde Guerre mondiale, certains émigrés ayant fui la guerre et les persécutions en Europe tentent à leur tour de faire carrière dans la publicité.[91] Alors que la concurrence s'intensifie et que le niveau d'exigence s'élève, la professionnalisa-

---

88 Ces chiffres ont été établis sur la base de la liste d'agences que nous avons compilée à partir de différentes sources, notamment l'annuaire du Bankers' Cooperative Credit Service (Zhongguo zhengxin suo) paru en 1935, l'annuaire téléphonique de Shanghai (honglist) paru en 1941 et divers dossiers conservés aux archives municipales de Shanghai.

89 Sanger, 74.

90 Ling, « Recording a decade of service and progress », *CP*, septembre 1936.

91 Voir par exemple : « Advertisements on Footpaths. K. Mondenach », SMA (SMC), U1-14-3257 (1940) ; « Alfred Gherart – Painting Advertisements on pavements », SMA (SMC), U1-3822 (1940) ; « Oskar Gross & Jaques Reti – Offering Service in connection with promotion of scheme for posting advertising placards on Municipal property and buildings and on streets », SMA (SMC), U1-3822 (1941).

tion est vécue avec plus ou moins de succès.[92] Le degré de professionnalisation des agences s'apprécie à l'aune de plusieurs critères, notamment leur longévité, leur rayonnement géographique, le poids et le prestige de leur clientèle, le montant du capital, le nombre d'employés et leur niveau de qualification. A la fin des années 1920, le journaliste Bacon estime que seules six agences comptent véritablement. Outre la Presse orientale, qui vit ses dernières heures, deux agences américaines (Carl Crow, Acme), une britannique (Millington) et deux chinoises (China Commercial Advertising Agency, United Advertising Advisers) exercent selon lui une véritable influence.[93] Malgré un parcours parfois chaotique, trois d'entre elles (Carl Crow, Millington, China Commercial Advertising Agency) persistent au moins jusqu'à la guerre sino-japonaise. Ces agences doivent leur longévité exceptionnelle à leur capital conséquent, leur personnel hautement qualifié et à leur clientèle prestigieuse. Derrière ces *leaders*, le peloton se compose d'une quarantaine d'agences de taille moyenne, avec une durée de vie plus limitée (moins de dix ans) et une situation économique plus incertaine. La majorité (121 agences, soit 70%) est constituée de petites agences éphémères formées pendant la période euphorique consécutive à la prise de pouvoir par les Nationalistes en 1927.

Trois phases scandent le développement des agences : leurs antécédents dans le monde de la presse (Presse Orientale, Oriental Advertising Agency), la formation des premières agences d'inspiration américaine, au sortir de la Première Guerre mondiale (Carl Crow, CCAA), et l'ère des conglomérats, à partir des années 1930 (Millington, Consolidated National Advertising).

Les racines dans la presse et l'édition : la Presse Orientale et l'Oriental Advertising Agency (1914)

La première agence connue, l'Oriental Advertising Agency (OAA), est d'origine française. Elle prend racine dans le monde de l'édition, en tant que succursale de la Presse Orientale. Fondée à Shanghai en 1897, la Presse Orientale démarre avec un capital initial de 100 000 dollars chinois.[94] Bien qu'étant enregistrée à Hong Kong, son siège social est établi dans la Concession française de Shanghai, rue du Consulat, avant de déménager sur l'avenue Edward VII en 1907. La Presse Orientale s'internationalise sous la République.[95] A partir de 1911, Matteo Bos, un homme

92 Bacon, 765–766.
93 Bacon, 755.
94 SMA (SMC), U1-14-3258.
95 *CP*, 18 août 1927.

d'affaires d'origine italienne, en assure la direction jusqu'à sa mort en 1928. Le compte-rendu de l'assemblée générale tenue en 1927 révèle la composition internationale du conseil d'administration. Les fondateurs français (J.J. Chollot, E.J. Burgoyne, F. Lefon, Rev. F. Morin) partagent la gestion du groupe avec des hommes d'affaires britanniques et américains (B. Rozenbaum, J.R. Moodie). La Presse Orientale poursuit également une stratégie de recrutement international pour ses experts en publicité, le plus souvent d'origine anglo-saxonne. James L. Cowen, co-fondateur de l'agence de publicité Chester, Cowen Company, rejoint la Presse Orientale en 1920, tandis que Philip L. Bickel (1895–1924), ancien associé de Carl Crow, est nommé assistant de direction en 1921, position qu'il conserve jusqu'à sa mort en 1924.

L'édition constitue initialement le cœur d'activité de la Presse Orientale. Sa production imprimée, d'une grande richesse, inclut non seulement des revues, comme *The Review* ou *L'Echo de Chine*, mais aussi des catalogues, des brochures et des circulaires.[96] En 1909, la Presse Orientale créé son propre service de publicité, comprenant un studio artistique, un atelier pour la fabrication des panneaux-réclames et une unité spécialisée dans l'éclairage au néon, en collaboration avec Philips Neon Tubes. En 1914, ce service de publicité devient une agence indépendante : l'Oriental Advertising Agency (OAA) est née. En 1923, elle fusionne avec deux autres agences de publicité, l'Asia Advertising Agency et Chester, Cowen & Company.[97] Pour mieux s'inscrire dans le paysage local, la nouvelle agence choisit pour logo une arche d'architecture chinoise (*pailou*) et prend soin de traduire son nom dans la langue vernaculaire (Shanghai faxin guanggao gongsi 上海發信廣告公司).[98] Son slogan *Oriental Advertising Agency – Publicity Service*, doublé du *motto* devenu canonique dans les milieux de la publicité anglo-saxonne – *It pays to advertise,* définit l'activité publicitaire comme un service professionnel dont l'efficacité n'est plus à prouver.[99]

OAA est particulièrement active dans les deux concessions étrangères à Shanghai. Impliquée dans plus de 55 affaires de nature diverse, sa correspondance avec les administrations municipales surpasse celle des autres agences. D'après le journaliste Bacon, OAA a joué un rôle pionnier dans l'introduction des panneaux standardisés en Chine. En 1912, elle sollicite l'autorisation d'installer ce genre de panneau encore peu répandu près des écuries George Dallas, à l'ouest de la

96 Bacon, 759.

97 Lettre d'Oriental Advertising Agency au SMC, Shanghai, 14 novembre 1923, SMA (SMC), U1-14-3258.

98 Lettre d'Oriental Advertising Agency au SMC. Shanghai, 30 mars 1930. SMA (SMC), U1-3-584.

99 Bacon, 759.

Concession internationale.[100] En 1914, d'après le recensement réalisé par le SMC, OAA possède plus de 150 panneaux dans la Concession internationale.[101] L'agence expérimente aussi des supports plus atypiques, comme les kiosques lumineux, les enseignes au néon, les lanternes stéréoscopiques et les montgolfières. En 1921, elle obtient l'exclusivité de la publicité sur les tramways circulant dans les deux concessions.[102]

Au-delà de Shanghai, l'influence de l'agence Oriental s'étend à l'échelle nationale et internationale. La carte ci-jointe [Carte 1], qui localise les relais que l'agence a établis sur le territoire chinois, montre que ses activités se concentrent essentiellement dans les ports ouverts et les villes à concessions de la côte orientale. Les points de contact situés dans la basse vallée du fleuve Yangzi, autour de Shanghai et Hangzhou, sont placés sous son contrôle direct, tandis que les relais situés dans le nord de la Chine sont contrôlés par son associée, la North China Advertising Company, basée à Tianjin.[103] OAA reste peu représentée dans le sud du pays (Canton, Hong Kong) et les provinces intérieures (Sichuan, Mongolie). A l'étranger, ses principaux clients sont implantés en Europe et en Asie (Chine et Japon). OAA ne semble pas avoir de clients directs aux Etats-Unis, mais elle a pour associée l'agence new-yorkaise J. Roland Kay, qui possède également des bureaux en Angleterre, en France et en Australie.

A la veille de sa disparition, l'agence Oriental manifeste des signes de fragilité. La Première Guerre mondiale l'a fortement ébranlée. A partir du mois de septembre 1914, ses clients européens se retirent peu à peu des espaces qu'ils louaient sur les façades du SMC.[104] Après la guerre, l'agence est empêtrée dans divers procès impliquant tantôt ses clients, tantôt ses employés. Plus dramatique encore est la disparition des fondateurs. Philip Bickel décède en 1924, Matteo Bos en 1928.[105] L'agence ne semble pas avoir anticipé le renouvellement de son per-

100 « Oriental Advertising Agency, Advertising Boards, George Dallas' Stables, 1912–1913 », SMA (SMC), U1-2-898.

101 « General Buildings Advertisements – Taxation of Street Advertising. Measuring Advertising Space », SMA (SMC), U1-14-3267 (1914).

102 « Advertising on Trams – Oriental Press », SMA (SMC), U1-3-1284 (1921) ; « Oriental Press, Advertising kiosks on the Bund Foreshore and Public Gardens », SMA (SMC), U1-14-3387 (1921) ; « Stereoscopic lantern Advertisements. Thibet Road, Oriental Press », SMA (SMC), U1-3-1081 (1922) ; « Oriental Advertising Agency & Toa Kuchiu Sendensha (Compagnie japonaise de Tokio), Ballon captif », SMA (CF), U38-4-1112 (1930).

103 SMA (SMC), U1-14-3258.

104 SMA (SMC), U1-14-3251, U1-14-3267.

105 « A Venture in Journalism : Claim for Goods Supplied : Defendant's Statement of Alleged Partnership », *NCH*, décembre 1923 ; « An Average Man's Debts », *NCH*, février 1926 ; « Mr. Matteo Bos. Monday's Funeral at Pahsienjao Cemetery », *NCH*, 31 mars 1928.

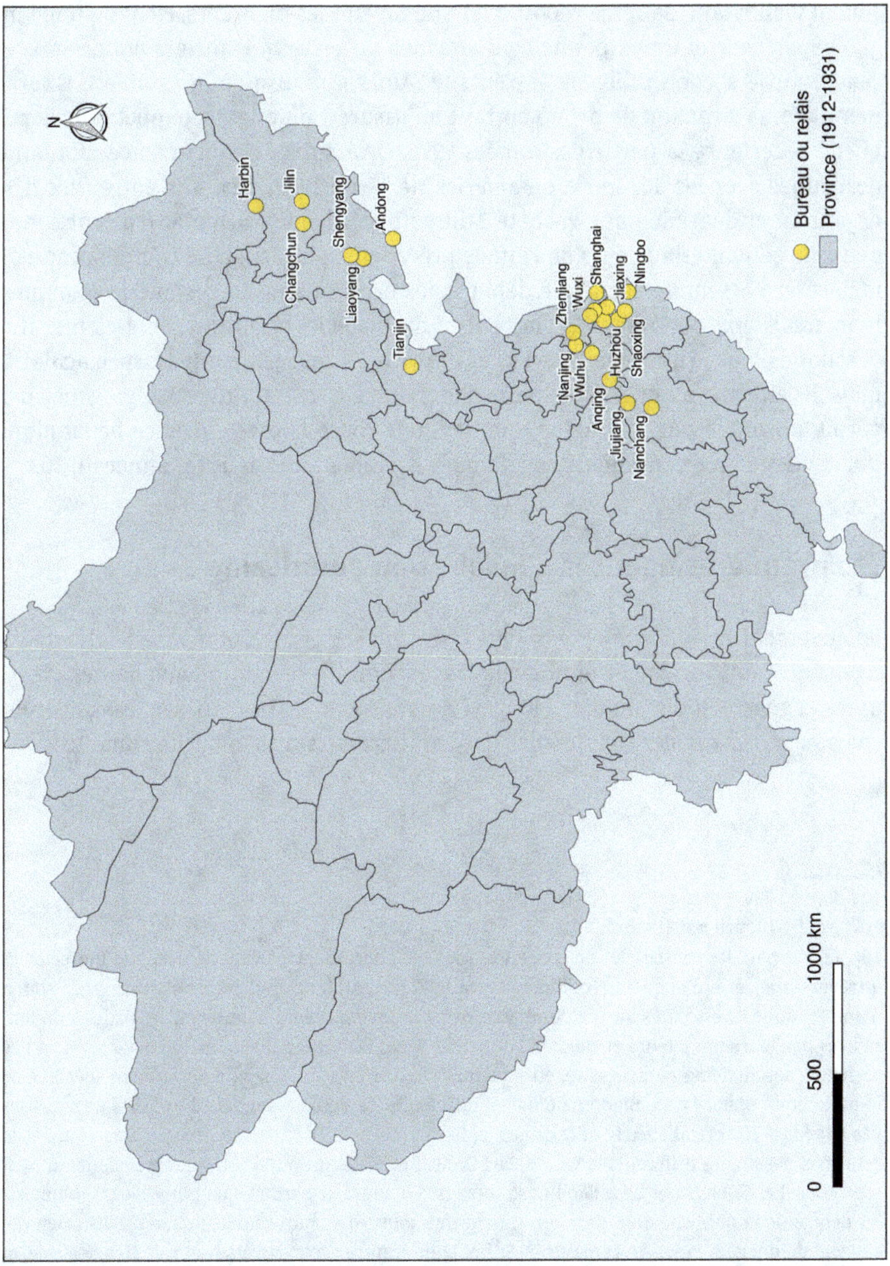

Carte 1: L'emprise d'Oriental Advertising Agency en Chine au milieu des années 1920. Cette carte a été établie à partir des lettres à en-tête de l'agence datées du mois de mars 1924. Source : SMA (SMC), U1-14-3258. Une version interactive est consultable en ligne : https://madspace.org/cooked/Maps?ID=217.

sonnel vieillissant. Sa force reposait largement sur ces pionniers, riches d'une longue expérience et d'une bonne connaissance du terrain. L'ancienneté de son réseau était le second pilier de sa réussite. Alors que jusqu'à la Première Guerre mondiale, sa situation de primo-entrant lui assurait un quasi-monopole sur la publicité extérieure, à partir des années 1920, OAA subit la concurrence montante des jeunes agences d'inspiration américaine.[106] En 1930, c'est une entreprise désorganisée et dégradée que rachète Millington. L'agence Oriental n'a fonctionné que cinq semaines au cours de l'année précédant son rachat. Le compte-rendu de la dernière assemblée générale déplore des erreurs dans la gestion des comptes, le mauvais état des ateliers et la vétusté du matériel d'imprimerie. Des mesures drastiques sont prises pour sauver l'entreprise. Le redressement est spectaculaire, mais il s'effectue au prix d'une perte d'identité. L'Oriental Advertising Agency disparaît, absorbée par Millington, Limited, une toute nouvelle agence britannique qui devient l'un des premiers conglomérats publicitaires dans les années 1930.[107]

Les premières agences d'inspiration américaine

Relativement bien documentées, Carl Crow, Inc. et China Commercial Advertising Agency (CCAA) incarnent la nouvelle génération d'agences indépendantes créées après la guerre. Jouissant d'une longévité remarquable, ces deux agences illustrent, chacune à leur manière, l'influence nord-américaine sur la publicité chinoise.[108]

106 Bacon, 759.

107 *NCH*, 24 février 1931.

108 Concernant les sources, les deux agences sont bien documentées dans les archives municipales, à travers une série d'enquêtes conduites entre 1930 et 1941. La presse locale est une autre source d'une grande richesse, faisant régulièrement paraître leurs publicités, publiant les articles de fond rédigés par leurs fondateurs et rendant compte de leurs activités dans la section des brèves. A l'occasion de son dixième anniversaire, en septembre 1936, CCAA fait l'objet d'un numéro spécial dans le périodique *China Press*. Bien que d'inégal intérêt, les papiers personnels du publicitaire, conservés à la State Historical Society of Missouri, et les archives du Department of State américain, éclairent sous des angles différents la vie de Carl Crow. Les écrits du publicitaire lui-même, notamment son best-seller *Four Hundred Million Customers* (1937), un récit partiellement autobiographique sur les débuts de la publicité en Chine, constituent une source incontournable, même si l'historien doit souvent déjouer les ruses du romancier. Enfin, la littérature secondaire ne saurait être négligée, en particulier l'ouvrage de Paul French, *Carl Crow, a tough old China hand : the life, times and adventures of an American in Shanghai* (Hong Kong : Hong Kong University Press, 2006), qui s'appuie sur une documentation solide, même si la flamme du journaliste l'emporte parfois sur la rigueur de l'historien.

Carl Crow, Incorporated (1918)

L'agence Carl Crow, Incorporated (Kelao guanggao gongsi), porte le nom de son fondateur, le journaliste américain Carl Crow (Kelao). Fondée en 1918 à Shanghai, l'agence Carl Crow naît d'une scission avec l'agence d'information Chun Mei News (Zhongmei tongxinshe), qui sert de relais au Committee of Public information (ComPub), le service de renseignement américain que Carl Crow a dirigé pendant la Première Guerre mondiale [Figure 1].[109] Son activité principale consiste à traduire et placer dans la presse locale des articles défendant une opinion favorable aux États-Unis. Basée à Shanghai, l'agence Chun Mei News possède également des bureaux à Pékin et Tianjin. Suite à un scandale diplomatique, Carl Crow se retire de l'affaire et fonde sa propre agence, qui réoriente l'activité de propagande vers le placement de publicités commerciales.[110] Ayant pour devise *Advertising and Merchandising Agents*, l'agence prend ses distances avec le monde de la presse en associant la publicité à la commercialisation des marchandises. En choisissant une jonque pour illustrer son logo, Crow met l'accent sur la situation de maritime de Shanghai et son ouverture sur le monde. Juridiquement, l'agence a le statut d'une société à responsabilité limitée, avec Carl Crow comme propriétaire exclusif. Pour des raisons fiscales, la société est enregistrée dans l'État du Delaware, puis de l'Alaska. En 1920, son capital s'élève à 25 000 dollars américains et l'agence détient plusieurs comptes bancaires auprès de la Hongkong & Shanghai Banking Corporation (HSBC), la Shanghai Commercial & Savings Bank, la Shanghai Bank et l'International Banking Corporation.[111]

A ses débuts, l'agence emploie une douzaine de personnes et sa struture est relativement simple. Comme l'explique Carl Crow :

> Just after the close of the War, we had a lot of strange American visitors in Shanghai. They were the new millionaires who had been created by the War, and most them gave me the impression that they were taking a trip round the world to see whether or not they wanted to buy it. One of these millionaires spent a good deal of time in my office, because he had once been in the advertising business and liked to talk shop, and as I was just getting my business started, he gave me a lot of advice. For one thing, he told me that an advertising agency, in order to function efficiently, should be « highly departmentalized ». As I had about a dozen

109 National Archives and Records Administration (NARA), General records of the Department of State, RG59, CDF 1910–1929, Box 948.

110 French, 89–92. En 1919, le journal *Mainichi* de Tokyo accuse Carl Crow et son agence d'entretenir des sentiments antijaponais. Voir à ce sujet la lettre de l'ambassadeur américain à Pékin (Paul S. Reinsch) au Secrétaire d'État américain, Washington, D.C., datée du 1er mai 1919. National Archives and Records Administration (NARA), General records of the Department of State, RG59, CDF 1910–1929, Box 948.

111 SMA, Q275-1-1840-37.

> employees, including coolies, at the time, I couldn't do very much about following his advice, as there were already more departments than there were men on the staff. [112]

Dans son récit autobiographique, Crow façonne l'image d'une agence familiale reposant sur la confiance mutuelle. Animé d'un esprit paternaliste, le *manager* américain fait preuve d'une certaine empathie à l'égard de son personnel chinois. Respectant leurs croyances, il autorise la visite d'un géomancien pour apaiser leurs craintes.[113] Pour ne pas contrarier leurs habitudes, il renonce à introduire de nouvelles méthodes de travail et à modifier la décoration intérieure des bureaux.[114] En retour, ses employés lui seraient entièrement dévoués. Crow s'amuse de leur ardeur à leur ouvrage, leur souci de paraître toujours affairés et de manifester la prospérité de l'agence par une agitation constante, surtout si la visite d'un éminent client est attendu.[115] La presse locale invite cependant à nuancer cette vision idyllique. Malgré sa taille modeste, l'agence de Crow n'est pas exempte de tensions sociales. En 1933, par exemple, un procès oppose le *manager* à l'un de ses employés, Bruno Perme, à propos d'un salaire impayé. Après son licenciement, Perme fonde sa propre agence (Beimei guanggao gongsi) et devient un concurrent direct de son ex-employeur.[116]

Polyvalente, l'agence oriente ses activités dans trois directions principales : l'édition, la publicité extérieure et la publicité postale.[117] Fidèle à ses origines journalistiques, Crow maintient une importante activité éditoriale. Au début des années 1920, il fonde une maison d'édition spécialement dédiée aux professionnels du marché, The Trade Journals Publishing Company, qui publie notamment un magazine pour les ingénieurs chinois formés à l'étranger, *The Chinese Engineer and Contractor*.[118] Outre la traduction et le placement de publicités dans la presse locale, Crow est aussi à l'origine du premier annuaire de la presse en Chine, qui connaît quatre éditions entre 1931 et 1937.[119] A une époque où il est difficile d'obtenir des données fiables, le *Newspaper Directory of China* devient un ouvrage de référence sur la presse en Chine et à Hongkong. Carl Crow maintient également des liens étroits avec le quotidien du soir *Shanghai Evening Post*, qu'il dirige jus-

---

112 Crow, *Four Hundred Million Customers*, 98.
113 Crow, *Four Hundred Million Customers*, 114.
114 Crow, *Four Hundred Million Customers*, 107–110, 119.
115 Crow, *Four Hundred Million Customers*, 110.
116 *CP*, 11 juillet 1933.
117 Carl Crow, Inc., « Merchandising in China », *China Journal of Science and Art*, novembre 1924.
118 *MRFE*, Shanghai, 2 juillet 1921.
119 Carl Crow, Inc., « Merchandising in China ».

qu'en 1930.[120] Le journal prête ses équipements à l'agence de publicité, qui ne possède pas sa propre imprimerie.[121] Bien que peu hiérarchisée, l'agence de Crow est aussi l'une des premières à s'équiper d'un service artistique qui emploie des artistes renommés, comme le dessinateur russe Sapajou (Georgii Avksent'ievich Sapojnikoff).[122]

En dehors de la presse, Crow se présente comme un pionnier de la publicité extérieure. Affirmant avoir introduit en Chine les premiers panneaux standardisés conformes aux normes américaines, le publicitaire américain continue néanmoins à privilégier les placards de petite taille, qu'il juge plus adaptés aux rues étroites et sinueuses des villes chinoises.[123] L'agence possède ses propres ateliers et fabrique elle-même les panneaux qu'elle loue ensuite à ses clients.[124] Très actif auprès du SMC, Crow participe avec d'autres agences à la rédaction du premier règlement sur la publicité dans la Concession Internationale, qui entre en vigueur en 1930.[125] Enfin, Crow est à l'avant-garde de la publicité par correspondance ciblant un marché de niche. Réalisant que la Poste chinoise offre un service de grande qualité bien que sous-exploité, le publicitaire a calculé que la population éduquée en Chine (environ 20 millions de personnes), reçoit en moyenne une lettre par mois, tandis que la population totale (400 millions), n'en reçoit qu'une seule par an.[126] Dans ces conditions, tout courrier, même de nature commerciale, est accueilli avec beaucoup d'intérêt. D'après le rapport de Sanger, Crow aurait ainsi récolté plus de 100 000 addresses dans l'ensemble de la Chine, indiquant le nom, la profession et le niveau de revenus des destinataires. Conscient de sa valeur, le publicitaire en rend la consultation payante, à raison de 50 dollars (mexicains) pour un millier de noms. D'autres listes semblent avoir été compilées, mais leur consultation reste privée.[127]

Malgré sa taille modeste, l'agence de Crow est bien insérée dans les réseaux locaux et internationaux. Membre de l'Advertising Club of China (1919) et de l'Advertising Association of China (1924), elle est également associée à l'agence américaine N.W. Ayer & Son, basée à Philadelphie.[128] Carl Crow possède plusieurs relais

---

120 *CWR*, 21 avril 1928, 3 janvier 1931 ; *NCH*, 25 décembre 1930.

121 SMA, Q275-1-1840-37.

122 Bacon, 759 ; Crow, *Four Hundred Million Customers*, 112.

123 Carl Crow, Inc., « Merchandising in China » ; « Posters in Outports », *CWR*, 16 septembre 1922.

124 Crow, *Four Hundred Million Customers*, 132.

125 SMA (SMC), U1-5-584.

126 Carl Crow, Inc., *Newspaper Directory of China (Including Hongkong)* (Shanghai : Carl Crow, Inc., 1931).

127 Sanger, 91. Ce carnet d'adresses n'a, hélas, pu être retrouvé.

128 *CWR*, 17 septembre 1932.

à Canton, Ningbo, Hankou (actuellement Wuhan) et Pékin, qui lui permettent de mener des campagnes en dehors de Shanghai [Carte 2].[129] A la fin des années 1920, l'agence rayonne jusqu'en Inde, en passant par Siam, Java, Singapour, le Japon et les Philippines. Son portefeuille comprend plus de vingt-cinq clients chinois et étrangers, dans des secteurs aussi variés que les cigarettes, l'industrie alimentaire, l'automobile, les produits pharmaceutiques, l'hygiène et les cosmétiques. Sa clientèle américaine représente l'essentiel de son activité. En 1930, d'importantes multinationales lui confient leurs campagnes en Chine, notamment Liggett & Myers Tobacco, Eastman Kodak, Sun Maid Raisin, Pond's Cold Cream et General Motors. Dix ans plus tard, la liste a été multipliée par quatre, comptant près d'une centaine de marques de renommée mondiale.[130]

L'agence prospère jusqu'à la guerre sino-japonaise. En 1930, son chiffre d'affaires mensuel s'élève à 40 000 dollars mexicains, mais retombe à 30 000 yuans en 1934 sous l'effet de l'inflation et l'abandon de l'étalon d'argent. Crow semble néanmoins avoir été relativement épargné par la dépression des années 1930. Alors que Shanghai est frappée par une épidémie de choléra, l'effondrement du marché immobilier et la faillite de nombreux commerces sur la florissante rue de Nankin, l'agence manifeste des signes de bonne santé.[131] Crow maintient ses carnets de commande et parvient même à conclure de nouveaux contrats. La situation se détériore après les bombardements d'août 1937. Menacé par les Japonais, le publicitaire quitte précipitamment Shanghai au début du mois de septembre 1937, confiant la gestion de l'agence à son assistant chinois (cf. chapitre 3).[132] Pendant la guerre, ses dépenses et ses activités sont drastiquement réduites. En 1940, son chiffre d'affaires tombe sous le seuil de 20 000 yuans par mois. En mars 1941, l'agence est toujours active mais n'emploie que dix employés. N'opérant plus qu'à Shanghai, Hong Kong et Tianjin, son rayon d'action se rétracte.[133] Après la guerre, les sources se raréfient. Bien que l'agence figure formellement parmi les membres de l'association des publicitaires réorganisée en 1947, il est peu probable qu'elle soit encore active à cette date.

129 Sanger, 74 ; Carl Crow, Inc., « Merchandising in China » ; Crow, *Four Hundred Million Customers,* 132-33.

130 « Tokyo Koshinjo Limited. Information No. 27340 », 8 novembre 1930, SMA, Q275-1-1840-37.

131 Crow, *Four Hundred Million Customers,* 114.

132 French, 210.

133 SMA, Q275-1-1840-37.

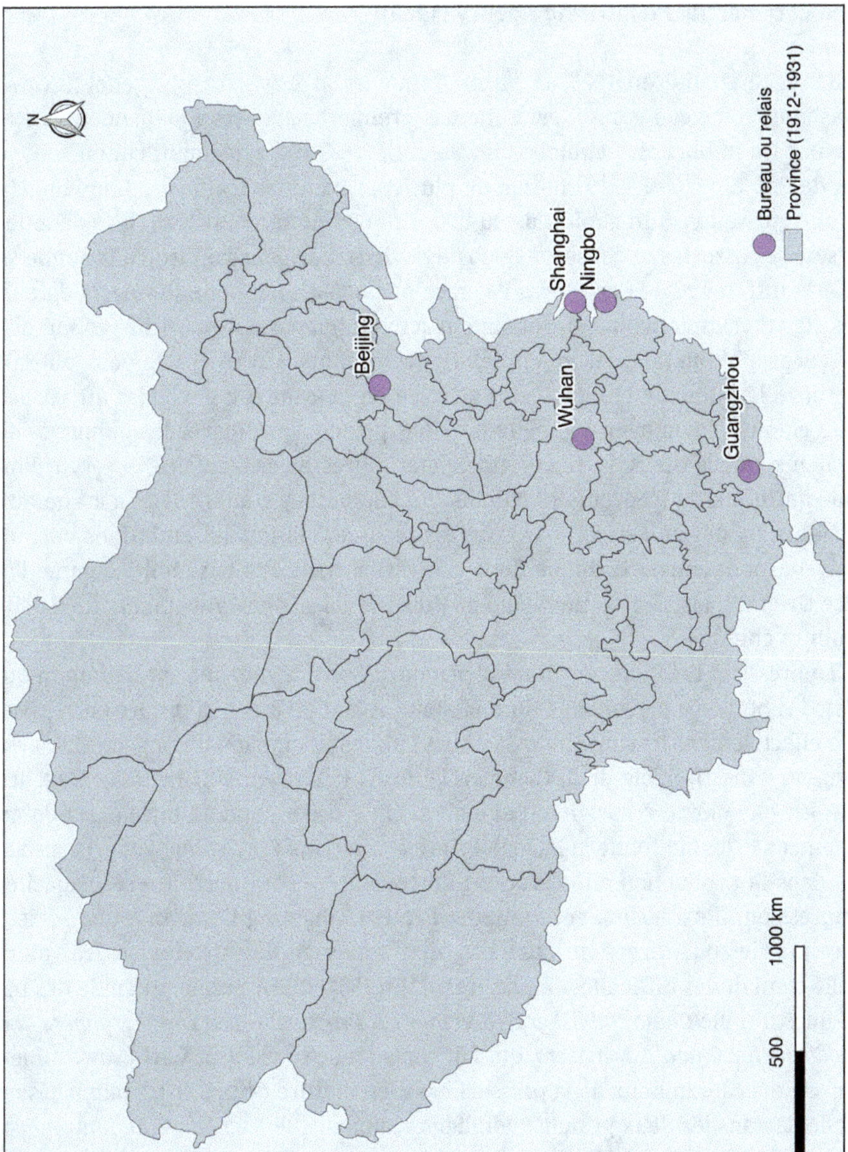

Carte 2: L'emprise de l'agence Carl Crow en Chine dans l'entre-deux-guerres. D'après : J. Sanger, *Advertising methods in Japan, China, and the Philippines* (Washington : Govt. Print. Office, 1921), 74 ; Carl Crow, *Four Hundred Million Customers : the Experiences – Some Happy, Some Sad, of an American in China, and What They Taught Him* (New York ; London : Harper, 1937), 132–133. Une version interactive est consultable en ligne : https://madspace.org/cooked/Maps?ID=218.

China Commercial Advertising Agency (1926)

Fondée à Shanghai en 1926, la China Commercial Advertising Agency (CCAA) (Huashang guanggao gongsi) est l'une des premières agences indépendantes établies par un publicitaire chinois, Lin Zhenbin (林振彬), également connu sous le nom de C.P. Ling. Grâce au soutien de plusieurs hommes d'affaires, Lin démarre son entreprise avec un capital de 10 000 à 15 000 dollars. En 1928, il rachète les parts de ses associés et conserve le poste de directeur général jusqu'à la fin de sa vie. A la différence de Carl Crow, l'agence ne porte pas le nom de son fondateur, mais signale simplement son domaine d'activité (*guanggao*, publicité) et son origine géographique (*Zhongguo*, Chine). Dès ses débuts, Lin se donne pour objectif de rendre la publicité chinoise plus efficace en plaçant son expertise au service de ses clients.[134] Son agence a deux missions principales : placer les publicités de ses clients, quelle que soit leur origine, dans la presse vernaculaire, et servir d'intermédiaire aux entrepreneurs chinois qui souhaitent étendre leur marché aux Etats-Unis. Sa devise *Service and Progress* résume à la fois les ambitions personnelles du fondateur et l'éthique de la profession dans son ensemble. Comme l'agence Oriental, Lin choisit un *pailou* en guise de logo, signalant son ancrage dans la culture chinoise.

La presse et l'édition constituent le cœur de son activité, une spécialisation qui réflète l'expérience personnelle du fondateur. Avant de créer sa propre entreprise, Lin a effectivement travaillé pour la China Publicity Company (Zhongguo shangwu guanggao gongsi), filiale de la Commercial Press (Shangwu yinshuguan). L'agence CCAA est elle-même à l'origine d'une abondante production éditoriale. Au début des années 1930, Lin fonde la Pagoda Printing Company (Tayinshua gongsi), spécialisée dans la production d'illustrations en couleur.[135] Pour accroître ses capacités d'impression, il s'associe avec Zen Sing Brothers Printing Company, une société d'imprimerie sous direction japonaise, qu'il envisage de racheter en 1932 alors qu'elle connait des difficultés financières.[136] En 1934, CCAA publie un guide des périodiques intitulé *China Publishers' Directory : A Practical Guide to Newspapers and Periodicals for China Advertisers,* qui fait concurrence à celui de Carl Crow.[137] Bien connecté avec les milieux de la presse, Lin est en mesure de placer les publicités de ses clients dans les deux grands quotidiens nationaux, le *Shenbao* et le *Xinwenbao,*

---

134 « More Effective Advertising and Better Agency Work in China », *CWR*, 27 avril 1929.

135 SMA, Q275-1-1840-37.

136 « Haskins & Sells (Certified Public Accountants), Audit of China Commercial Advertising Agency », Shanghai, 1er avril 1932, SMA, Q275-1-1840-37.

137 *CP*, 9 décembre 1934. *NCH*, 1er janvier 1935.

et dans une centaine d'autres périodiques circulant largement en Chine.[138] Soucieux d'élargir ses services au-delà de la publicité imprimée, Lin s'associe avec Henry Crawshaw, directeur de l'agence américaine Acme Advertising, spécialisée dans la publicité extérieure. Comme le souligne le journaliste Bacon, la collaboration des deux agences est facilitée par le rapprochement physique de leurs bureaux dans le quartier d'affaires de la Concession internationale.[139]

A l'occasion de son dixième anniversaire en september 1936, CCAA fait paraître dans le journal *China Press* un numéro spécial qui retrace sa progression spectulaire, en mettant l'accent sur ses débuts difficiles. Outre le déficit de légitimité qui affecte alors l'ensemble de la profession, la jeune agence chinoise est confrontée à la concurrence des pionniers étrangers.[140] Malgré une certaine tendance à dramatiser pour faire ressortir la réussite du fondateur, ce récit des origines n'est pas totalement dénué de fondement. Lin semble avoir démarré modestement. A ses débuts, il n'emploie qu'un seul assistant et se contente d'un simple bureau. Cette année-là, Bakerite Company est son unique client d'envergure. L'année suivante, l'agence décroche un contrat prestigieux : la multinationale américaine Ford Motor Exports Company lui confie sa première grande campagne en Chine. Par la suite, les succès s'enchaînent. Forte de quarante employés en 1935, puis soixante en 1936, CCAA s'affirme comme l'une des agences vernaculaires les plus influentes. Alors qu'elle n'avait que cinq clients la première année, dix ans plus tard, l'agence compte une centaine de contrats pour deux cents marques différentes, la plupart d'origine étrangère. Au début des années 1930, sa clientèle inclut plusieurs multinationales américaines, britanniques et allemandes, dans des secteurs aussi divers que l'industrie alimentaire (Bakerite, Wrigley's Gum, Quaker Oats, Welch's Grape Juice), l'automobile (Ford Motor Company, Bills Motors), l'industrie pharmaceutique, l'hygiène et les cosmétiques (Colgate, Pro-phy-lac-tic, Gillette, Listerine, Santal Midy, Kofa American Drug), l'industrie culturelle (RCA Victor, Eastman Kodak, Parker Pen), la finance (National City Bank of New York), l'immobilier (Asia Realty Company) et les aménités urbaines (Shanghai Power Company, China General Omnibus). Cette diversité traduit la polyvalence de l'agence et le multilinguisme de son personnel. Forte de ses succès commerciaux, CCAA est également sollicitée par les institutions publiques. En 1933, l'agence est chargée par le gouvernement nationaliste de la promotion des jeux athlétiques qui se déroulent à Nankin.[141] En 1936, le ministère des

138 Bacon, 760.
139 *CWR*, 27 avril 1929.
140 Ling, « Recording a decade of service and progress ».
141 « China Commercial Advertising Agency To Compile Program », *CP*, août 1933.

transports lui confie sa campagne de communication pour la construction du réseau routier national.[142]

Comme le montre la carte ci-jointe [Carte 3], CCAA rayonne sur l'ensemble du territoire national.[143] Ses activités s'étendent de la région du Jiangnan au sud, jusqu'à Pékin et Tianjin dans le nord de la Chine. L'agence possède aussi des relais dans des provinces plus reculées comme la Mandchourie (Harbin, Shengyang), le Sichuan et le Tibet, et en 1938, elle ouvre de nouveaux bureaux à Hong Kong.[144] A travers sa clientèle multinationale et ses contacts à l'étranger, l'influence de CCAA dépasse largement les frontières nationales. Depuis ses études aux Etats-Unis, Lin Zhenbin entretient personnellement des liens privilégiés avec les milieux d'affaires américains (cf. chapitre 3).

Comme Carl Crow, CCAA prospère jusqu'à la guerre sino-japonaise. L'agence diversifie ses activités en s'engageant plus directement dans la publicité extérieure. En 1938, elle signe un contrat avec la China General Omnibus Company qui lui accorde l'exclusivité de la publicité sur les véhicules circulant dans la Concession internationale. A partir de 1939, néanmoins, la situation se détériore. Son chiffre d'affaires décroît et l'agence reduit son personnel à vingt employés. Les sources se raréfient par la suite. CCAA reste active à Shanghai au moins jusqu'en 1948. Lin Zhenbin quitte la Chine avant la prise de pouvoir communiste et s'installe à Hong Kong. En 1957, l'agence réorganisée possède des bureaux à New York et des associés à San Francisco, Tokyo et Taipei.[145] Le fondateur prépare sa succession en associant ses deux fils à l'entreprise. En 1963, CCAA fusionne avec l'agence américaine McCann-Erickson. Il s'agit vraisemblablement d'un mariage de raison pour l'agence qui peine à survivre dans un environnement international de plus en plus concurrentiel. La fusion coïncide avec la mort du fondateur en 1964. Un changement de génération est en cours. L'aîné des fils (William) dirige désormais l'entreprise. Son frère Ronnie lui succède dans les années 1980 et reste actif jusqu'à sa mort en 2015.[146] Toujours active sous le nom Adling Holdings, Ltd., l'agence s'est réorientée vers les activités d'investissement. Les héritiers ne sont plus impliqués dans l'entreprise et la famille n'a malheureusement pas conservé les archives antérieures à 1949.[147]

---

142 SMA, Q275-1-1840-37.

143 Bacon, 760.

144 *South China Morning Post* (SCMP), Hong Kong, 6 septembre 1938.

145 *SCMP*, 20 septembre 1957.

146 Kam Fan Awards 2014 (https://cdn.i.haymarketmedia.asia/?n=campaign-asia%2fcontent%2f20141201095734-Photo+4.JPG) (Dernière consultation le 21 juillet 2022).

147 Je remercie la famille Lin et les *managers* actuels de m'avoir ouvert les portes de leur entreprise et d'avoir partagé les documents qu'ils ont conservés.

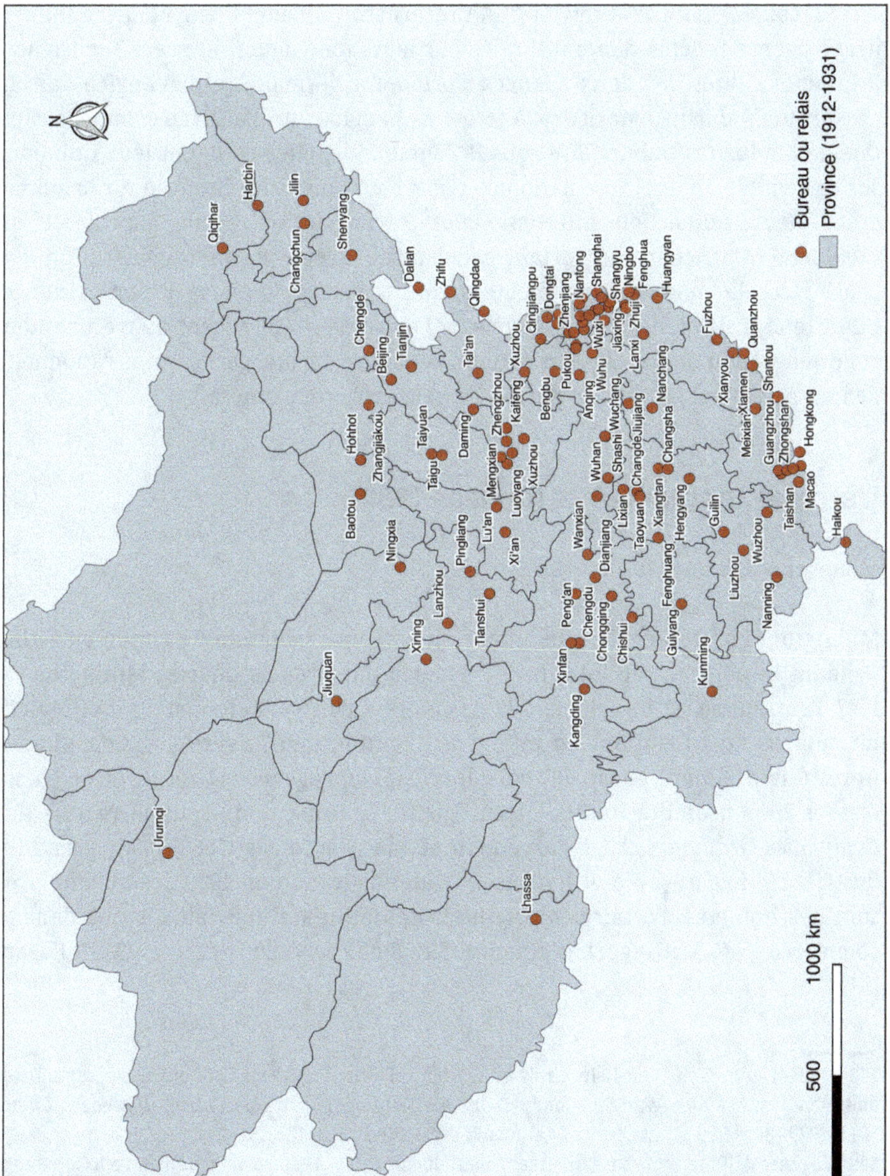

Carte 3: L'emprise de China Commercial Advertising Agency en Chine dans les années 1930. D'après C.P. Ling, « Recording a decade of service and progress », *China Press*, 1er septembre 1936. Une version interactive est consultable en ligne : https://madspace.org/cooked/Maps?ID=214.

En conclusion, Carl Crow et CCAA incarnent chacune à leur manière un modèle d'agence indépendante façonnée par leurs fondateurs. Alignées sur les normes américaines, les deux agences s'orientent de manière privilégiée vers la presse et la publicité extérieure. Ancrées à Shanghai, qui s'affirme comme la capitale de l'industrie publicitaire sous la République, elles étendent leur influence sur l'ensemble du territoire national et ouvrent la publicité chinoise sur le monde grâce à leurs connections internationales. Privilégiant un régime de propriété individuelle et affichant un certain paternalisme, cette première génération d'agence reste de taille modeste, même si dans la deuxième phase de son existence, CCAA tend à s'éloigner de ce modèle.[148] Les années 1930 voient naître une nouvelle génération de sociétés par actions, reposant sur une gestion plus rationnelle de leur personnel et formant parfois de véritables conglomérats.

L'ère des conglomérats (années 1930)

Millington, Ltd. (1927)

Millington, Limited est la plus importante agence britannique active en Chine pendant la période républicaine.[149] Fondée par Francis Charles Millington en 1927, l'entreprise est initialement la propriété exclusive du fondateur, qui se définit comme un consultant en publicité (Incorporated Advertising Consultant). Après une première phase de croissance rapide, l'agence est réorganisée en société à responsabilité limitée et enregistrée à Hong Kong sous le régime des *Companies Ordinances.*[150] A l'exception de Liu Hongsheng (1888–1956), grand industriel chinois qui rejoint le conseil d'administration en 1930, les actionnaires sont des hommes d'affaires d'origine britannique qui ont fait fortune dans le commerce (N.C. McGregor), la finance (S.A. Seth) ou la construction (M.H. Logan,

148 L'historienne Yeh Wen-Hsin a mis en évidence l'attitude paternaliste des élites capitalistes dans son ouvrage *Shanghai Splendor : Economic Sentiments and the Making of Modern China, 1843–1949* (Berkeley : University of California Press, 2007), 101–128, 152–204.

149 L'agence Millington est relativement bien documentée. Les archives de l'entreprise restent introuvables à ce jour, mais la presse locale fait régulièrement paraître des articles sur l'agence et son directeur. Par ailleurs, les archives municipales de Shanghai ont conservé sa correspondance abondante avec les administrations des concessions, une série d'audits et les comptes rendus annuels du conseil d'administration entre 1933 et 1941.

150 SMA, Q275-1-1840-37. Institué pour la première fois en 1865, le régime des *Companies Ordinances* avait pour objectif de fournir un cadre juridique pour la conduite des affaires et la protection des droits et intérêts des actionnaires et parties prenantes.

A.P. Nazer).[151] Le conseil d'administration est renouvelé à plusieurs reprises, en 1930, 1932 et 1934, mais le profil des actionnaires change peu. Les nouveaux entrants sont issus de la haute finance (N.W. Hickling), des assurances (E.F. Harris, Sun Life Assurance Company for North China) et de l'immobilier (N.L. Sparke, Shanghai Land Investment Company).[152]

En dehors des membres du conseil d'administration, on sait peu de choses sur les employés qui assurent le fonctionnement quotidien de l'agence. Après son rachat de la Presse Orientale en 1930, Millington reprend deux de ses cadres, J.A.E. Bates et B. Rozenbaum. Si la continuité du personnel favorise les transferts d'expertise, de nouvelles recrues viennent aussi renouveler les pratiques. En 1928, Millington fait venir spécialement de Londres le peintre F.H. Hindle, professeur au Royal College of Art, pour diriger son studio artistique et sa toute nouvelle école d'art commercial. En 1930, le service des ventes est placé sous la direction d'un certain J. Heymann, tandis que L.H.W. Jones occupe concurremment la position de secrétaire et de comptable.

Au cours des années 1930, les fonctions se spécialisent davantage. A la différence de Carl Crow, dont les services sont peu différenciés, la division du travail est très rationnelle chez Millington. En 1930, l'agence comprend déjà quatre services distincts. Outre son studio artistique, elle possède un service dédié à la rédaction (copy department), un autre pour l'affichage (display department) et un troisième pour les ventes (sales department). En 1932, un certain A. Hill-Reid est nommé directeur de publicité (advertising manager). En 1934, B.L. Gabbott, un imprimeur d'origine britannique, assure la fonction de *general manager*, tandis que B. Rozenbaum est placé à la tête du nouveau départment de publicité extérieure (outdoor advertising).[153] Un service spécialisé dans la fabrication d'emballages (*box-making department)* est créé en 1936, mais il est liquidé l'année suivante

---

151 Connu comme « le roi des allumettes » et le « roi de la laine », Liu Hongsheng (O.S. Lieu) a fondé de nombreuses entreprises dans des secteurs aussi variés que la cimenterie (Shanghai Portland Cement Company), le textile (China Wool Company), les allumettes (China Match Company) ou les transports. A son sujet, voir : Sherman Cochran, *Encountering Chinese Networks : Western, Japanese, and Chinese Corporations in China, 1880–1937* (Berkeley, Calif. : University of California Press, 2000), 147.

152 SMA (SMC), U1-14-3255. Le premier bureau est composé de S.A. Seth, N.C. MacGregor, D.W. Kau en 1928–1929. En 1930, une nouvelle équipe lui succède : T.G. Drakeford et N.L. Sparke. O.S. Lieu, Col. M.H. Logan, et J.A.E. Bates les rejoignent en 1932. En 1934, l'équipe dirigeante est à nouveau renouvelée : E.F. Harris, A.P. Nazer, N.W. Hickling, S.A. Seth et F.C. Millington. Cette dernière composition reste inchangée jusqu'à la fin de la période (1941). Seul S.A. Seth, présent depuis la fondation de l'agence, disparaît, remplacé par W. Massey en 1938.

153 SMA (SMC), U1-14-3255.

faute d'être suffisamment rentable.[154] A cette spécialisation fonctionnelle s'ajoute une division régionale entre le siège social basé à Shanghai et les deux succursales ouvertes à Hong Kong et Singapour. A Shanghai, Millington installe d'abord ses bureaux sur la rue de Nankin, au cœur de la Concession internationale.[155] Au début des années 1930, l'agence établit une première antenne à Hong Kong, dirigée pendant plusieurs années par une femme d'origine australienne, Elma Kelly (cf. chap.3).[156] La seconde est ouverte en septembre 1937 à Singapour et placée sous la direction d'A. Hill-Reid, l'ancien directeur de publicité à Shanghai.[157]

L'édition et la publicité imprimée sont au cœur de son activité. En 1927, Millington et son associé B.L. Gabbott fondent la Willow Pattern Press (Liuyin yinshua gongsi), qui fusionne avec la Presse Orientale après son rachat en 1930. Willow Pattern est chargée des impressions artistiques, tandis que la Presse Orientale assure les travaux éditoriaux plus classiques.[158] Millington s'appuie sur ces entreprises de presse pour imprimer non seulement ses publicités, mais aussi des revues et des publications de référence, comme l'annuaire *Hongs & Homes* qui recense les entreprises, les professionnels et les particuliers résidant à Shanghai.[159] Parmi les revues les plus notables, *Safety First* et *Shanghai Defence League Magazine,* deux publications militant pour le renforcement de la présence militaire britannique après l'incident du 30 mai 1925, sont particulièrement appréciées par la communauté anglophone de Shanghai.[160] A partir de 1931, Millington édite le bulletin officiel du Rotary Club de Shanghai, *The Pagoda,* dont il est membre depuis février 1927.[161] En 1934, il envisage la publication d'un guide de Shan-

154 « Millington Limited : Advertising and Depression Explained », *NCH,* 3 juin 1936 ; *CWR,* 29 mai 1937 ; *NCH,* 2 juin 1937.

155 *CWR,* 8 janvier 1927 ; *CP,* 1er juillet 1930.

156 *CP,* 3 février 1930.

157 « Trade in South Good, Millington Declares », *CP,* 15 mars 1938.

158 Bacon, 760 ; Millington, Ltd., « The Willow Pattern Press », *Distinctive Printing,* 1937. Jusqu'en 1934, la Presse Orientale conserve ses ateliers sur l'avenue Edward VII, tandis que la Williow Pattern Press est installée sur la rue de Nankin, à proximité de l'agence Millington. En 1934, les deux sites sont regroupés dans le Gallia Building, rue Szechuen, dans le quartier central de la Concession internationale. SMA, Q275-1-1840-37 ; *NCH,* 24 février, 1931.

159 Successeur du *Rosenstock's Directory,* l'annuaire *Hong & Homes* est régulièrement enrichi et mis à jour. En 1927, il est augmenté d'une section spéciale consacrée à l'hygiène féminine. Un annuaire du personnel de la Shanghai Power Company et du Service d'électricité du Shanghai Municipal Council est ajouté en 1929. Bacon, 759 ; *CWR,* 16 février 1929. « Hongs & Homes », *CP,* 14 juillet 1929 ; SMA (SMC), U1-4-246.

160 *CWR,* 21 mai 1927.

161 *The Pagoda* (Official Organ of the Rotary Club of Shanghai), n°613 (septembre 1931) : 1 ; « Shanghai Rotary Club Roster, July 1, 1930 », Alonzo Bland Calder Papers, 1911–1956, Hoover Institution Archives, Stanford, Calif., Box 19, f. 1.

ghai dans le but de revaloriser l'image de la ville et de relancer le tourisme en berne depuis la crise économique et la guerre sino-japonaise de 1932.[162] En 1938, il inaugure deux nouveaux magazines, *Far Eastern Engineering* et *Indian and Eastern Engineer*, destinés aux ingénieurs anglophones actifs en Extrême-Orient et dans la péninsule indienne.[163]

En dehors de l'édition, Millington encourage fortement la création artistique. Etabli en 1928, son studio artistique emploie une douzaine d'artistes et acquiert rapidement la réputation d'être l'un des meilleurs en Chine.[164] En 1930, Millington fonde la première école d'art intégrée, avec l'ambition de former une nouvelle génération d'artistes commerciaux. Pragmatique, le publicitaire en fait aussi un vivier de recrutement pour son agence, où les meilleurs élèves peuvent trouver un emploi à l'issue de leur formation.[165] Outre la publicité imprimée, l'agence est très active dans la publicité extérieure. En 1928, Francis Millington est nommé consultant en publicité auprès du SMC et chargé de coordonner les discussions relatives à l'élaboration du premier règlement sur la publicité dans la Concession internationale.[166] Entre 1928 et 1939, Millington adresse plus d'une trentaine de courriers aux autorités municipales pour obtenir l'autorisation d'installer ses panneaux (*hoardings*) dans les rues des concessions. Afin de renforcer son service d'affichage, l'agence rachète en 1930 la compagnie Star Photo Engraving Photography (Jinxing zhibansuo), une entreprise spécialisée dans la fabrication des affiches publicitaires.[167] En 1934, ses activités de publicité extérieure ont pris une telle ampleur qu'il devient nécessaire de créer un service spécialisé (outdoor advertising department).[168]

Avec la montée de la concurrence et la conjoncture difficile des années 1930, l'agence se tourne vers de nouveaux supports. En 1928, Millington parvient à convaincre les administrations municipales d'autoriser la publicité commerciale

---

162 « Publicity for Shanghai Said Mostly Bad. Book of Information on this city planned to popularize us abroad. Millington tells Rotary all about Advertising », *CP*, 11 mai 1934.

163 *CP*, 15 mars 1938.

164 « Millington's Has New Art Director Brought From Home », *CP*, 28 octobre 1928 ; « Annual General Meeting of Millington Limited », *CP*, 21 juin 1929.

165 Bacon, 759 ; « Millington Ltd. To Conduct Art School on Feb.18. F.H. Hindle to head new venture to promote local talent », *CP*, 15 février 1930.

166 Lettre de Millington à l'Advertising Association de Londres (W.H. Harley, Esq.), Shanghai, 7 décembre 1928, SMA (SMC), U1-3-1284 ; « General Buildings Advertisements – Taxation of Street Advertising. Special Regulations With Respect to Advertisement Structures & Boards », SMA (SMC), U1-14-3267 (1928–1932).

167 Shanghai Bank, 14–16 avril 1934, SMA, Q275-1-1840-37.

168 Lettre de Millington au SMC, 11 septembre 1934, SMA (SMC), U1-14-3255.

sur les tramways et les autobus, jusqu'ici réservés aux annonces officielles.[169] Au début des années 1930, Milligton commence à s'intéresser de près à la publicité radiophonique. Membre fondateur de la China Broadcast Association (CBA), il participe en 1931 au lancement de la première station radio à Shanghai (XCBL).[170] L'année suivante, il effectue un voyage de plusieurs mois en Grande-Bretagne et aux Etats-Unis pour s'informer sur le fonctionnement des chaînes nationales (BBC, NBC). De retour à Shanghai, il est accueilli comme l'un des meilleurs experts du domaine.[171] En 1933, il dirige le comité d'organisation de l'exposition consacrée aux relations entre l'industrie et la radio, inspirée d'expositions similaires tenues à Londres et New York.[172] En 1935, il est nommé conseiller auprès du gouvernement central pour le lancement de la première chaîne de radio nationale (XQCH). Placée sous le contrôle du ministère des Communications, la station est installée dans les locaux de la Sassoon House à Shanghai, à quelques mètres des bureaux de l'agence Millington. Cette expérience de coopération entre les pouvoirs publics et une agence de publicité privée révèle que dès la période républicaine, la communication politique commence à s'appuyer sur les techniques publicitaires élaborées dans le domaine commercial. En proie à des difficultés financières, le régime nationaliste accueille avec d'autant plus de ferveur les revenus qu'il peut tirer de la publicité radiophonique.[173]

L'agence Millington excelle également dans l'organisation des expositions commerciales. En novembre 1935 et juin 1937, l'agence organise deux éditions de la Better Homes Exhibition (Xiandai jiating zhanlanhui), qui ont pour objectif de relancer l'industrie et la consommation ralenties par la dépression économique. Les organisateurs ne lésinent pas sur les moyens. Pendant toute une semaine, le champ de courses est entièrement mobilisé afin d'accueillir une centaine d'exposants, représentant tous les secteurs d'activité. Si l'on en croit la presse locale, le succès est immense. Entre mai et juin 1937, l'exposition attire plus de 100 000 visiteurs, soit cinq fois plus que la précédente.[174] Outre les stands des exposants, les visiteurs apprécient les multiples attractions proposées pour les distraire : pièces

---

169 Lettre de Millington au SMC, Shanghai, 2 août 1928, SMA (SMC), U1-3-1284 (« Suggested Revenue from Advertising on Trams, Buses and Lorries »).

170 « XCBL Broadcast A Success. Many Congratulations on First Radio Programme », *NCH*, Shanghai, 19 mai 1931 ; « China Broadcast Association To Convene May 28 », Shanghai, *CP*, 22 mai 1931.

171 « Millington To Get New Radio Ideas. China Broadcast Official Leaves for tour of U.S., England », *CP*, 7 juin 1932.

172 *CP*, 5 novembre 1933.

173 « New Radio Station in Shanghai. Chinese Government to run Station XQHC », *NCH*, 13 mars 1935.

174 D'origine nord-américaine, les Better Homes Exhibitions s'inscrivent dans la campagne nationale lancée aux États-Unis au début des années 1920, visant à faciliter l'accès à la propriété et

de théâtre, projections de films, feux d'artifices, courses de bateaux-dragons, concours de chiens et de bébés. La présence de personnalités influentes, comme le maire de la municipalité chinoise, Wu Tiecheng, invité d'honneur lors de l'inauguration, renforce le prestige de l'événement. L'expérience aurait vraisemblablement été renouvelée l'année suivante si la guerre n'avait éclaté en août 1937.[175]

Trois grandes phases scandent l'histoire de Millington. Après une première phase de croissante rapide (1927–1933), l'agence traverse une passe plus difficile, marquée par une succession de crises (1934–1938), suivies d'une brève reprise avant sa disparition en 1952.

En février 1930, l'agence Millington célèbre son troisième anniversaire dans une atmosphère chaleureuse.[176] Les quatre-vingts employés de Millington et de la Willow Pattern Press sont réunis à l'Eddie Cafe, rue Broadway, pour fêter l'événement couronnant trois années de succès cumulés. Comme Lin Zhenbin, F.C. Millington insiste sur les rigueurs des premiers jours pour mieux mettre en valeur le chemin parcouru et entretenir la fierté des employés. Comme Crow et Lin, il attribue la réussite de son agence aux liens de confiance noués au sein de l'entreprise, en portant un *toast* spécial aux *salesmen* qui représentent, selon lui, les forces vives de l'agence. Il énumère ensuite ce qui constitue pour lui les cinq piliers du succès : aller de l'avant (*look ahead*), épargner pour mieux investir (*save as much as possible for investment*), travailler sans relâche (*hard work*), faire preuve de détermination (*determination to win*), et pouvoir compter sur la loyauté de son entourage (*loyal supporters*).[177] L'agence affiche alors une excellente santé financière. En deux ans, son chiffre d'affaires et son personnel ont plus que doublé, atteignant 25 000 taëls et 200 employés.[178] La liste de ses clients n'a cessé de s'allonger : aux marques Bovril, Kruschen, Sanatogen et Cuticura dans le secteur pharmaceutique, sont venus s'ajouter le whisky Johnny Walker, les tissus Viyella, les appareils General Electric et les automobiles Morris.[179] En 1930, plusieurs grands noms de la finance et des communications,

---

améliorer le confort des ménages. A ce sujet, voir : Catherine Gudis, *Buyways : Billboards, Automobiles, and the American Landscape* (New York : Routledge, 2004), 137.

175 *CP*, 3 et 11 février, 11 avril, 18 mai 1937 ; *NCH*, 12 et 13 juin 1937 ; « Publicity – Propositions from Advertising Agent. Millington, Ltd. : Better Homes Exhibition », SMA (SMC), U1-4-246, (1935).

176 « Third Anniversary Of Millington Limited is Celebrated in Dinner. Head of successful Advertising Organization delivers Inspiring Speech of his early Struggle against hardships », *CP*, 3 février 1930.

177 « Annual General Meeting of Millington Limited », *CP*, 21 juin 1929.

178 *Ibid.* ; « Millington Ltd is prosperous », *CWR*, 28 juin 1929.

179 Bacon, 759.

comme la Shanghai Telephone Company, Dollar Steamship, Asia Realty, et l'American-Oriental Banking Corporation, viennent enrichir son portefeuille.[180]

La croissance est cependant de courte durée. L'agence Millington commence à ressentir le contrecoup de la crise de 1929 et de l'attaque japonaise au début de l'année 1932.[181] A partir de 1933, elle est frappée de plein fouet par la dépression mondiale. A Shanghai, de nombreux clients annulent leurs commandes ou se trouvent dans l'incapacité d'honorer les contrats déjà engagés. La crise bancaire ne fait qu'aggraver la situation. Avec la faillite de son principal partenaire financier, l'American-Oriental Banking Corporation, l'agence voit ses dettes doubler.[182] La situation empire l'année suivante. La succursale de Hong Kong est menacée de fermeture si elle ne rééquilibre pas rapidement son budget.[183] Au cours d'une assemblée générale extraordinaire, le conseil d'administration se résout à prendre des mesures drastiques. Le capital est restructuré, les actionnaires doivent renoncer à leurs dividendes et les employés subissent une réduction de leurs salaires.[184] L'agence se résigne à vendre les anciens locaux de la Presse Orientale sur l'avenue Edward VII et à concentrer ses trois sites dans le Gallia Building. F.C. Millington se sépare aussi d'un terrain qu'il possède rue Edinburgh et de la partie la plus obsolète de son équipement d'imprimerie héritée de la Presse Orientale. Au-delà des pertes chiffrables, la crise se manifeste par l'érosion de la confiance interne. En 1935, Millington doit poursuivre en justice un employé accusé d'avoir volé une machine à écrire. Plus grave, deux jeunes *salesmen*, autrefois salués pour leur loyauté, sont accusés d'avoir détourné des fonds.[185]

La restructuration de l'entreprise, conjugée à une conjoncture plus favorable, porte ses fruits l'année suivante. La balance redevient positive en 1935. D'abord timides, les profits doublent l'année suivante. Néanmoins, l'agence n'est toujours pas

180 « Clients, Friends Are Met by Millington, Directors, Staff at Firm's New Home. C.M. Bain, Outlining Aims of Company, Says it is out to provide Shanghai with a first class advertising agency », *CP*, 2 octobre 1930.

181 SMA, Q275-1-1840-37.

182 « Millington & Co. Suffer from Sino-Japanese Conflict », *CWR*, 17 juin 1933 ; « Company Meetings. Millington Ltd. », *NCH*, 14 juin 1933.

183 « Millington's Holds Annual General Meet. Advertising Agency has $41,003.94 loss for 1933 : New Home Costly », *NCH*, 14 juin 1933.

184 « Company to reduce its capital : Extraordinary General Meeting of Shareholders of Millington, Limited », NCH, 4 juillet 1934.

185 « Hulbert Charged with theft of Typewriter », *CP*, November 9, 1935 ; « Two Advertising Salesmen Are Fined by Court ; Millington's Employees Escape Jail because of their Youth », *CP*, 5 septembre 1935 ; *CP*, 26 juin 1934.

en mesure de verser des dividendes à ses actionnaires.[186] Alors qu'elle commençait à se redresser, la guerre qui éclate en août 1937 lui porte un nouveau coup.[187] Le premier semestre 1938 est le pire de toute son histoire, mais la crise s'avère passagère et la reprise au deuxième semestre 1938 dépasse toutes les espérances.[188] L'agence réalise enfin des profits. La branche de Hong Kong s'est redressée et traverse la période la plus florissante de son histoire. Après le départ du fondateur Francis Charles, son associé B. Rozenbaum prend sa succession et devient directeur général du groupe à partir de 1939. D'après les bilans annuels conservés dans les archives municipales, l'agence continue de prospérer jusqu'en 1941.[189]

La cohérence du groupe est mise à mal pendant la guerre. A partir de 1941, l'agence-mère et ses deux succursales poursuivent leurs chemins séparément. La branche de Hong Kong s'illustre au début de la guerre en soutenant les campagnes de dons en faveur des prisonniers, mais elle cesse toute activité après l'arrestation de sa *manager* en janvier 1942, qui reste en détention dans la prison japonaise de Stanley Camp pendant plus de trois ans.[190] A sa libération en août 1945, elle fonde sa propre entreprise, Cathay Advertising Agency.[191] De son côté, la branche de Singapour reste active au moins jusqu'en 1946, traitant de manière privilégiée avec des entreprises australiennes.[192] Après la guerre, l'agence de Shanghai se recentre sur ses activités éditoriales.[193] En octobre 1945, elle reprend en main le journal britannique *North China Herald and Daily News*, dont la publication a été interrompue pendant la guerre. Le nombre de ses abonnés et les revenus tirés de la publicité continuent de s'effondrer, si bien que le journal centenaire est finalement liquidé en mars 1952.[194] L'agence prend également en charge la publication du périodique *China Weekly/Monthly Review*, jusqu'à sa disparition en octobre 1952.[195]

186 « Millington, Ltd. Makes $1,059 profit in '35 », *CP*, 29 mai 1936 ; « Millington Limited. Advertising and Depressions Explained », *NCH*, 3 juin 1936 ; « No Dividend To be Declared for 1936 by Millington Ltd. », *CP*, 26 mai 1937.

187 « Millington's Show Debit Balance : Position healthier than for Some Years : Increase of Business Foreshadowed », *NCH*, 2 juin 1937.

188 « Shanghai Firms Report Profits for 1937 » ; *CWR*, 28 mai, 1938 ; *NCH*, 18 mai 1938.

189 SMA Q5-3-3098 ; *NCH*, 22 avril 1939 ; *NCH*, 21 mai 1941.

190 *SCMP*, 4 février, 28 novembre 1941.

191 *SCMP*, 14 octobre 1945 ; 17 janvier 1947. Au sujet d'Elma Kelly, voir Jacqueline Dickenson, *Australian Women in Advertising in the Twentieth Century*, 2015, 40–49.

192 *SCMP*, 7 novembre 1946.

193 *China Monthly Review* (CMR), 1er octobre 1952, 301.

194 *NCDN*, 1er janvier 1946, 8 ; *SCMP*, 11 novembre 1957.

195 *CWR*, 1er janvier 1950 ; *CMR*, 1er octobre 1952.

L'agence Millington marque ainsi la transition entre deux générations d'agences indépendantes. Œuvre d'un seul homme, elle débute modestement et connaît une croissance fulgurante. Lorsqu'elle atteint les proportions d'un conglomérat, au milieu des années 1930, son fondateur continue d'entretenir la mythologie familiale pour surmonter les crises. La dernière génération, incarnée par Consolidated National Advertising Company, se distingue des précédentes par le fait qu'elle affiche dès ses débuts la carrure d'un géant.

Consolidated National Advertising Company (Lianhe) (1930)

La Consolidated National Advertising Company (Lianhe guanggao gufen youxian gongsi) – ci-après abrégée Lianhe – est issue de la fusion de cinq agences préexistantes, appartenant à trois hommes d'affaires chinois [Figure 5]. Yao Junwei (Yao Chunwei) possède à lui seul trois agences : Commercial Advertising Agency (Shangye guanggao she ou Shangye guanggao gongsi), fondée en 1924, spécialisée dans la presse ; United Advertising Advisers (Lianhe guanggao guwenshe), chargée de la publicité dans le journal *Shenbao*, fondée en 1926 ; Ji Da (I-Tai) Advertising Company (Yida guanggao gongsi), spécialisée dans la publicité le long des routes et des voies de chemin de fer. Depuis 1920, Zheng Yaonan (Chen Yaonan) dirige la compagnie éponyme Yaonan Advertising Company (Yaonan guanggao gongsi), également spécialisée dans la publicité de presse. Depuis 1925, Lu Meiseng (Lewis Mason) est responsable de l'agence Great China Advertising Corporation (Dahua guanggao gongsi), chargée de placer les publicités d'annonceurs européens et américains dans les journaux de Shanghai et d'autres ports ouverts.[196] Forte de cette association, l'agence Lianhe se constitue en société par actions et démarre avec un capital initial de 200 000 yuans, vingt fois supérieur à ceux de CCAA et Carl Crow.[197]

Le nom chinois du nouveau groupe reprend partiellement celui de United Advertising Advisers (Lianhe guanggao guwenshe), dont le propriétaire, Yao Junwei, pèse le plus lourd dans l'opération. Alors que le nom *Lianhe* met l'accent sur la notion d'association, la translitération anglaise (Consolidated National) surimpose une dimension nationale absente dans la langue vernaculaire. Signifiant littéralement « publicité collective », l'expression *lianhe guanggao* renvoie également à une méthode que l'agence introduit au début des années 1930, qui consiste à rassembler sur une même publicité des annonceurs relevant de la même branche

196 « Tokyo Koshinjo Limited. Information No. 27340 », SMA, Q275-1-1840-37 (août 1930).
197 *CP*, 1er août 1930 ; SMA, Q275-1-1840-37.

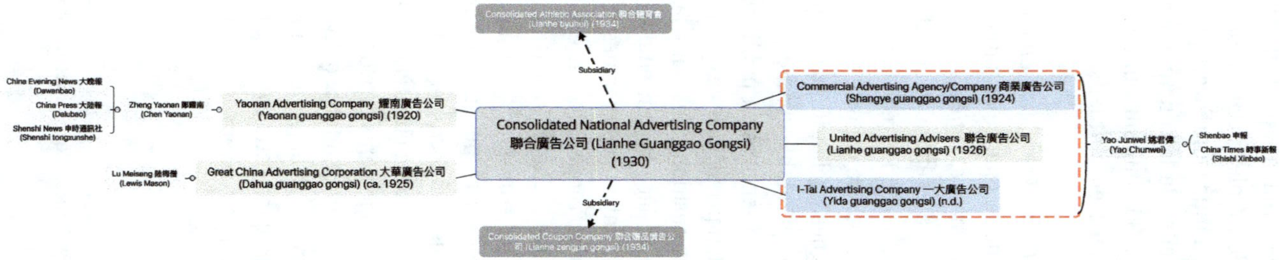

Figure 5: Généalogie de l'agence Consolidated National Advertising Company (1930). Les agences mères sont représentées de part et d'autre, avec leurs fondateurs respectifs et les journaux qu'ils contrôlent. Les agences spécialisées dans la presse sont signalées en beige clair, celles spécialisées dans la publicité extérieure en bleu foncé. Les deux succursales sont représentées au-dessus et en dessous. Une version interactive est disponible en ligne : https://madspace.org/cooked/Trees?ID=184.

d'activité ou partageant un projet commun, comme la promotion des produits nationaux (guohuo).[198] Sous le régime de Nankin, ce procédé est bien accueilli dans le climat nationaliste qui pousse les entreprises chinoises à unir leurs forces pour défendre l'industrie nationale. Défiant les règles habituelles de la concurrence, les publicités collectives se multiplient dans les années 1930 pour surmonter la dépression économique et réaliser des économies d'échelle en mutualisant les ressources.

Dans un entretien accordé en août 1930 au journal *China Press*, le *manager* Lu Meiseng présente les objectifs du nouveau groupe. A une époque où les annonceurs ne se demandent plus *pourquoi* faire de la publicité, mais *comment* améliorer leurs campagnes, l'agence Lianhe a pour ambition de répondre à cette demande nouvelle de publicité plus rationnelle et plus efficace. En réaction aux courtiers d'espace et autres « charlatans », Lu définit son agence comme une société de consultants réalisant pour ses clients des campagnes « scientifiques » appuyées sur une planification rigoureuse et la conduite préalable d'études de marché.[199] Bien que l'agence propose une large gamme de services, la publicité imprimée constitue son activité principale. Cette orientation privilégiée s'explique largement par le profil des fondateurs, qui occupent des positions clés dans les milieux de la presse à Shanghai (cf. chapitre 3). Yao Junwei siège au conseil d'administration des journaux *Shenbao* et *China Times* (Shishi Xinbao), eux-mêmes actionnaires de l'agence Lianhe. Par l'intermédiaire de Zheng Yaonan, l'agence est aussi associée aux journaux *China Evening News* (Dawanbao), *China Press* (Dalubao), ainsi qu'à l'agence d'information Shenshi (Shenshi tongxunshe).[200] En héritant de l'agence United Advertising Advisers, Lianhe devient responsable de la publicité dans le *Shenbao* et son supplément illustré, le *Shenbao Pictorial Supplement* (Shenbao tuhua zhoukan).[201] En juin 1932, l'agence rachète la clientèle de la Commercial Press, qui a perdu une grande partie de ses équipements lors de l'attaque japonaise. L'accord prévoit que la maison d'édition renonce à toute activité publicitaire et transfère l'intégralité de ses contrats à Lianhe.[202] Conjuguée au rachat de la Presse Orientale par Millington deux ans auparavant, cette transaction tourne une page dans l'histoire de la publicité chinoise, rompant avec ses origines éditoriales.

---

198 *SB*, 12 septembre 1931.

199 « Merger formed by advertising firms in Shanghai. Five leading Chinese Companies in new combine », *CP*, 1er août 1930.

200 SMA, Q275-1-1840-27 (37).

201 *CP* (CP), 11 mai 1930. La guerre sino-japonaise met un terme au supplément illustré, dont la production devient trop onéreuse.

202 *SB*, 5 juin 1932.

A la lueur des archives municipales, la Lianhe est peu active dans la publicité extérieure. Contrastant avec les multiples courriers que Carl Crow et Millington adressent aux administrations des concessions, l'agence chinoise n'apparaît qu'à deux reprises dans la correspondance municipale. En 1938, alors que la ville est menacée par une épidémie de choléra, Lianhe propose au Public Health Department (PHD) d'éditer à ses frais une revue médicale en langue chinoise. Inspirée du magazine américain *Hygenia* et du bulletin mensuel du Bureau d'hygiène de la municipalité chinoise (*Health Monthly*), la revue a pour objectif de mieux faire connaître les activités du PHD et d'éduquer la population chinoise, en particulier les femmes, aux règles élémentaires d'hygiène publique.[203] Le SMC décline la proposition, mais en 1941, lui accorde l'autorisation d'installer un panneau temporaire sur un chantier de construction situé à l'ouest de la Concession internationale.[204] En parallèle de ses activités publicitaires, Lianhe propose d'autres services. En 1933, elle parraine plusieurs programmes radiophoniques diffusés sur la chaîne Mingyuan (Mingyuan guangbo diantai), sans toutefois s'engager aussi activement que Millington dans ce domaine.[205] Sensible à la montée du chômage dans les années 1930, Lianhe se convertit en agence pour l'emploi. Les petites annonces qu'elle fait paraître dans la presse concerne essentiellement les services (cours privés, serveuse dans la restauration), les professions intellectuelles (artiste, architecte) et les petits employés de bureau (dactylographe). Dans le même esprit, elle sert d'agence de voyage et de guichet pour la vente des billets de spectacles, expositions et autres événements culturels.[206]

L'agence Lianhe expérimente aussi de nouvelles techniques d'incitation à l'achat, en particulier les coupons et les échantillons.[207] Alors que Carl Crow en décourage l'usage en raison du niveau élevé de pauvreté, Lianhe commence à distribuer des coupons pour la marque de torches électriques Eagle brand (Fengpai diantong) au début des années 1930.[208] L'expérience rencontre un tel succès que la marque américaine de savon Palmolive et d'autres grands noms de l'industrie pharmaceutique, de l'industrie alimentaire et du tabac, s'y convertissent à leur tour.[209] Pour susciter l'intérêt des lecteurs, les *managers* de Lianhe ont égale-

203 Les autorités municipales ne retiennent pas la proposition, jugée redondante avec la *Gazette municipale*. SMA (SMC), U1-4-246 (1158-1161).

204 Lettre de Y. Lewis Mason (Lu Meiseng) à Wilfried S.B. Wong (American Engineering Corporation), Shanghai, 8 septembre 1941, SMA, Q459-1-233.

205 *SB*, 9 janvier 1933.

206 *SB*, 15 août et 15 octobre 1930, 7 août 1932, 28 août 1934, 14 juillet 1939.

207 *CP*, 19 février 1934.

208 *SB*, 3 octobre 1931, 14.

209 *SB*, 4 et 26 juin 1932, 24 août 1933.

ment l'idée d'insérer des devinettes, des puzzles, des concours de dessin et de poésie dans ses publicités. Ces jeux deviennent si populaires auprès des lecteurs du *Shenbao* que l'agence décide en août 1934 de créer une filiale spécialisée – Consolidated Coupon Company (Lianhe zengpin gufen youxian gongsi) – chargée d'évaluer les milliers de réponses qu'elle reçoit et d'attribuer les récompenses aux gagnants.[210] Dans la conjoncture dépressive des années 1930, la nouvelle filiale permet aussi aux annonceurs de mutualiser leurs commandes de coupons afin de réaliser des économies. L'entreprise est soutenue par le Shanghai Bankers' Club, son principal investisseur, le Bureau des Affaires Sociales du gouvernement municipal de Shanghai, qui accueille l'initiative comme un moyen de relancer la consommation, et la chaîne de grands magasins Sincere (Xianshi), qui fournit les lots et sert de centre d'accueil pour la remise des prix. En dehors de Shanghai, l'agence de voyage China Travel Service lui sert de relais en attendant que Lianhe ouvre ses propres bureaux à Tianjin, Hankou et Canton.[211]

Le groupe prospère jusqu'au milieu des années 1950. Malgré la dépression économique, ses comptes restent largement bénéficiaires, avec un chiffre d'affaires annuel dépassant le million de yuans dans les années 1930.[212] Au-delà des frontières nationales, Lianhe sert d'intermédiaire à plusieurs agences d'origine étrangère désirant placer leurs publicités dans la presse chinoise, comme la Far Eastern Advertising Agency, basée à Londres, ou le Foreign Advertising & Service Bureau à New York. Même si les sources disponibles maintiennent certaines zones d'ombre, son exceptionnelle longévité atteste que l'agence Lianhe parvient à surmonter les crises qui frappent plus durement ses concurrents. La guerre sino-japonaise semble lui avoir été profitable, en faisant disparaître toute concurrence étrangère et en lui permettant de s'illustrer par ses campagnes de mobilisation nationale.[213] Au milieu des années 1950, Lianhe fait partie des six rescapés de la restructuration drastique du secteur imposée par l'Etat-Parti communiste.

---

210 *CP*, 17 août 1934.

211 *CP*, 25 mai et 17 août 1934. Au sujet de China Travel Service, voir : Yajun Mo, *Touring China : A History of Travel Culture, 1912–1949* (Ithaca : Cornell University Press, 2021).

212 Lianhe possède plusieurs comptes dans trois banques chinoises d'importance : Bank of Communications (Jiaotong yinhang), Zhejiang Commercial Bank (Zhejiang shiye yinhang) et South China Bank (Zhongnan yinhang). SMA, Q275-1-1840-27 (37).

213 *SB*, 12 décembre 1938, 6 janvier et 5–8 août 1945.

Conclusion

Alors que les associations fournissent aux pionniers une plateforme pour socialiser, s'informer et défendre leurs intérêts communs, ce sont les agences indépendantes qui mettent véritablement en pratique l'éthique de la profession naissante. Les toutes premières agences puisent leurs racines dans les services de publicité internes aux entreprises éditoriales, telles que l'Oriental Advertising Agency et la China Publicity Company, qui, avant la Première Guerre mondiale, prennent leur autonomie par rapport à leurs maisons mères respectives, la Presse Orientale et la Commercial Press. Les premières agences créées *ex nihilo* émergent après la guerre à la croisée de deux influences. D'une part, les journalistes américains comme Carl Crow, qui ont travaillé pour les agences de renseignement pendant la guerre (ComPub, Chun Mei News), réorientent leurs activités de propagande vers la publicité commerciale. D'autre part, une nouvelle génération de jeunes Chinois ayant étudié les sciences commerciales aux États-Unis, à l'image de Lin Zhenbin et Lu Meiseng, décident à leur retour de fonder leurs propres entreprises (China Commercial Advertising Agency, Great China Advertising Corporation). Dans les années 1930, la formation de conglomérats publicitaires (Millington, Lianhe) tourne une page dans l'histoire de la profession. Les anciens services internes aux entreprises éditoriales sont absorbés par les nouvelles agences. L'ère des « pères fondateurs », animant leur entreprise individuelle dans un esprit de famille, touche à sa fin. La publicité est devenue une industrie à part entière.

Alors que les premières agences sont établies par des expatriés, les agences vernaculaires se multiplient sous le régime nationaliste et dominent le secteur à partir de la guerre sino-japonaise. Jusqu'à la guerre, les terrains sont relativement partagés. Les agences étrangères règnent sur la presse anglophone et les rues des concessions, tandis que leurs concurrentes chinoises s'imposent dans la presse sinophone et les territoires sous administration chinoise. Seules les plus influentes ont la capacité de franchir la ligne, en s'associant (CCAA et Acme), en s'appuyant sur leur personnel multiculturel, et en jouant de leurs relations avec la presse et les autorités locales. La guerre fait disparaître la plupart des agences étrangères (Carl Crow) et affaiblit considérablement celles qui subsistent (Millington). A la veille de la révolution communiste, les agences chinoises s'imposent dans tous les domaines.

Si les agences indépendantes ne représentent pas toute l'activité publicitaire, elles jouent cependant un rôle déterminant dans la professionnalisation de la publicité. Elles ne remplacent pas les services internes aux entreprises, telles que British-American Tobacco, Five Continents Drugstore, ou Household Industries, mais ce sont elles qui permettent à la publicité de changer d'échelle, de gagner des annonceurs plus modestes et de s'étendre à d'autres secteurs que l'industrie pharmaceutique et les cigarettes. Le cas de Lianhe révèle que les deux branches peuvent même converger et se renforcer mutuellement. Bâti à l'initiative de plusieurs industriels vernaculaires qui fusionnent leurs efforts en 1930, le groupe s'enrichit de l'expertise nouvelle qu'apporte la jeune génération formée aux États-Unis. C'est ce croisement d'expériences qui lui permet finalement de devenir l'un des *leaders* du secteur et de survivre jusqu'à la nationalisation des entreprises au milieu des années 1950.

Chapitre 3
Trajectoires biographiques

Qui sont les premiers publicitaires en Chine ? Où ont-ils été formés ? Comment travaillent-ils au quotidien ? Comment traversent-ils les crises qui jalonnent la période républicaine ? Qu'est-ce qui les distingue de leurs homologues en Europe et aux États-Unis ? Pour éclairer ces questions, ce chapitre propose une série de portraits venant compléter l'étude des agences présentées dans le chapitre précédent. Carl Crow (1883–1945) et Lin Zhenbin (1896–1964) représentent la première génération de publicitaires formés à l'école américaine. Francis Charles Millington (1888–1985) incarne la transition vers l'ère des conglomérats, qui nécessite, dans le cas de l'agence Lianhe, une biographie collective. Ces portraits illustrent les trois grands modèles « d'entrepreneurs culturels » (*cultural entrepreneurs*) mis en évidence par l'historien Christopher Rea. Soulignant leur mobilité professionnelle et géographique, leur propension à investir et expérimenter, leur sensibilité particulière à la culture autant qu'aux logiques de marché, la notion de *cultural entrepreneur* s'avère particulièrement opératoire pour analyser la trajectoire des publicitaires. Carl Crow est l'archétype de la personnalité culturelle (*cultural personality*) créant elle-même ses propres produits, son propre style et sa propre image de marque. Lin Zhenbin et F.C. Millington offrent deux figures de *tycoon* qui ont pour particularité d'utiliser des modes de production culturelle variés pour étendre leur influence. A la différence de la personnalité culturelle, qui réalise ses propres créations et pour qui la culture possède une valeur intrinsèque, le *tycoon* place la valeur économique des produits avant leur valeur culturelle et en délègue la production à ses employés ou associés. Enfin, l'agence Lianhe fournit un exemple d'entreprise collective (*collective enterprise*) poursuivant les mêmes objectifs économiques que le *tycoon*, mais en répartissant le pouvoir de manière plus égalitaire entre les partenaires.[214] Pour conclure, ce chapitre tentera de donner voix aux femmes et aux employés anonymes qui restent dans l'ombre de la fabrique publicitaire.

214 Christopher G. Rea, « Enter the Cultural Entrepreneur », in *The Business of Culture : Cultural Entrepreneurs in China and Southeast Asia, 1900–65*, éd. par Nicolai Volland et Christopher G. Rea (Vancouver : University of British Columbia Press, 2014), 9–34.

https://doi.org/10.1515/9783111336343-004

Portraits croisés de deux pionniers : Carl Crow et Lin Zhenbin

Origines et formation

Plusieurs différences notables séparent les trajectoires de Carl Crow et Lin Zhenbin [Figures 6, 7]. Tout d'abord, les deux hommes ont des origines différentes. Né en 1883 à Highland dans le Missouri, Carl Crow a grandi aux États-Unis. Pour le jeune Carl, le départ vers la Chine en 1911 est une opportunité inattendue, qu'il vit comme une aventure exaltante. Il s'y installe durablement et aurait sans doute terminé ses jours à Shanghai, s'il n'en avait été chassé par la guerre sino-japonaise, qui éclate en août 1937. A l'inverse, Lin Zhenbin 林振彬 est né en Chine, dans la province du Fujian, avant de partir étudier aux États-Unis. Bénéficiaire du programme de rémission de l'indemnité des Boxeurs, le jeune Lin est l'un des 40 000 jeunes Chinois (*liumei*) qui partent étudier dans les universités américaines entre le milieu du XIXe siècle et le début des années 1950, avec l'objectif de revenir après leurs études pour mettre les connaissances acquises outremer au service de leur pays.[215] Crow et Lin n'ont que treize ans d'écart, mais ces treize années ont un impact décisif sur leur formation académique. Lin a la possibilité de suivre les nouveaux cursus universitaires spécialisés dans la publicité, qui n'existaient pas encore au moment où Carl Crow a débuté ses études. A défaut, ce dernier s'est porté vers ce qui s'en rapprochait le plus, le journalisme, une discipline relativement jeune apparue dans les premières années du XXe siècle.

Dans un texte non publié, Carl Crow affirme que sa vocation publicitaire s'est déclarée dès son enfance en feuilletant la revue *Printers' Ink*.[216] Le jeune Crow débute comme apprenti dans un atelier d'imprimerie. En 1908, il intègre la nouvelle école de journalisme ouverte à l'université du Missouri, tout en travaillant comme chroniqueur pour un journal local, le *Columbia Missourian*. A ses heures perdues, Crow se documente sur les techniques publicitaires et commence à créer ses propres publicités. Ses premières réalisations consistent simplement à mettre en forme les annonces que lui soumettent les commerçants, en s'inspirant de la

215 En 1908, le gouvernement américain décide de renoncer aux indemnités imposées à la Chine en compensation des pertes subies pendant la révolte des Boxeurs (1900) et de les convertir en bourses d'études. Le fonds issu de la rémission de l'indemnité des Boxeurs favorise le départ massif d'étudiants chinois vers les Etats-Unis, et le développement de nombreux programmes de coopération scientifique entre les deux pays. A ce sujet, voir : Michael H. Hunt, « The American Remission of the Boxer Indemnity : A Reappraisal », *The Journal of Asian Studies* 31, n° 3 (1972) : 539–559; Yang Tsui-hua, *Patronage of Science : The China Foundation for the Promotion of Education and Culture* (Taipei : Institute of Modern History, Academia Sinica, 1991).

216 Carl Crow, « The Advertising Bulk Pile », Crow, Carl (1883–1945), Papers, 1913–1945. Compositions and Notes Series, f.12 (Columbia, MO : State Historical Society of Missouri, s. d.), 1–2.

typographie utilisée dans la presse locale. Alors que ses clients se disent satisfaits de son travail, Crow estime qu'il n'est pas reconnu à sa juste valeur. En 1911, le journaliste Thomas F. Millard lui fournit une occasion d'échapper à la monotonie du Midwest américain, en l'invitant à le rejoindre à Shanghai pour fonder le premier journal américain en Chine, *Millard's Review of the Far East*, rebaptisé *China Weekly Review* en 1917. La Première Guerre mondiale joue un rôle important dans la carrière de Crow, en accélérant sa mutation d'homme de presse en agent de renseignement, puis de publicité. Nommé représentant du Committee of Public Information en 1917, il fonde l'agence de presse Chun Mei News, qui lui permet d'acquérir de l'expérience dans la traduction et le placement d'annonces dans la presse chinoise (cf. chapitre 2).[217]

Figure 6: Portrait de Carl Crow (1883–1945) dans les années 1930. Extrait de Paul French, *Carl Crow, a tough old China hand : the life, times and adventures of an American in Shanghai* (Hong Kong : Hong Kong University Press, 2006).

Né à Fuzhou en 1896, Lin Zhenbin débute ses études à l'Anglo-Chinese College de sa ville natale. En 1910, il réussit le très sélectif concours de fin d'études organisé par les autorités provinciales et obtient une bourse pour aller poursuivre ses études à Pékin dans la prestigieuse université Qinghua (Tsinghua College), fondée l'année précédente pour préparer les jeunes talents destinés à poursuivre leur formation

217 French, 75; National Archives and Records (NARA), General records of the Department of State, RG59, Box 736 ; *Millard's Review of the Far East* (MRFE), 13 septembre 1919.

aux États-Unis. Avec l'appui du président de l'université Zhou Yichun (Y.T. Tsur), Lin est admis à Rochester University puis Columbia University à New York, dont il sort diplômé en 1919. Il décide de compléter sa formation en suivant un programme spécialisé dans la publicité proposé par l'école de commerce de Columbia. En parallèle, il suit des cours de sociologie à New York University et travaille pour une agence de publicité locale afin d'acquérir de l'expérience.[218] De retour en Chine en 1922, il est recruté par la China Publicity Company pour diriger sa branche locale à Hankou. En 1926, il démissionne pour fonder sa propre agence, la China Commercial Advertising Agency (CCAA), qu'il dirige jusqu'à la fin de sa vie (cf. chapitre 2).[219]

Figure 7: Portrait de Lin Zhenbin (1896–1964), vers 1936. Extrait de Kyatang Woo, « Catchy Slogans, Ambition Carry C.P. Ling to Success », *China Press*, 1er septembre 1936, 3.

Deux figures de pédagogues

Les deux hommes partagent une même ambition pégadogique, mais l'orientent vers des publics différents et n'emploient pas les mêmes moyens. L'un des premiers professeurs de publicité en Chine, Lin enseigne sa discipline dans plusieurs

218 SMA, Q275-1-1840. K. Woo, « Catchy Slogans, Ambition Carry C.P. Ling to Success », *China Press*, septembre 1936; John Benjamin Powell, *Who's Who in China* (Shanghai : China Weekly Review, 1936), 161.

219 SMA, Q275-1-1840.

universités de Shanghai. Bien qu'il n'ait pas laissé d'écrits, ses enseignements contribuent à former la nouvelle génération de publicitaires chinois et à faire de la publicité une discipline académique à part entière.[220] Crow est un *Old China Hand* soucieux de combattre les préjugés que ses compatriotes entretiennent vis-à-vis des Chinois. Considéré comme une autorité à la fois sur la Chine et la publicité, il est régulièrement sollicité pour donner conférences, des entretiens ou contribuer à des publications. En 1919, par exemple, l'Advertising Club of China l'invite à donner une conférence sur les perspectives des agences de publicité en Chine (cf. chapitre 1).[221] En 1926, l'attaché commercial Julean Arnold lui propose de contribuer à son manuel de commerce en rédigeant le chapitre consacré à la publicité.[222] Tout au long de sa vie, Crow reste un auteur prolifique. Outre ses articles destinés à faire connaître la Chine au public américain, il est l'auteur d'un guide touristique sur la Chine qui paraît à San Francisco en 1913.[223] Après la prise du pouvoir par les Nationalistes, il édite une anthologie des discours du Président Wilson traduits en langue chinoise.[224] On lui doit aussi un manuel de *poker* en chinois, un dictionnaire bilingue de l'automobile et le premier catalogue de mode en langue vernaculaire.[225] Souvent polémiques et parfois violemment antijaponais, ses éditoriaux dans la presse lui attirent plus d'un ennemi.[226]

Deux hommes de réseaux

Les deux publicitaires s'impliquent fortement dans les organisations professionnelles. En 1920, Crow est élu membre du comité exécutif et du comité aux affaires

---

220 *CP*, 20 septembre 1933.

221 Carl Crow, « The Advertising Agent in China and America. The Advertising Agent – His Prospects in China », *CP*, août 1919.

222 Crow, « Advertising and Merchandising ».

223 Carl Crow, *The Travelers' Handbook for China* (San Francisco, Calif. : San Francisco News Company, 1913). Carl Crow, « When You Advertise to Orientals », *Printers' Ink Monthly*, Décembre 1927, 39–40, 116–123; Carl Crow, « Advertising Meets War and Survives », *Printers' Ink Monthly*, Avril 1937; Carl Crow, « Team-Work in The Flowery Republic », *Semi-Monthly Magazine, Chinese Guides for American Business*, 1945.

224 *MRFE*, 14 décembre 1928 ; French, 80.

225 *CWR*, 22 janvier 1931.

226 En 1930, par exemple, le colonel Yuan Liang du Bureau de la Sûreté Publique de Shanghai intente un procès contre Crow suite à un article offensif que le journaliste fait paraître dans le *Shanghai Evening Post*, qui le pousse à démissioner (*NCH*, 4 février 1930). Crow est aussi connu pour ses prises de position antijaponaises dans le journal *St Louis Post Dispatch*, qui sont relayées à Shanghai par les journaux *China Weekly Review* et *China Press*.

pédagogiques de l'Advertising Club of China, et en 1924, il assiste à la première réunion de l'Association of Advertising Agencies.[227] Lin est élu secrétaire chinois de l'Advertising Club of China en 1923, puis vice-président en 1931.[228] Les deux publicitaires prennent soin de cultiver leurs réseaux d'anciens étudiants. Crow est un maillon clé dans le réseau d'échanges entre la Chine et l'école de journalisme du Missouri, qui constitue un important vivier de recrutement pour les agences de publicité.[229] Pendant ses études aux États-Unis, Lin est admis au sein de confréries étudiantes très sélectives, notamment la Phi Beta Kappa, dont il dirige la branche asiatique en 1941.[230] De retour à Shanghai, il s'engage dans plusieurs associations d'*alumni*, notamment le Tsing Hua Alumni Club, l'American Returned Students' Association et l'American University Club. Les deux hommes sont admis dans les clubs les plus élitistes de Shanghai. Crow est l'un des fondateurs du Rotary Club, tandis que Lin est membre du Chinese Jockey Club, du Shanghai Bankers' Club, de l'International Recreation Club et de la Royal Asiatic Society.[231] Préoccupé par la paix internationale, Lin participe aux activités de la Pan-Pacific Association et de l'Institute of Pacific Relations (Taipingyang lianhui), deux *think tanks* servant de forum de discussion sur les questions transpacifiques.[232] Fidèle à l'esprit philanthropique qui anime les élites chinoises depuis la fin de l'empire,

227 *MRFE*, 24 avril 1921.

228 *CWR*, 17 novembre 1923.

229 Fondée vers 1910 par deux étudiants, la « colonie du Missouri » poursuit un double objectif. D'une part, il s'agit d'offrir aux jeunes journalistes américains l'opportunité d'une expérience de terrain à l'étranger, avec l'idée qu'à leur retour, ces journalistes à l'esprit plus ouvert contribueront à sensibiliser l'opinion américaine aux questions de politique internationale. D'autre part, les fondateurs espèrent ouvrir de nouvelles perspectives aux jeunes journalistes chinois et japonais. Les flux restent asymétriques. En 1928, alors que 25 étudiants américains ont été envoyés en Chine et au Japon pour travailler dans différents organes de presse, à la même date, les journalistes Chinois et de Japonais qui ont eu l'opportunité d'étudier le journalisme à l'Université du Missouri se comptent sur le doigt d'une main. Thomas F Millard, « The Missouri ‹ News Monopoly › in the Far East », *China Weekly Review*, 28 mars 1927; John Maxwell Hamilton, « The Missouri News Monopoly and American Altruism in China : Thomas F.F. Millard, J. B. Powell, and Edgar Snow », *Pacific Historical Review* 55, n° 1 (1986) : 27–48.

230 *CWR*, 4 janvier 1941 ; SMA, Q275-1-1840.

231 Concernant le Rotary Club en Chine, voir : Cécile Armand, « Foreign Clubs with Chinese Flavor : The Rotary Club of Shanghai and the Politics of Language », in *Knowledge, Power, and Networks : Elites in Transition in Modern China*, éd. par Cécile Armand, Christian Henriot, et Hueimin Sun (Leiden : Brill, 2022), 233–259.

232 Zhang Jing, *Zhongguo Taiping Yang guoji xuehui yanjiu, 1925–1945 (Recherche sur le China Institute of Pacific Relations, 1925–1945)* (Beijing : Shehui kexue wenxian chubanshe, 2012).

Lin multiplie les actions caritatives, effectuant notamment des donations régulières au profit de la protection de l'enfance.[233]

Les deux publicitaires entretiennent une intense vie mondaine. En décembre 1923, Crow tient une grande réception à son domicile pour célébrer la libération des otages américains détenus dans la province du Shandong.[234] En août 1931, il organise un somptueux dîner en l'honneur du sénateur du Missouri (Harry B. Hawkes), alors en visite en Chine.[235] Le publicitaire a les moyens de ses ambitions. Sa fortune personnelle est estimée à trente mille taëls, ce qui lui permet de devenir le principal actionnaire de son agence.[236] De même, Lin organise régulièrement des réceptions mondaines, largement relayées dans la presse locale, pour entretenir ses relations et sa réputation. Pour mieux servir ses clients, Lin n'hésite pas à se mettre lui-même en scène, en posant par exemple au volant de sa nouvelle automobile V-8 Ford Sedan.[237] Dans les années 1930, les milieux d'affaires à Shanghai prennent conscience que le sens de la communication est devenu un rouage essentiel du succès. Hommes de publicité, Crow et Lin le sont au double sens du terme : à la fois *publicitaires* et *hommes publics*, ils donnent de leur personne pour servir leur cause professionnelle. Derrière ces mises en scènes publiques, que sait-on réellement de leur vie privée ?

Vie publique et vie privée

Leur vie personnelle est moins facile à documenter. Les deux hommes sont mariés. La première épouse de Crow, Mildred S. Powers, mène sa propre carrière professionnelle de manière indépendante. Elle travaille d'abord comme journaliste pour le journal *China Press*, où elle rencontre Carl Crow, qu'elle épouse en 1912.[238] Mildred est ensuite recrutée chez Dodwell and Company en tant que chargée des relations commerciales avec le Japon. En 1921, elle créé sa propre entreprise, Mildred Crow, Incorporated, spécialisée dans le commerce des antiquités chinoises avec les Etats-Unis. En parallèle, elle ouvre une galerie d'art à Shanghai, The Jade Tree.[239] Ce premier mariage se conclut par un divorce et Crow perd la

233 « Hong Kong Society for the Protection of Children », *SCMP*, 12 avril et 17 mai 1956.
234 *CWR*, 15 décembre 1923.
235 *CWR*, 15 août 1931.
236 SMA, Q275-1-1840-37; Crow, *Four Hundred Million Customers*, 102.
237 *CWR*, 27 août 1932.
238 French, 55–56.
239 French, 81.

garde de leur fille adoptive, Mildred Elizabeth (Betty).[240] Crow se remarie en 1930 avec Helen Marie Hanniger (1893–1941), une femme plus effacée qui semble mieux répondre aux attentes de l'homme du monde.[241]

La vie de famille de Lin paraît moins mouvementée. En mars 1928, il épouse la fille d'un riche courtier de Shanghai, Annie Ying Tong. Rassemblant plus de deux cent cinquante personnes, les festivités se déroulent en grande pompe au Majestic Hotel. Reflétant les affinités sino-américaines de Lin, la liste des invités inclut l'ancien premier ministre chinois Xu Shiying, le ministre des Affaires étrangères Guo Daiji et plusieurs représentants du Department of Commerce américain. D'anciens collègues de la Commercial Press et d'importants clients américains, dont le représentant de Ford Motor Company, sont également présents.[242] De cette union naissent quatre enfants, deux filles et deux fils, William et Ronald, qui sont associés à la direction de l'agence au milieu des années 1950. Sa fille aînée, Sarah Siu-Mei, épouse un ingénieur de la marine britannique, Bruce Auld, et s'installe à Hong Kong, où elle se distingue par ses activités artistiques.[243] La cadette, Dorothée, épouse un certain William Morgan, d'origine britannique, et s'installe à New York. Comme leur mère, les deux filles ne font qu'une brève apparition dans la presse à l'occasion de leur mariage.[244]

Des zones d'ombre : le quotidien des publicitaires

La routine quotidienne des deux publicitaires a laissé peu de traces. L'historien doit braconner entre les lignes des archives municipales, les récits de Carl Crow et les chroniques de la presse locale. Crow nous entraîne dans ses tournées d'inspection à travers les rues de Shanghai, contrôlant ses panneaux, prospectant de nouveaux espaces et traquant d'éventuelles infractions aux règlements municipaux.[245] On imagine les turpitudes du *manager* devant apaiser les tensions sociales, comme la grève des imprimeurs et des *coolies* du *Shanghai Evening Post and Mercury* en 1929. Nous le retrouvons empêtré dans plusieurs procès avec l'American Newspaper Company, dont il démissionne en 1931, ou avec son propre per-

---

240 French, 134. Voir aussi : « The Story of Mildred and Betty », *China Rhyming* (blog), consulté le 26 avril 2020, http://www.chinarhyming.com/2009/09/15/the-story-of-mildred-and-betty/.

241 *CWR*, 24 novembre 1928; 26 avril 1928; 30 août 1930, 1930; 13 septembre 1930 ; *SCMP*, 26 novembre 1941.

242 *CP*, 31 mars 1928.

243 *South China Sunday Post-Herald*, Hong Kong, 16 juillet 1951.

244 *SCMP*, Hong Kong, 8 décembre 1956, 12.

245 Lettre de Carl Crow au Secrétaire du Shanghai Municipal Council (SMC), Shanghai, 23 janvier 1934. SMA (SMC), U1-4-3815.

sonnel, au sujet de questions salariales (cf. chapitre 2).[246] En feuilletant la presse, nous accompagnons les deux hommes dans leurs voyages d'affaires à travers le monde. Carl Crow se rend à Pékin en 1919, puis à Nantong en 1921 pour inspecter les routes et les industries locales. Entre 1928 et 1930, il effectue un long séjour aux États-Unis, suivi d'une tournée mondiale de quatre mois avec un collègue du *Shanghai Evening Post*.[247] En mai 1930, Lin effectue une visite de deux semaines en Chine du Sud et à Hong Kong pour enquêter sur les conditions du marché local.[248] Après la révolution communiste en 1949, il se rend régulièrement aux États-Unis, au Japon et à Taiwan pour rencontrer ses associés, conclure de nouveaux contrats et consolider les bases de son agence réorganisée à Hong Kong (cf. chapitre 2).[249]

Des trajectoires divergentes après la guerre

Les deux publicitaires voient leur vie basculer avec la guerre sino-japonaise, mais chacun est affecté de manière différente. Après le « Samedi noir » d'août 1937, Carl Crow quitte précipitamment Shanghai et se réfugie à New York.[250] Bien qu'il soit recherché par les Japonais, il tente à plusieurs reprises de revenir en Chine « par la porte de derrière » (*Through the Back Door to China*).[251] En 1939, il parvient à se rendre à Chongqing pour collecter les matériaux nécessaires à son reportage pour le magazine *Liberty*, mais il n'ose s'aventurer jusqu'à Shanghai, encore sous occupation japonaise.[252] Il entame ensuite un périple de deux ans (1939–1941) qui l'entraîne en Birmanie, à Mandalay, Rangoon et Kunming, au cours duquel il tient un journal de bord publié à titre posthume.[253] Après plusieurs tentatives infructueuses, il doit finalement renoncer à se réinstaller en Chine.

Crow renonce également à poursuivre sa carrière de publicitaire aux États-Unis. Il fréquente les clubs mondains de New York, comme l'Advertising Club, l'Overseas Press of America, le Players Club, le Rotary Club, et le Yacht Club, mais

---

246 *CP*, 16 octobre 1929 ; *CWR*, 14 mars 1931.

247 *MRFE*, 13 septembre 1919, 19 mars 1921 ; *CWR*, 26 avril 1928, 13 septembre 1930.

248 *CWR*, 10 mai 1930.

249 *SCMP*, 20 septembre 1957.

250 Carl Crow, « China will wear down foe », *Seattle Daily Times*, s. d.; Carl Crow et Esther Brock Bird, *Foreign Devils in the Flowery Kingdom* (New York; London : Harper & Bros., 1940), 330; Carl Crow, *China Takes Her Place* (New York; London : Harper & Bros., 1944), 193; French, 210.

251 Crow, *China Takes Her Place*, 234–238; French, 223–236.

252 *CWR*, 24 juin 1939.

253 Carl Crow Papers, 1913–1945 (State Historical Society of Missouri, Columbia), Compositions and Notes Series, f. 55–71; Carl Crow et Paul French, *The Long Road Back to China : Along the Burma Road to China's Wartime Capital in 1939* (Hong Kong : Earnshaw Books, 2009).

seulement à titre de figurant et de membre honoraire.[254] Dans le microcosme de la société new-yorkaise, Crow occupe la position inconfortable d'un point fixe rivé sur son passé. Le pionnier de la publicité chinoise peine à trouver sa place sur Madison Avenue, où les jeunes publicitaires n'ont d'autre choix que de s'associer ou se faire employer par une agence tierce.[255] Préférant l'indépendance du consultant, Crow refuse de devenir le rouage d'une machinerie sans âme. La publicité devient pour lui un sujet de conférence, de recherche ou d'écriture – un objet de contemplation plutôt qu'un projet de vie active.[256] Brièvement attiré par l'Amérique latine, qui lui apparaît peut-être comme un substitut de la Chine perdue, il prend contact avec l'agence J. Walter Thompson, qui l'envoie effectuer plusieurs missions d'inspection au Brésil et au Chili.[257] Aucune de ces expéditions, cependant, ne débouche sur un contrat sérieux. L'aventure sud-américaine n'a pas la primeur du périple chinois. Elle s'apparente davantage à une fuite, révélant le malaise d'un expatrié vieillissant et désabusé. Après vingt-cinq ans d'absence, le *Old China hand* peine à reprendre pied dans un pays qu'il ne reconnaît plus. Incapable de se réadapter, Crow décède d'un cancer au début de l'année 1945, quelques mois avant la défaite japonaise.[258]

A la différence du publicitaire américain, ce n'est pas la guerre mais la révolution communiste qui contraint Lin à quitter la Chine. En 1948, il siège encore au comité permanent du Council for the Promotion of International Trade, une organisation multinationale fondée à Shanghai pour défendre les intérêts des entrepreneurs auprès du gouvernement chinois.[259] En 1949, Lin fuit la nouvelle République Populaire pour s'installer à Hong Kong. Au cours des dix années précédentes, il a pris soin de poser en Asie et en Amérique du Nord les jalons qui lui permettent de

254 Lettre de Frank E. Morrisson à M.F. Sletzer, Bloomer, Wisconsin, 4 mars 1940; Lettre de l'Outdoor Advertising Incorporated, New York, 1er mai 1941; Lettre de l'Advertising Club of New York, New York, 3 juin 1941; Lettre de l'Overseas Press of Americas, New York, 6 juin 1941; Conférence de Paul Hoffman (Chairman of the Committee for Economic Development, President of the Studebaker Corporation) devant le Rotary Club de Chicago, Chicago, 27 novembre 1943, Carl Crow Papers, 1913–1945 (State Historical Society of Missouri, Columbia), Correspondence Series, f. 170, 183, 184, 202.

255 Lettre de C.B. Larrabee (Managing Editor, Printers' Ink Publications) à Carl Crow, 8 juillet 1940; Harry W. Alexander à Carl Crow, 3 mai 1941; Export Advertising Agency, Inc. à Carl Crow, 11 et 21 juillet 1941, Carl Crow Papers, Correspondence Series, f. 174, 183, 184.

256 Boston Conference on Distribution, 11 octobre 1941; Harper's Magazine à Carl Crow, 24 novembre 1942, Carl Crow Papers, Correspondence Series, f. 188, 196.

257 J. Walter Thompson Company à Carl Crow, New York, 27 novembre 1940; Moore-Mc Cormack (Navegaçao) à Carl Crow, Rio de Janeiro, Brésil, 3 octobre 1940, Carl Crow Papers, Correspondence Series, f. 177.

258 Lettre du Coveleigh Club à Carl Crow, 19 juillet 1945; Lettre de Carl Crow à sa soeur, New York, 11 avril 1945, Carl Crow Papers, Correspondence Series, f.210.

259 *CWR*, 15 mai 1948.

poursuivre ses activités en dehors de sa base shanghaienne. Au début des années 1960, le fondateur prépare sa retraite en associant ses deux fils à l'entreprise.[260] En 1962, l'agence lance une campagne dans la presse de Hong Kong pour introduire les nouveaux jeunes cadres de l'agence.[261] Bien que Lin soit officiellement toujours actif, CCAA est désormais entre les mains de son fils aîné, William (Bill). Le « père fondateur » se retire des affaires en 1963 et décède l'année suivante.[262]

Portrait d'un *tycoon* britannique en Chine : Francis Charles Millington (1888–1982)

La vie de Francis Charles Millington [Figure 8] est moins bien documentée que celle de son agence. A la différence de Carl Crow, il n'a pas laissé d'œuvre autobiographique, pas même à titre posthume. Éditeur prolifique, les ouvrages qu'il a légués à la postérité parlent peu lui. Le portrait impressionniste qui suit s'appuie principalement sur des documents d'archives partagés par ses descendants, complétés par la presse locale et sa correspondance avec les administrations municipales.[263]

Les débuts d'un militaire pédagogue (1888–1925)

Issu d'un milieu modeste, Francis Charles Millington naît le 1er mars 1888 à Shelton dans le Staffordshire, en Angleterre. A l'âge de dix ans, il rejoint les troupes de Sir Robert Baden-Powell, fondateur du mouvement des Boy Scouts, et à l'âge de 23 ans, il reçoit la plus haute distinction du scoutisme, le Silver Wolf Award. Parallèlement, il manifeste très tôt de l'intérêt pour l'enseignement. En 1904, il intègre le Pupil Teachers Centre Cadet Corps, une institution spécialisée dans la formation des enseignants. En 1909, il décline une offre d'emploi au quartier général des Boy Scouts pour parfaire sa formation d'éducateur au St. John's College de York, et enseigne dès l'année suivante à l'école primaire d'Islington, près de Londres. En 1912, il rejoint la Marine britannique, d'abord comme simple matelot,

---

260 *SCMP*, 20 septembre 1957.

261 *SCMP*, 25 juin, 30 juillet 1962.

262 *SCMP*, 18, 19, 20 juillet 1964.

263 Cette étude biographique s'appuie essentiellement sur les souvenirs consignés par sa fille Andra Nelki (née à Shanghai en 1935) et sur le documentaire réalisé par la BBC en 2013 dans le cadre de l'émission « Who Do You Think You Are ? », au sujet de la petite-fille de Millington, l'actrice Minnie Driver. Je remercie vivement la famille d'avoir bien voulu partager ces matériaux inédits.

Figure 8: Portrait de Francis Charles Millington (1888–1982), dans les années 1920. Archives de la famille Millington.

puis comme instituteur, avec pour tâche d'inculquer aux jeunes marins illettrés les rudiments de la lecture et de l'écriture.[264] Ces deux années passées dans la

264 George F.M. Nellist, *Men of Shanghai and North China. A Standard Biographical Reference Work* (Shanghai : The Oriental Press, 1933).

marine lui donnent l'occasion de découvrir la Chine, pour laquelle il éprouve une certaine attraction. En novembre 1914, il parvient à se faire recruter comme instituteur à l'école Ellis Kadoorie, un établissement privé réservé aux jeunes Chinois résidant dans la Concession internationale de Shanghai. En août 1915, la guerre le pousse à rejoindre les rangs du régiment royal d'artillerie en Inde.

Après la guerre, il reprend des études à l'université de Hong Kong, puis retourne à Shanghai en 1920 pour y poursuivre ses deux vocations premières : le scoutisme et l'enseignement.[265] Nommé commissaire de la section des scouts britanniques de Shanghai, il parvient à obtenir un terrain à l'ouest de la Concession française pour y installer son camp. Pendant la guerre sino-japonaise de 1932, ses troupes s'illustrent en portant secours aux réfugiés, en contribuant à l'échange d'informations et à diverses tâches de secrétariat. Le dévouement des « First Known Scouters » suscite l'admiration, dont Millington tire un certain prestige, renforcé par son engagement personnel au sein du Shanghai Volunteer Corps, une milice civile chargée de protéger les résidents étrangers de Shanghai.[266] Dans le domaine de l'éducation, Millington est d'abord nommé directeur adjoint de la Polytechnic Public School for Chinese (1920–1921), puis directeur par intérim de l'école Ellis Kadoorie (1921–1922, 1925–1926). Jusqu'en 1925, il enseigne concurremment dans plusieurs écoles municipales de la Concession internationale. C'est à cette époque que se révèle sa passion pour le dessin. Il ouvre une bibliothèque d'art pour ses élèves et rend visite à la China Society of Science and Art afin d'attirer de jeunes talents dans son établissement. Avant de fonder son agence de publicité, Millington dessine régulièrement pour le journal *Shanghai Sunday Times*. Entre 1924 et 1926, il réalise près d'une cinquantaine de caricatures sur des sujets d'actualité internationale ou des scènes de la vie locale. Alliant subtilement une illustration humoristique avec une légende s'apparentant à un slogan publicitaire, ses dessins mettent en œuvre, d'une certaine manière, l'idéal de publicité visuelle telle qu'elle est définie dans la littérature professionnelle (cf. chapitre 7).[267]

---

265 *CP*, 3 février 1930.

266 Placé sous l'autorité du Shanghai Municipal Council, le Shanghai Volunteer Corps est créé dans le contexte de la révolte des Taiping (1851–1864) pour défendre les concessions étrangères et protéger les étrangers résidant à Shanghai. Constituée sur la base du volontariat, cette milice se compose de différentes unités formées sur une base nationale. Elle est dissoute en 1942 lorsque les Japonais prennent le contrôle de la Concession internationale.

267 A travers ses dessins, Millington critique autant les Communistes que les Nationalistes, et parfois même le Shanghai Municipal Council, ce qui finit par irriter son Secrétaire. Le SMC l'autorise à poursuivre son activité de caricaturiste, à condition qu'il ne s'en prenne plus aux autorités municipales.

De l'artiste à l'homme d'affaires (1927–1938)

Mûrissant le projet de s'établir à son compte, Millington commence à investir dans l'immobilier afin de rassembler le capital nécessaire. En 1927, il est en mesure d'ouvrir sa propre agence de publicité, Millington, Limited, dont il assure la direction générale jusqu'en 1939. Bien qu'il ait dû démissionner de ses fonctions municipales pour éviter tout conflit d'intérêts, Millington reste très lié au Shanghai Municipal Council, en tant que consultant en publicité et éditeur des textes officiels.[268]

Comment se déroule le quotidien de l'entrepreneur ? Sa correspondance prolifique suggère que Millington devait passer de nombreuses heures à écrire ou dicter des lettres, tantôt pour défendre un projet, tantôt pour contester une décision, tantôt pour convaincre un client de recourir à ses services. Ses voyages fréquents à travers le monde tracent l'itinéraire en zigzag d'un entrepreneur hyperactif toujours en quête d'idées et de contacts. Au début des années 1930, il se rend à Londres et New York pour s'informer sur les dernières avancées dans le domaine de la radio et pour puiser l'inspiration de rebondir après la crise. Pendant la guerre sino-japonaise, il visite Hong Kong et Singapour pour prospecter les marchés locaux et établir de nouveaux bureaux.[269] Reconnu comme expert en son domaine, Millington est régulièrement sollicité pour des entretiens dans la presse et des conférences, comme celles qu'il donne devant les membres du Rotary Club de Shanghai en 1934 et celui de Hong Kong en 1937.[270]

La routine du *tycoon* semble peu compatible avec la vie de famille. Comme Carl Crow, il est le chef d'une famille recomposée. De son premier marriage avec Arabella Victoria Henderson en 1917 sont issus deux enfants, Kathleen Isabel (1922) et Fiona Macdonald (1924), dont il perd la garde après son divorce en 1934.[271] Il se remarie quelques mois plus tard avec une certaine Constance Amy Lacy, qui lui donne trois filles : Andrea (1935), Elizabeth (1936) et Gaynor (1937). À la différence de Lin Zhenbin, il maintient sa famille à l'écart des affaires et ne semble pas poursuivre de stratégie successorale, peut-être parce qu'il n'a que des héritières.

Millington semble moins à l'aise avec la culture chinoise que le cosmopolite Carl Crow. Selon sa fille Elizabeth, il montre peu d'appétence pour la cuisine chinoise, d'où son surnom de « Meat and potato man » (mangeur de viande et de patates). Bien intégré dans la société hiérarchisée des expatriés britanniques,

---

268 Nellist, 288 ; *CP*, 8 janvier 1927 ; Bacon, 760.

269 *CP*, 7 juin 1932, 15 mars 1938 ; *NCH*, 3 juin 1936, 18 mai 1938.

270 *CP*, 7 août 1932, 11 mai 1934, 15 mars 1938 ; *CWR*, 13 août 1932.

271 Nellist, 287. *CWR*, 13 janvier 1934.

Millington mène la vie typique d'un *Shanghailander*.[272] Malgré ses origines modestes, il parvient à se faire admettre dans les clubs les plus élitistes de Shanghai, notamment le Race Club et le Shanghai Club, où il côtoie plusieurs de ses associés. Il fréquente également des organisations multinationales comme le Rotary Club, culturellement plus ouvert mais non moins sélectif en termes de statut social. Comme la plupart des jeunes expatriés, il s'adonne à de nombreux sports, en particulier le golf et l'équitation, très en vogue chez les élites britanniques.

La chronologie se brouille après les bombardements d'août 1937. Inquiété par les Japonais, Francis Millington quitte Shanghai à la hâte avec son épouse et ses trois filles. La famille se réfugie d'abord à Hong Kong avant de rejoindre Plymouth en juillet 1938. Après leur départ, le domicile familial est mis à sac par les Japonais et Millington perd de nombreux dossiers professionnels.[273] Il retourne néanmoins à Shanghai pour y poursuivre ses affaires et ne rejoint sa famille à Londres qu'un an plus tard. Il échappe ainsi aux camps de détention japonais où sont internés plusieurs milliers de civils britanniques entre janvier 1942 et août 1945.[274]

Un nouveau départ après la guerre

Après la guerre, espérant remettre pied en Chine, Francis Millington établit à Londres une agence servant d'intermédiaire entre les entreprises occidentales intéressées par le marché chinois et les entreprises chinoises désirant exporter leurs biens vers l'Europe et l'Amérique du Nord.[275] En parallèle, il fonde une entreprise éditoriale – China Trade Press, Limited – dont l'une des publications les plus nota-

---

272 Robert Bickers, « Shanghailanders : The Formation and Identity of the British Settler Community in Shanghai 1843–1937 », *Past & Present*, n° 159 (1998) : 161–211.

273 Sa fille Elizabeth se souvient : *I believe my father left shortly after us in 1938–9, I know we had to leave in a hurry, people had already started to be interned, because my father was so famous we had guards stationed outside our house in Shanghai, my mother refused to leave if my father didn't so we were sent to Hong Kong where our father had an office. Our house in Shanghai was ransacked by the Japanese and destroyed, and I know my father lost a lot of papers etc.* Entretien électronique avec Elizabeth Millington, 1er septembre 2014. Sa version converge avec celle de sa soeur Andra Nelki : *As far as I know, he/we left Shanghai during the bombing as my mother thought it was all too dangerous for the young family and went to London just in time for the Second World War. So as far as I know, everything was left behind.* Entretien avec Andra Nelki (née Millington), 31 août 2014. En février 1940, un courrier qui lui est adressé depuis Shanghai est intercepté par la censure nazie en Allemagne. *NCH*, 28 février 1940.

274 SMA, Q275-1-1840.

275 *SCMP*, 25 juillet 1946.

bles est la revue bilingue *China Trade & Engineering* (cf. chapitre 2).[276] En quête de nouveaux contrats, Millington effectue plusieurs déplacements en Asie et en Amérique. Après New York, il se rend à Hong Kong en août 1947 pour explorer les opportunités commerciales sur le terrain.[277] Lorsque Millington ne se déplace pas personnellement, il accueille la mission économique de Hong Kong, pour laquelle il organise une grande réception à Londres en mai 1949.[278]

En octobre 1949, la prise du pouvoir par les Communistes met un terme à ses projets. Millington se recentre alors sur l'Europe et l'Amérique du Nord, où, à la différence de Carl Crow, il parvient à poursuivre ses activités publicitaires. En 1961, il obtient une franchise l'autorisant à faire la publicité des entreprises occidentales en Union soviétique.[279] L'essentiel de son activité, cependant, est consacré à l'édition. Au Royaume-Uni, Millington possède plusieurs entreprises éditoriales, dont la China Trade Press et Windmill Publications. Avec la reprise des affaires, il acquiert une propriété plus vaste à Sevenoaks dans le Kent où il s'établit avec sa famille. On sait peu de choses sur la fin de sa vie, sinon que le publicitaire, presque centenaire, décède le 28 novembre 1982 à Dagenham dans la banlieue de Londres.

En conclusion, Francis Millington présente un parcours haut en couleurs. Rien à l'origine ne destinait l'éducateur-militaire à la carrière publicitaire, si ce n'est peut-être son goût pour le dessin. En cela, il se distingue autant de Carl Crow que de Lin Zhenbin, qui ont tous deux reçu une formation académique avancée dans les meilleures universités américaines, et qui ont travaillé pour des agences de presse ou de publicité avant de fonder leur propre entreprise. Ce que révèlent ces portraits croisés, finalement, c'est qu'il n'y a pas de voie toute tracée pour la génération pionnière née dans le dernier quart du XIXe siècle. Située à l'intersection de plusieurs domaines de compétences, la profession publicitaire fait converger des trajectoires variées et imprévisibles. En associant une large palette de profils et d'expériences, l'agence Lianhe en est la meilleure illustration.

---

276 Circulant en Asie, en Europe et en Amérique du Nord, la revue comporte des études de marché actualisées et une section spéciale permettant aux jeunes ingénieurs de publier leur *curriculum vitae*. Elle a également pour objectif de constituer un annuaire professionnel contenant plus de 400 000 noms d'entreprises en quête de partenaires commerciaux. *SCMP*, 4 août 1946.

277 *SCMP*, 30 août 1946.

278 *SCMP*, 15 mai 1949.

279 D'après *The Times* (1961), mais la source reste imprécise (cité dans l'enquête de la BBC).

Les artisans de la Lianhe : essai de biographique collective

Parce qu'elle n'est pas l'œuvre d'un seul individu mais le résultat d'une association, l'agence Lianhe nécessite une biographie collective. Six individus sont principalement impliqués dans la création du conglomérat : Zhang Zhuping (ZZP), Zheng Yaonan (ZYN), Yao Junwei (YJW), Lu Meiseng (LMS), Wang Yingbin (WYB) et Lu Shoulun (LSL).

Des origines communes

Les six associés sont originaires de la même province ou de provinces voisines situées dans la basse vallée du Yangzi : Jiangsu (ZZP, ZYN, YJW, LMS), Zhejiang (LSL) et Anhui (WYB).[280] Fortement urbanisées, ces provinces côtières concentrent l'essentiel des capitaux, des industries et des services du pays. Accueillant les principaux ports ouverts établis par les traités « inégaux » au milieu du XIXe siècle, ces régions sont les plus fortement exposées à la présence étrangère. En raison de son poids industriel et commercial, Shanghai attire de nombreux migrants, de provenance plus ou moins lointaine, avec des motivations et des situations sociales variées.[281] Comme l'a montré l'historienne Bryna Goodman, ces vagues d'immigration urbaine stimulent la création d'associations visant à entretenir les liens de solidarité entre résidents de mêmes origines. Ces *native-place associations* (tongxiang hui) jouent un rôle essentiel dans leur vie professionnelle et personnelle, sans empêcher le développement d'une conscience nationale, voire transnationale dans le cas des publicitaires formés à l'étranger. Comme la plupart des migrants, les six artisans de Lianhe s'engagent activement dans ces « amicales régionalistes » correspondant à leur lieu de naissance ou à celui de leurs ancêtres : Chaozhou et Guangdong pour ZYN, Yixing pour LMS, Dinghai pour LSL.[282]

---

280 Zhang Zhuping est né à Taicang en 1885, Zheng Yaonan à Shanghai en 1892, Lu Meiseng à Yixing en 1896. Yao Junwei est originaire de Wujin (date de naissance inconnue). Lu Shoulun est né à Dinghai en 1901, mais sa famille est originaire de Ningbo dans la même province (Zhejiang). Wang Yingbin est né à Wuyuan (Anhui). Powell, *Who's Who in China*, 5; *Shanghai gongshangren minglu* (Annuaires des entrepreneurs de Shanghai). Shanghai : Meihua shuju, 1936, 172.

281 Bryna Goodman, *Native Place, City, and Nation Regional Networks and Identities in Shanghai, 1853–1937* (Berkeley : University of California Press, 1995). La terme « d'amicale régionaliste » est employé en français par Marie-Claire Bergère dans *L'âge d'or de la bourgeoisie chinoise, 1911–1937* (Paris : Flammarion, 1986), 29.

282 *SB*, 20 août 1924 (Ningbo tongxiang hui), 11 septembre 1932 (Chaozhou lühu tongxiang hui), 20 février 1934 (Guangdong lühu tongxiang hui), 28 novembre 1938 (Yixing tongxiang hui) ; 11 novembre 1936 (Dinghai lühu tongxiang hui).

Avant de s'associer pour former l'agence Lianhe, les six partenaires ont travaillé ensemble dans la publicité et dans la presse, parfois simultanément dans plusieurs entreprises. En 1926, Yao Junwei et Lu Meiseng sont recrutés par l'agence United Advertising Advisers pour s'occuper de la publicité dans le journal *Shenbao*, qui constitue un important vivier de recrutement pour la future agence. Sous la direction de ZZP, les principaux fondateurs de Lianhe ont tous collaboré pour le *Shenbao* : WYB comme *manager* adjoint, YJW, LMS et LSL comme directeurs de publicité. Les futurs associés se côtoient aussi dans les couloirs du journal *China Times*, également sous la direction de ZZP, puis de ZZY à partir de 1935.[283] Enfin, ZZP et ZYN travaillent ensemble pour l'agence de presse Shenshi.[284]

Deux voies d'accès à la carrière publicitaire

Malgré leurs origines géographiques et professionnelles communes, deux groupes se distinguent en fonction de l'éducation reçue. ZZP, ZYN, YJW et LSL n'ont pas suivi de formation académique, mais se sont formés sur le terrain en s'engageant très tôt dans les affaires. Pour ces auto-didactes polyvalents, la publicité n'est qu'une activité parmi d'autres, bien qu'elle occupe une place essentielle dans leur stratégie entrepreneuriale. Les quatre associés incarnent chacun à leur manière la figure de *tycoon* décrite par Christopher Rea dans sa typologie des entrepreneurs culturels.[285]

Zhang Zhuping entame sa formation dans une école missionnaire, la Chants Academy, avant d'intégrer l'université Saint John à Shanghai. Fondé en 1879 par des missionnaires américains, Saint John est l'un des premiers établissements à enseigner les langues et les sciences occidentales en Chine.[286] En 1911, ZZP abandonne ses études pour rejoindre le *Shenbao*, qu'il dirige jusqu'en 1932. Il devient alors l'un des hommes de presse les influents de Shanghai, cumulant les fonctions de directeur général de plusieurs grands journaux, dont le *Shenbao*, *China Times*, *China Evening News*, et de l'agence d'information Shenshi, qu'il dirige jusqu'en mai 1935.[287]

Fils d'un courtier en publicité, Zheng Yaonan s'est engagé très jeune dans la publicité et n'a pas poursuivi d'études supérieures. En 1916, il est nommé directeur

283 Powell, *Who's Who in China*, 5; Shanghai Bank (Shanghai yinhang), Enquête sur l'agence Lianhua (Lianhua guanggao gongsi), Shanghai, 4 avril–7 mai 1937, SMA, Q275-1-1840-37.

284 Powell, *Who's Who in China*, 5; *Shanghai gongshangren minglu*, 172.

285 Rea, « Enter the Cultural Entrepreneur ».

286 Concernant cette institution, voir : Wen-Hsin Yeh, *The Alienated Academy : Culture and Politics in Republican China, 1919–1937* (Cambridge, Mass.; London : Council on East Asian studies, Harvard University, 1990).

287 Powell, *Who's Who in China*, 5.

de publicité pour le journal *Nouveau Monde* (Xinshijie rikan) puis le *Shenbao*.[288] En 1920, il fonde sa propre agence spécialisée dans la publicité de presse – Yaonan Advertising Company (Yaonan guanggao gongsi) – l'une des cinq sociétés qui sert de matrice à l'agence Lianhe (chapitre 2). Réputé discret, fiable et prudent en affaires, ZYN est à la tête d'une fortune considérable, estimée à 200 000 yuans en 1930.[289] A lui seul, il est actionnaire d'une quinzaine d'entreprises opérant dans des secteurs aussi variés que la presse[290], les produits alimentaires[291], les matières premières et l'industrie textile, notamment la laine et le coton.[292] Personnalité incontournable dans les milieux d'affaires, ZYN est membre de l'association des contribuables chinois (Chinese Ratepayers Association) et de la Chambre de Commerce de Shanghai, siégant à la fois au conseil d'administration et dans le comité pour la promotion des produits nationaux.[293]

Au moment où le groupe Lianhe est formé, Yao Junwei possède déjà une solide expérience dans la publicité. Comme l'a montré le chapitre précédent, il est à la tête de trois agences importantes qui prennent part au conglomérat : Commercial Advertising Agency (fondée en 1924) et United Advertising Advisers, orientées vers la presse, et Yida Advertising Company, spécialisée dans la publicité extérieure.[294] Comme ZYN, YJW dispose d'une importante fortune personnelle, estimée à plusieurs dizaines de milliers de taëls.[295] Actionnaire du *Shenbao*, YWJ Junwei possède également des parts dans le journal concurrent *Xinwenbao* et plusieurs entreprises dans l'industrie alimentaire (Taifeng Canned Food Company), le tabac (Nanyang Tobacco Company) et d'autres secteurs d'activité.[296]

---

288 *SB*, 23 novembre 1916, 6 octobre 1917.

289 SMA, Q275-1-1840-37, 108.

290 *Shanghai gongshangren minglu*, 172; Shanghai Bank (Shanghai yinhang), Enquête sur l'agence Consolidated National Advertising agency (Lianhe guanggao gongsi), Shanghai, 15 octobre 1936, SMA, Q275-1-1840-37.

291 ZYN contrôle notamment la société Huimin Milk Powder Company (Huimin naifen gongsi) spécialisée dans la fabrication de lait infantile, l'usine de pâtes alimentaires Xinghua Machine Noodle Company (Xinghua zhimian gongsi) et Guanshengyuan Food Products Company, Ltd. (Guanshengyuan shipin gufen youxian gongsi). *SB*, 13 octobre 1931, 6 juin 1932, 24 octobre 1933, 29 mai 1934, 27 mai 1935.

292 Huafeng Raw Materials (Huafeng yuanliao gongsi) ; Shanghai Yarn Market (Shanghai shaxian zhengquan shichang choubei chu), *SB*, 12 août 1921 ; Taifeng Cotton Engineering Company (Taifeng shachang gongcheng gufenyouxian gongsi), *SB*, 22 avril 1946.

293 *Guohuo weiyuanhui*, *SB*, 11 juillet 1930, 29 septembre 1931, 11 juillet 1936. *SB*, 11 avril 1934, 2 avril 1935.

294 *SB*, 18 février 1925, 23 décembre 1927 ; SMA, Q275-1-1840-27, 37.

295 SMA, Q275-1-1840-27, 37.

296 Taifeng Canned Foods Company (Taifeng guantoushipin gongsi), *SB*, 30 janvier 1935 ; Nanyang Tobacco Company (Nanyang cao gongsi), *SB*, 24 octobre 1935.

Lu Shoulun présente un profil intermédiaire. Comme ses trois collègues, il ne poursuit pas d'études supérieures et préfère rejoindre les services de publicité des journaux *Shenbao* et *China Times*.[297] Son aisance financière lui permet d'investir dans l'industrie du tabac, en particulier les compagnies Minsheng (Minsheng yancao gufen youxian gongsi) et Guohua (Guohua yan gongsi), dont il devient directeur général après la Première Guerre mondiale.[298] Comme ses associés, il détient des actions dans plusieurs entreprises éditoriales, notamment la Shanghai Modern Publishing Company (Shanghai xiandai shuju) et Lianhua Book Company (Lianhua tushu gongsi), dont il est l'un des co-fondateurs.[299] Il investit également dans l'industrie textile, en soutenant la création de la fabrique de tissage Dingxin (Dingxin ranzhi chan), la restauration (Nanhua Jiujia), le secteur bancaire (Shanghai Industrial Bank/Shanghai shiye yinhang), l'industrie musicale (China Gramophone Manufacturing Company/Zhongguo changpian zhizao chang gufen youxiangongsi), le commerce (Lianhua Trading Company/Lianhua yingye gongsi), l'industrie électrique (Zhoushan Electric Company/Zhoushan dianqi gufenyouxian gongsi) et les transports maritimes (Zhoushan Steamship Company/ Zhoushan lunchuangongsi).[300] Né en 1901, LSL est cependant plus jeune que les trois précédents. Par son âge et ses créations publicitaires, il se rapproche davantage du second groupe formé par Lu Meiseng (LMS) et Wang Yinbin (WYB).

Outre leur relative jeunesse, LMS et WYB se distinguent de leurs collègues par leur formation académique de haut niveau, leur vocation de pédagogue et leur ouverture internationale. Comme Lin Zhenbin, LMS obtient une bourse pour étudier aux Etats-Unis et reçoit sa formation préparatoire à l'université Qinghua de Pékin. Après une année d'étude à l'université du Colorado (1921), il intègre l'université Columbia, à New York, dont il sort diplômé en 1923.[301] Il décide de poursuivre une formation complémentaire en sciences commerciales à New York University (1925) et acquiert de l'expérience dans la publicité en travaillant pour l'agence newyorkaise World Wide Advertising Corporation.[302] Comme ZZP, WYB a d'abord étudié à Saint John, avant de rejoindre le journal *Shenbao*. Avec le soutien de ses collègues, il part aux Etats-Unis pour compléter sa formation journalistique.[303] A la

297 *Shanghai gongshang renwu zhi* (Shanghai : Quanguo geda shuju, 1948), 175. *Shanghaishi renzhi* (Shanghai : Zhanwang chubanshe, 1947), 149.
298 *SB*, 20 août 1928 ; *Shanghaishi renzhi*, 149; *Shanghai gongshang renwu zhi*, 175.
299 *SB*, 28 février 1930, 16 août 1931, 18 mai 1946.
300 *SB*, 10 août, 22 septembre 1941, 21 mai 1942 ; *Shanghaishi renzhi*, 149; *Shanghai gongshang renwu zhi*, 175.
301 *SB*, 31 octobre 1925 ; *CP*, 1er août 1930 ; *CWR*, 22 avril 1939, p.247.
302 *Who's Who in China* (Shanghai : China Weekly Review, 1940), 32.
303 *SB*, 5, 6, 22 août 1922.

différence de LMS, Wang Yingbin finance seul ses études en travaillant comme correspondant pour différents journaux de Shanghai.[304] Après une année passée à l'université du Missouri, il rejoint l'université Columbia à New York, où il obtient un diplôme de master en journalisme.[305]

Transmettre et professionaliser

Des États-Unis, LMS et WYB rapportent des connaissances nouvelles acquises de première main. Accueillis à leur retour comme les meilleurs experts du domaine, ils sont invités à donner des conférences devant différents publics professionnels et étudiants, tels que l'association des étudiants chinois outre-mer (Huanqiu xuesheng hui), l'association des journalistes de Shanghai (Shanghai xinwen xuehui), l'agence de presse Far Eastern News Agency (Yuandong tongxunshe), la Chambre de Commerce de Shanghai, le Rotary Club, la Young Men's Christian Association (YMCA) et le Y's Men Club.[306] Comme Lin Zhenbin, LMS et WYB ont à cœur de former les générations futures en enseignant leurs disciplines dans plusieurs universités de Shanghai. C'est sous leur impulsion que des cours de journalisme et de commerce sont créés dans les universités de Nanshi, Daxia et Guanghua.[307] Auteur d'un manuel qui connaît de nombreuses rééditions, Lu Meiseng est l'un des premiers à enseigner la psychologie commerciale aux étudiants de l'école de commerce de Nanshi (Shanghai nanshi shangke zhongxue).[308] Les deux *liumei* favorisent aussi la formation continue en ouvrant leurs classes à un public plus large, en animant des cours du soir et des écoles d'été.[309] Soucieux de créer des passerelles entre l'université et l'enteprise, les deux associés organisent des visites de leurs locaux pour les étudiants et proposent des stages professionalisants, en s'inspirant de l'expérience conduite par Ford aux États-Unis.[310] En 1926, WYB crée une association spécialement dédiée à la formation professionnelle (Zhonghua zhiye jiaoyu she), et en 1932, il met en place un programme de formation continue à l'école de commerce de l'université Hujiang

304 *SB*, 21 décembre 1921, 26 mai 1924.

305 *SB*, 25 juin 1925.

306 *SB*, 13, 16, 17 et 18 novembre 1924 ; 19 juillet, 2 et 12 décembre 1925 ; 6 juillet 1928.

307 *SB*, 17 mars 1925 ; 3, 21 et 28 février 1926 ; 18 mai, 4 et 5 juillet 1926.

308 *SB*, 20 juin 1926. Lu Meiseng, *Guanggao (La publicité)* (Shanghai : Commercial Press, 1940). Ce manuel sera étudié en détail dans le septième chapitre.

309 YMCA Day and Night School (Qingnianhui riye xiao), *SB*, 18 et 28 novembre 1924, 15 septembre 1927 ; Jinlin Evening School (Jinlin yexiao), *SB*, 2 novembre 1926 ; Chinese Vocational School (Zhonghua zhiyexuexiao), *SB*, 28 février 1926 ; Shanghai Summer Institute (Shanghai xiali xueyuan), *SB*, 25 juin 1927.

310 *SB*, 6 mars 1926 ; *SB*, 25 octobre 1924 ; *SB*, 21 mai 1926; *SB*, 4 avril 1928.

(Shanghai Hujiang daxue shangxue yuan), en collaboration avec l'association des industriels et des ingénieurs chinois (Zhonghua gongye zong lianhehui) et l'Institut chinois du management (Zhongguo gongshang guanli xiehui).[311]

A la différence de LMS et WYB, ZYN, YJN et LSL n'enseignent pas directement la publicité, mais ils partagent leur expertise en contribuant à des publications professionnelles, telle que la revue trimestrielle *Guanggao yu tuixiao jikan* (Publicité et promotion), ou à des ouvrages collectifs, dont une histoire de la publicité chinoise en plusieurs volumes.[312] En août 1934, pour accompagner la création de la Consolidated Coupon Company, Lu Shoulun publie un article intitulé « Comment rendre les acheteurs satisfaits » (Ruhe shimai keman), dans lequel il défend l'usage des coupons comme une méthode efficace d'incitation à l'achat.[313]

Deux profils internationaux

Fortement marqués par leur expérience américaine, LMS et WYB se distinguent enfin par leur profil international. Tout juste diplômé de l'université St. John's, WYB sert d'interprète aux personnalités étrangères en visite à Shanghai, comme le directeur du *Times* à Londres (Sir Beiyan) en 1921, le doyen de l'école de journalisme de l'université du Missouri (Dr. William), l'écrivain britannique Bertram Lenox Simpson en 1922, et les représentants de la multinationale américaine General Motors en 1929.[314] Comme Lin Zhenbin, LMS est admis dans de prestigieuses fraternités étudiantes, dont Alpha Kappa Psi (section économie), Êta Mu Pi (section distribution) et Phi Lambda (section sociale).[315] De retour en Chine, les deux *liumei* continuent d'entretenir des liens forts avec leurs camarades de promotion en participant aux réunions organisées par diverses associations d'*alumni*. LMS est membre de l'association des alumni de Qinghua, New York et Columbia University, tandis que WYB fréquente la World Chinese Students' Federation, l'association des *alumni* de Saint John et celle du Missouri, dont il est l'un des membres fondateurs.[316] Tout au long de leur vie, les deux associés maintiennent des liens forts avec la communauté américaine de Shanghai et le réseau de la Young Men's Christian Association (YMCA). LMS assure la pré-

---

311 *SB*, 22 mai 1926 ; *SB*, 24 août 1932 ; *CP*, 20 juillet, 24 octobre 1932.

312 *SB*, 12 mai 1936, 2 novembre 1948.

313 « Ruhe shimai keman yi Lu Shoulun » (Comment rendre les acheteurs satisfaits, par Lu Shoulun), *SB*, 8 août 1934, p.13.

314 *SB*, 20, 21 novembre 1921; 13 décembre 1921; 22 janvier 1922; 21 juin 1929.

315 *CP*, 1 août 1930.

316 *SB*, 12 juin 1926, 20 juin 1928, 5 mars et 24 avril 1929 ; *CP*, 31 mai 1929, 16 juin 1936, 4 décembre 1938.

sidence du Y's Men Club en 1935–1936 et la fonction de directeur régional en 1938 et 1939.[317] Entre 1928 et 1934, WYB est membre du Rotary Club, représentant le *Shenbao* dans la catégorie du journalisme.[318] De son côté, LMS fait partie des membres fondateurs de l'International Club[319] et du Rotary Club de Shanghai West, créé en octobre 1948 pour accueillir les élites chinoises non anglophones.[320] Leur conscience internationale se traduit aussi dans leurs activités de loisirs. Depuis son séjour aux Etats-Unis, LMS pratique le tennis en compétition, à la différence de ZYN, qui préfère les arts martiaux.[321]

La division du travail au sein du groupe

Comment les associés se partagent-ils le travail ? Quelles sont les responsabilités de chacun au sein du groupe ? Les deux principaux fondateurs, ZZP et ZYN, assurent respectivement les fonctions de président et de directeur général.[322] Actionnaires majoritaires, ils sont membres de droit du conseil d'administration, où siègent également YJW (directeur adjoint) et LSL (directeur de la clientèle). Les

317 *CP*, 8 et 9 décembre 1936, 8 août 1937, 14 décembre 1938 ; *SCMP*, 19 décembre 1938 ; *NCH*, 27 décembre 1939. Le réseau des Y's Men Clubs est créé en 1920 pour assister le travail de l'organisation YMCA à Toledo, Ohio. Fondé en 1924, le club de Shanghai est le premier établi hors des États-Unis.
318 *SB*, 6 juillet 1928; « Shanghai Rotary Club Roster, July 1, 1930 », Alonzo Bland Calder Papers, 1911–1956, Hoover Institution Archives, Stanford, California, Box 19, f.1; « Rotary Club of Shanghai, Roster for June 1933 »; « Rotary Club of Shanghai, Roster for August 1934 », Rotary International Archives, Evanston, Ill., vol.21, 24. Je remercie vivement Susan Hanf, Heritage Communications Specialist for Rotary International, de m'avoir généreusement donné accès à ces documents.
319 *CP*, 1er et 3 décembre 1935 ; *NCH*, 4 décembre 1935. D'inspiration américaine et marqué par l'esprit internationaliste de l'entre-deux-guerres, l'International Club vise à favoriser la compréhension mutuelle et l'amitié entre les peuples. A ce sujet, voir : James Layton Huskey, « Americans in Shanghai : Community Formation and Response to Revolution, 1919–1928 » (Thèse de doctorat, Chapel Hill, University of North Carolina, 1985), 192–195.
320 Rotary Club of Shanghai West, List of Charter Members, Shanghai, 2 novembre 1948 », Rotary International Archives, Evanston, Ill., vol. 38. A ce sujet, voir : Armand, « Foreign Clubs with Chinese Flavor : The Rotary Club of Shanghai and the Politics of Language ».
321 LMS remporte deux tournois de tennis en 1936 et 1937 (Shanghai Zhongguowang qiu lianhehui) (*SB*, 25 juin, 13 et 19 juillet 1936). ZYN rejoint le club de *taijiquan* (Jianquan taijiquanshe) en 1931 (*SB*, 29 mars 1931, 28 janvier 1935) et fait partie des membres fondateurs du club d'art martial de Shanghai (Shanghaishi guoshuguan zhengqiuhui) en 1937 (*SB*, 3 mars 1937). Comme l'a montré Katrine Wong, la pratique des arts martiaux fait partie de la culture du corps chez les élites depuis la période impériale. Avec la montée des tensions sino-japonaises sous la République, les élites nationalistes placent la culture martiale du corps au service de la défense nationale : Katrine Wong, « Wang Xiaolai (1887–1967) : A Biography » (Thèse de doctorat, Université Lyon 2, 2019).
322 *CP*, 11 mai 1930.

quatre associés sont également actionnaires de la filiale Consolidated Coupon (Lianhe zengpin gufen youxian gongsi), placée sous la direction de ZYN, et de l'association sportive Consolidated Sports Association (Lianhe tiyuhui).[323]

Ancien directeur adjoint de United Advertisers, LMS est nommé *manager* de Lianhe et à partir de 1930, responsable du supplément illustré du *Shenbao*.[324] A partir de 1934, il gère la Consolidated Coupon Company et devient membre du comité permanent de la filiale sportive.[325] Lui-même artiste et critique d'art, Wang Yingin est nommé directeur artistique (art director) de l'agence, tandis que LSL est nommé responsable de la clientèle (account director), chargé plus spécifiquement de la publicité dans l'industrie du tabac.[326] Depuis les années 1920, ses publicités ont contribué à populariser plusieurs grandes marques chinoises de cigarettes, comme Golden Jade (Jinyupai) et The Brandy (Bailandi xiangyan).[327] A partir de 1925, il commence à signer ses œuvres, ce qui fait de lui un *copywriter* atypique en Chine.

En dehors du groupe, les associés s'engagent activement dans les organisations professionnelles. Quatre d'entre eux font partie des membres fondateurs de l'Association des publicitaires chinois (ACAA).[328] ZYN et YJW participent concurremment aux activités de l'Advertising Club of China et au comité permanent de l'association chinoise (cf. chapitre 1). Après sa réorganisation en 1930, les deux associés restent membres du comité exécutif.[329] Dans le cadre de la campagne anti-japonaise lancée en réaction à l'invasion de la Manchourie en 1931, ZYN est nommé chef de l'équipe d'inspection, puis chef du comité chargé de la communication.[330] En 1926, LMS est élu président de l'association et réélu à ce poste en 1948.[331] LSL les rejoint en 1930. Membre fondateur de l'association restructurée, il est responsable du comité des comptes et des affaires courantes, membre du comité de surveillance, puis du comité exécutif.[332] Il reste un membre actif de l'asso-

---

323 *SB*, 17 février, 2 juillet 1934 ; *CP*, 19 février, 28 mai, 17 août 1934.

324 *SB*, 20 juin 1926 ; *SB*, 1er août 1930 ; *CP*, 1er août 1930.

325 *SB*, 17 février, 2 juillet, 16 août 1934 ; *CP*, 19 février, 28 mai, 17 août 1934.

326 *CP*, 1er août 1930 ; *SB*, 1er août 1930.

327 Qihua Tobacco Company (Zhongguo Qihua yancao gongsi) (*SB*, 26 novembre 1925), Zhongnan (Zhongnan yan gongsi) (*SB*, 8 septembre 1928), Hexing (Henxing yan gongsi) (*SB*, 15 novembre 1929), Qunlun (Zhongguo Qunlun yan gongsi) (*SB*, 12 mars 1929), Huashang Meili (Huashang meili yan gongsi) (*SB*, 16 avril 1929), Dadongnan (Dadongnan yan gongsi) (*SB*, 27 août 1929) et Fuxin Tobacco Company (Fuxin yan gongsi) (*SB*, 30 novembre 1934), pour ne citer que les plus importantes.

328 *SB*, 27 juin 1921, 1er juillet 1922, 24 novembre 1923.

329 *SB*, 15 octobre 1929, 10 juin 1930.

330 *SB*, 12 août 1934.

331 *SB*, 18 mai 1926 ; 20 septembre 1948.

332 *SB*, 15 octobre 1929, 1er et 10 juin 1930, 12 août 1934.

ciation réorganisée après la guerre (Shanghai guangao shangye gonghui), dont il devient directeur général en 1948.[333]

Des entrepreneurs engagés

Au-delà de leurs intérêts professionnels, les associés de Lianhe placent leurs ressources au service de la société chinoise. Emblématique du « paternalisme éclairé »[334] qui anime la nouvelle classe d'industriels sous la République, leur action philanthropique s'oriente dans quatre directions principales : l'aide aux victimes des catastrophes climatiques à partir des années 1920, l'enfance et la santé à partir des années 1930, la défense nationale et l'aide aux réfugiés pendant la guerre sino-japonaise, la reconstruction et l'éducation après la guerre.

Dès les années 1920, les futurs associés portent secours aux populations sinistrées dans plusieurs provinces frappées par des catastrophes récurrentes (inondations, sécheresses), en organisant des appels au bénévolat et des levées de fonds par l'intermédiaire de loteries, d'expositions et de bals de charité. A partir de 1930, l'aide apportée prend également la forme de dons directs au nom du groupe Lianhe ou de ses membres individuels.[335] En 1936, LMS s'investit personnellement dans le comité de secours aux victimes des inondations du fleuve Yangzi (Yangzi zhenwu guwen weiyuanhui), placé sous l'égide de la China International Famine Relief Commission (CIFRC) (Huayang yizhen zonghui).[336]

Après l'invasion de la Mandchourie par le Japon en septembre 1931, ZYN, YJW et LSL s'engagent plus résolument au service de la défense nationale. Sous leur impulsion, l'association des publicitaires chinois créé un comité spécial de résistance. En mars 1933, les trois associés rejoignent le mouvement de défense aérienne (Huangkong jiuguo yundong) et en décembre 1936, ZYN organise une collecte de masques à gaz pour renforcer l'équipement des troupes chinoises.[337]

333 *SB*, 10 juin 1946, 3 octobre 1948.

334 Wen-Hsin Yeh, *Shanghai Splendor : Economic Sentiments and the Making of Modern China, 1843–1949* (Berkeley : University of California Press, 2007).

335 Parmi les principales catastrophes, les inondations de 1931 résultant des crues exceptionnelles du fleuve Yangzi et de la rivière Huai ont durement touché les provinces de l'Anhui, Hubei, Hunan, Jiangsu, Jianxi et Zhejiang (*SB*, 21 août 1931, 14 septembre 1931, 17 septembre 1931). D'autres inondations se produisent dans les années 1920–1930 (*SB*, 5 septembre 1922, 1er janvier 1923, 19 janvier 1929). Les publicitaires se mobilisent aussi face aux graves sécheresses et aux famines consécutives qui frappent la région du Shaanxi entre 1928 et 1930 (*SB*, 23 juillet 1935).

336 *SB*, 1er janvier, 25 avril 1936 ; 6, 19 février, 15 mars, 20 juin 1937.

337 *SB*, 18 mars 1933 ; *SB*, 4 décembre 1936.

Face à l'afflux massif de réfugiés pendant la guerre sino-japonaise, les publicitaires apportent leur soutien à l'association des réfugiés de Shanghai (Shanghai jiuji nanmin xiehui) par l'intermédiaire de dons directs et de levées de fonds.[338] Soucieux d'apporter une solution durable au problème des réfugiés, LMS conçoit un plan de relogement à grande échelle basé sur l'allocation de terres vierges dans la province du Jiangxi. Dévoilé en 1938, ce plan a plusieurs objectifs : permettre aux réfugiés de subvenir eux-mêmes à leurs besoins, mettre en valeur la région peu développée du Jiangxi et soulager les organisations caritatives en permettant aux travailleurs sociaux d'orienter leurs efforts vers d'autres secteurs d'intervention. LMS s'appuie largement sur les ressources de Lianhe pour faire la promotion de son projet, qui reste cependant dans les cartons.[339]

Les associés sont également très actifs dans le secteur de la santé, en finançant la construction de plusieurs hôpitaux à Shanghai, notamment la clinique de Hongkew (Hongkou bo'ai yiyuan), un hôpital pour les ouvriers (Shanghai laogong yiyuan), un hôpital pour enfants (Shanghai nantong yiyuan) et la maternité de Zhabei (Lianqing ertong shi zhensuo), ouverte à l'initiative de Lu Meiseng et du Y's Men Club.[340] Particulièrement dévoués à l'enfance, plusieurs associés apportent leur soutien à la Chinese Children Welfare Society (Zhonghua ciyou xiehui) et parrainent la construction d'un village pour enfants (Shanghai shaonian cun).[341] À ce titre, LMS est invité à siéger au comité pour l'enfance (Children Relief Fund) placée sous l'égide de la United Nations Relief and Rehabilitation Administration (UNRRA).[342] Inquiets face à la recrudescence des épidémies, en particulier le choléra, ZYN et YJW financent la rénovation d'un hôpital spécialisé dans le traitement des maladies infectieuses, le Chinese Infectious Disease Hospital (Shanghai shiyi yiyuan), établi au début du siècle par de riches entrepreneurs chinois.[343] De leur côté, LMS et LSL

338 Entre l'été et la fin de l'année 1937, plus d'un million de réfugiés affluent dans les concessions étrangères. Près de 200 camps de réfugiés sont établis à Shanghai, souvent dans des conditions précaires. Christian Henriot, « Shanghai and the Experience of War : The Fate of Refugees », *European Journal of East Asian Studies* 5, n° 2 (2006) : 215-45. *SB*, 29 octobre 1938, 24 février 1945. *SB*, 29 octobre 1938, 24 février 1945.

339 *CP*, 12 et 13 janvier, 18 février 1938.

340 *SB*, 6 novembre 1932, 12 juillet 1939 ; *SB*, 27 février 1933 ; *SB*, 9 novembre 1931; *CP*, 12 janvier 1930, 16 avril 1933, 14 juillet 1935.

341 *CP*, 8 mai 1936 ; *SB* 24 octobre 1940, 18 décembre 1941, 19 juin 1942, 14 avril 1946.

342 *SB*, 3 avril 1948.

343 *SB*, 11 septembre 1933, 12 juillet 1939, 28 juillet 1942. Établi au début du XXe siècle par de riches entrepreneurs chinois, le Chinese Infectious Disease Hospital (CIDH) était initialement un hôpital saisonnier traitant les maladies gastro-intestinales. Dans les années 1930, il prend de l'ampleur et devient l'un des hôpitaux de Shanghai les mieux équipés, en particulier pour le traitement du choléra. A ce sujet, voir Chieko Nakajima, *Body, Society, and Nation : The Creation of*

s'investissent dans la lutte contre la lèpre (Zhonghua mafeng jiuji hui) et la tuberculose (Zhongguo laoyiyuan).[344] Pour sensibiliser les esprits et réformer les pratiques, l'agence Lianhe et le journal *Shenbao* organisent conjointement des campagnes d'éducation à l'hygiène, comme celle orientée vers l'éradication du crachat dans l'espace public pendant l'hiver 1947.[345]

A la fin de la guerre, leurs efforts se portent vers la reconstruction nationale et le mécénat culturel. Entre 1942 et 1947, les associés parrainent plusieurs bourses d'études, dont celle financée par le journal *Shenbao* (Shenbao zhuxuejin) et l'université de Nantong, un prix de recherche en sciences naturelles, également organisé par le Shenbao (Shenbao kexue jiangjin), et plusieurs prix littéraires.[346] Jouant de ses relations dans le secteur, LSL œuvre à la mise en place de bourses d'études financées par les industriels du tabac, notamment la compagnie Fuxin Tobacco (Fuxin yan gongsi).[347] Entre 1947 et 1947, le publicitaire parraine également la création d'un société savante (Kongsheng xuehui) et d'un fonds national pour l'éducation et la culture (Guocui yijiao choumu jijin).[348]

Après la guerre, ZYN et YJW soutiennent la candidature malheureuse de LMS aux élections législatives de 1948. Sans couleur politique, le candidat indépendant présente un programme libéral. Défait par les Nationalistes, il s'estime victime d'une fraude électorale et entame sans succès des poursuites judiciaires.[349] La conscience politique de LMS n'est pas sans antécédents. Etudiant à Pékin pendant le mouvement du 4 mai 1919, il participe en tant que délégué des étudiants de Qinghua à la grande conférence organisée à Shanghai par la Fédération nationale des étudiants (Quanguo xuesheng lianhe hui), qui aboutit à la rédaction d'un manifeste étudiant contre « l'humiliation » de Versailles.[350]

Public Health and Urban Culture in Shanghai (Cambridge : Harvard university Asia center : Harvard University Press, 2018), 51–58.

344 *SB*, 21 avril 1934, 16 avril et 15 novembre 1941, 28 juillet 1942, 22 juin 1947, 31 janvier 1948. Parmi les maladies infectieuses, la tuberculose est la première cause de mortalité dans la population chinoise (près de 45000 victimes dans la première moitié du XXe siècle). Le choléra arrive en troisième position (plus de 8500 victimes). Christian Henriot, Lu Shi, et Charlotte Aubrun, *The Population of Shanghai (1865–1953) : A Sourcebook*, Brill (Leiden ; Boston, 2019), 36–38.

345 *SB*, 7 novembre, 25 décembre 1947.

346 *SB*, 2 octobre 1946, 1er octobre 1947, 10 janvier 1948 ; *SB*, 2 juin 1942, 3 mai 1944, 19 septembre 1947. ; *SB*, 21 juin 1942, 24 juillet 1942, 8 avril 1944, 12 mars 1945, 30 septembre 1947.

347 *SB*, 26 septembre 1947.

348 *SB*, 1er mai 1947, 14 mai 1948.

349 *SB*, 6 et 27 janvier, 4, 6, 15 et 29 février 1948.

350 *SB*, 15 mai, 27 juin, 29 juillet, 27 août 1919.

Employés ordinaires et femmes de publicité

En dehors des personnalités et des *tycoons*, on sait peu de choses des employés ordinaires. Combien d'anonymes œuvrent dans l'ombre de l'élite managériale et artistique – intermédiaires, employés subalternes, ouvriers plus ou moins qualifiés, *coolies* chargés de corvées multiples et variées ? Les sources sont avares à leur sujet. C'est entre leurs lignes que logent ces « sans-papiers » de l'histoire. Crow s'émerveille devant les typographes chinois maniant avec virtuosité les caractères d'imprimerie latins alors même qu'ils n'en saisissent pas le sens.[351] Ces voix que rien ne destinait à sortir du silence percent parfois dans la presse locale au hasard d'un délit ou d'une revendication salariale. On les auditionne comme témoins ou coupables lors des procès opposant patrons et employés. En 1935, deux *salesmen* accusés de fraude par Millington échappent de peu à la prison en raison de leur jeune âge.[352] Un mois plus tard, ce sont deux *coolies* qui sont appelés à témoigner à l'occasion du vol d'une machine à écrire dans la même agence.[353]

La publicité reste une profession largement masculine. Les femmes qui se distinguent ont des compétences remarquables et se voient confier d'importantes responsabilités, mais leur activité professionnelle ne dure que le temps du célibat. La carrière de Miss Crystal Hut, par exemple, *business manager* chez Carl Crow, prend fin après son mariage avec un certain George V. Monk.[354]

Née à Melbourne en 1895, Elma Kelly joue un rôle crucial dans le redressement de l'agence Millington après la crise de 1934. C'est d'ailleurs sous sa direction que la branche de Hong Kong connaît la période la plus prospère de son histoire.[355] Titulaire d'un diplôme scientifique de l'université de Melbourne, elle travaille d'abord pour Millington à Shanghai, avant d'être mutée à Hong Kong en 1935. Renonçant à la vie matrimoniale, elle poursuit sa carrière après la guerre sino-japonaise. Libérée en août 1945, elle se rend à Londres à la recherche d'un amant qu'elle ne retrouve pas. De retour à Hong Kong, elle fonde sa propre entreprise, spécialisée dans l'édition et la publicité, Cathay Advertising, Limited, qu'elle dirige jusqu'à sa retraite en 1973. Elle décède à la fin de l'année 1976, à l'âge de 81 ans.[356]

351 Crow, *178.*

352 « Two advertising salesmen are fined by court. Millington's employees escape jail because of their youth », China Press, 5 septembre 1935.

353 « Shanghai Law Reports : H.M. Police Court. Theft of a typewriter », *NCH*, 20 novembre 1935.

354 *CWR*, 10 août 1929; *CWR*, 13 septembre 1930.

355 *NCH*, 15 mai 1938, 22 avril 1939.

356 A propos d'Elma Kelly, voir Jacqueline Dickenson, *Australian Women in Advertising in the Twentieth Century*, 2015, 39–53.

La trajectoire de Dora Carney, une autre employée de Millington, peut être reconstituée sommairement grâce au *curriculum vitae* qu'elle adresse au SMC en 1941. Preuve que la publicité constitue désormais une profession à part entière, Dora Carney insiste sur le fait qu'elle n'est pas une simple artiste commerciale (commercial artist) mais une experte en publicité (advertising specialist). D'origine canadienne, elle a travaillé pendant dix ans dans la presse et la radio avant d'être recrutée chez Millington. Elle supervise notamment les campagnes de la Shanghai Power Company, la Shanghai Telephone Company et la Cathay Laundry. Ses compétences incluent l'affichage, la typographie, la composition, la rédaction d'articles de magazines et la programmation radiophonique. Outre l'anglais et le chinois, elle maîtrise également le russe et le japonais. Comme bien d'autres femmes, elle a dû démissionner pour honorer ses devoirs de mère et d'épouse. C'est la conjoncture critique pendant la guerre sino-japonaise qui la pousse à reprendre un emploi.[357]

Ce que suggère ces miettes biographiques, c'est que les femmes de publicité étaient loin d'occuper des fonctions auxiliaires. Comment sont-elles venues à la profession publicitaire ? Comment s'organisent leur travail et leur vie quotidienne ? Quelles relations entretiennent-elles avec le personnel masculin éventuellement placé sous leur direction ? En dehors des expatriées présentées plus haut, des femmes chinoises ont-elles fait carrière dans la publicité ? Faute de sources, ces interrogations restent à ce jour sans réponses.

Conclusion

Cette série de portraits montre qu'il n'y a pas de voie toute tracée pour devenir publicitaire. Alors que les pionniers ont fait leurs premières armes dans la presse et le journalisme, les plus jeunes nés après 1895 ont eu l'opportunité de suivre des formations spécialisées dans les universités et les nouvelles écoles de commerce. Avant de s'établir à leur propre compte, Lin Zhenbin et Lu Meiseng ont acquis de l'expérience en travaillant pour des agences new-yorkaises. Ces jeunes Chinois éduqués aux États-Unis (*liumei*) jouent un rôle crucial dans l'introduction des méthodes américaines en Chine. Par leurs écrits et leurs enseignements, ils mettent les connaissances acquises de première main pendant leurs études à l'étranger au service de la professionnalisation de leur activité.

Les entreprises collectives (Millington, Lianhe) puisent leur force dans le grand capitalisme industriel et financier qui prospère dans les ports ouverts

357 « Advertising Services Offered by Mrs. Carney, PHD Publicity – Propositions from Advertising Agents », SMA (SMC), U1-4–246 (1939).

entre la première guerre de l'opium (1839–1842) et la révolution communiste (1949). Avoir un pied dans les milieux capitalistes facilite la conquête des marchés. Eux-même entrepreneurs, les publicitaires sont dans une position privilégiée pour convaincre d'autres annonceurs de la nécessité de recourir à la publicité. A l'image des « marchands politiques » (zhengshang) étudiés par l'historien Feng Xiaocai, les publicitaires mêlent fréquemment la politique aux affaires, sans nécessairement embrasser la ligne nationaliste définie par le Guomindang.[358] Pour la plupart, l'engagement nationaliste est une stratégie entrepreneuriale autant qu'une conviction politique, qui peut être accommodée avec le fait de travailler pour des multinationales et d'échanger avec des professionnels étrangers. Alors que les vétérans participent activement à la guerre de résistance antijaponaise, la jeune génération formée aux États-Unis adopte des formes d'engagement plus pacifiques et plus conventionnelles, passant notamment par des fonctions électives au sein d'institutions nationales ou internationales. Les publicitaires vernaculaires se distinguent aussi par leur activisme philanthropique en faveur des enfants, des réfugiés de guerre et des victimes des crises humanitaires récurrentes pendant la période républicaine. Si leur engagement s'inscrit dans la continuité de celui des élites locales depuis la fin de l'empire, il puise aussi dans la nouvelle éthique de service au public qui cimente les milieux professionnels d'inspiration américaine.[359]

Mobiles et polyvalents, les publicitaires incarnent la nouvelle classe d'entrepreneurs culturels qui s'affirme sous la République, naviguant entre la presse, l'industrie, la philanthropie, les arts et l'université. Mobiles, ils le sont aussi géographiquement. Les jeunes Crow et Millington sont des esprits aventuriers attirés par l'Orient. A partir de 1908, la rémission de l'indemnité des Boxeurs permet à Lin Zhenbin et Lu Meiseng de partir étudier aux États-Unis. Une fois établis, les publicitaires continuent à voyager tout au long de leur vie, pour nouer de nouveaux contacts et se tenir informés des dernières avancées du domaine. Leurs carrières sont façonnées par la conjoncture mouvementée qui agite la jeune République. Les guerres ont une incidence particulière sur leur vie. Alors que la Première Guerre mondiale installe Carl Crow et Francis Millington à Shanghai, la deuxième les en chasse. La guerre sino-japonaise fournit à Lianhe l'occasion de démontrer ses capacités de mobilisation nationale. Tandis que la guerre de 1937–1945 met à un terme à la carrière des expatriés en Chine, c'est la prise de pouvoir par les Communistes en 1949 qui interrompt ou déplace celle des publicitaires vernaculaires. Ceux qui, comme Lin Zhenbin, ont posé des bases solides outremer, parviennent à poursuivent leurs affaires à Hong Kong et aux

358 Feng, Xiaocai, *Zhengshang Zhongguo : Yu Qiaqing yu ta de shidai* (Les marchands politiques en Chine : Yu Qiaqing et son temps) (Beijing : Shehui kexue wenxian chubanshe, 2013).
359 Armand, « Foreign Clubs with Chinese Flavor : The Rotary Club of Shanghai and the Politics of Language ».

États-Unis. Alors que la révolution communiste réoriente la carrière de Lin Zhenbin, les nationalisations conduites en République Populaire dans les années 1950 finissent par emporter l'agence Lianhe. Entre les deux guerres, le grand « âge d'or » de l'industrie chinoise ouvre aux publicitaires des débouchés inespérés, donnant à la publicité l'occasion de changer d'échelle et de devenir une industrie à part entière.[360]

360 Bergère, *L'âge d'or de la bourgeoisie chinoise, 1911–1937.*

Deuxième partie : **A la conquête des marchés**

Chapitre 4
L'essor des biens de consommation

Que vendent les publicités ? Comme l'a souligné l'introduction, les travaux précédents ont eu tendance à se focaliser sur des produits spécifiques, principalement les cigarettes et les médicaments.[361] Certains ont entrepris de dresser un inventaire plus détaillé de l'offre publicitaire, mais sans rendre vraiment compte de l'importance relative des différents produits, de leur évolution au cours du temps, ni de la manière dont ils s'articulent dans les espaces publicitaires.[362] En s'appuyant sur le journal chinois *Shenbao*, cette recherche constitue la première analyse systématique et longitudinale des produits vendus dans la presse chinoise. Fondé en 1872 par un entrepreneur britannique, Ernest Major (1841–1908), le *Shenbao* devient l'un des principaux quotidiens nationaux sous la direction du grand homme de presse Shi Liangcai (1880–1934), qui en prend le contrôle en 1912. Bien qu'imprimé à Shanghai, le journal est distribué dans toute la Chine. Atteignant le record national de 150 000 exemplaires distribués chaque jour dans les années 1930, le journal perdure jusqu'à sa confiscation par les forces communistes au mois de mai 1949.[363]

---

361 Concernant les médicaments, voir l'étude pionnière de Huang Kewu, « Cong Shenbao yiyao guanggao kan minchu Shanghai de yiliao wenhua yu shehui shenghuo (1912~1926) (La culture médicale et la vie sociale à travers les publicités du Shenbao, 1912–1926) », *Zhongyang yanjiu yuan Jindai shi yanjiu suo jikan* 17 (1988) : 141–194. Parmi les travaux plus récents, voir : Eugenia Lean, « The Modern Elixir : Medicine as a Consumer Item in the Early Twentieth-Century Chinese Press », *UCLA Historical Journal* 15 (1995) : 65–92. Concernant les cigarettes, voir par exemple : Tani Barlow, « Advertising Ephemera and the Angel of History », *Positions : East Asia Cultures Critique* 20, n° 1 (2012) : 111–158 ; Ulrike Büchsel, « Lifestyles, Gender Roles and Nationalism in the Representation of Women in Cigarette Advertisements from the Republican Period » (Thèse de doctorat, Heidelberg, 2009) ; David Embrey Fraser, « Smoking out the Enemy : The National Goods Movement and the Advertising of Nationalism in China, 1880–1937 » (Thèse de doctorat, Berkeley, University of California, 1999) ; Sherman Cochran, *Big Business in China : Sino-Foreign Rivalry in the Cigarette Industry, 1890–1930* (Cambridge, Mass. ; London : Harvard University Press, 1980).

362 Barbara Mittler, « Imagined Communities Divided : Reading Visual Regimes in Shanghai's Newspaper Advertising (1860s–1910s) », in *Visualising China, 1845–1965 : Moving and Still Images in Historical Narratives*, éd. par Christian Henriot et Wen-hsin Yeh (Leiden : Brill, 2013), 267–378 ; Weipin Tsai, *Reading Shenbao : Nationalism, Consumerism and Individuality in China, 1919–37* (Houndmills, Basingstoke : Palgrave Macmillan, 2008) ; Wang Runian, *Yuwang de xiangxiang : 1920–1930 niandai « Shenbao » guanggao de wenhua shi yanjiu* (L'imaginaire du désir : une étude d'histoire culturelle des publicités dans le Shenbao dans les années 1920–1930) (Shanghai : Shanghai renmin chubanshe, 2007).

363 Le dernier numéro paraît le 27 mai 1949. Le *Shenbao* a fait l'objet d'une abondante littérature. Voir notamment : Terry Narramore, « Making the News in Shanghai : Shen Bao and the Politics of Newspaper Journalism, 1912–1937 » (Thèse de doctorat, Australian National University,

https://doi.org/10.1515/9783111336343-005

Pendant toute son existence, les élites intellectuelles, économiques et politiques constituent le cœur de son lectorat, renforcé sous la République par la classe moyenne montante des *petty urbanites*.[364] Cinq échantillons ont été constitués pour cette étude, correspondant à cinq périodes clés dans l'histoire de la publicité chinoise : 1914, 1924, 1934, 1941, 1949. Pour chaque échantillon, nous avons épluché tous les numéros de la première semaine de janvier, ou février lorsque le mois de janvier n'était pas disponible, comme en 1941. Cet échantillonnage s'est avéré suffisant car les publicités sont très répétitives d'un jour sur l'autre. En parallèle, nous avons comparé la nature des publicités dans la presse étrangère à partir du jounal britannique *North China Daily News*, journal de référence pour la communauté anglophone en Chine, et dans les rues de Shanghai à partir des archives municipales et des photographies conservées.[365]

Ce chapitre se compose de trois grandes parties. La première met en évidence la domination initiale des médicaments dans la presse et des cigarettes dans la publicité extérieure. La deuxième partie montre comment, à partir des années 1920, ces deux produits sont progressivement détrônés par de nouveaux biens de consommation.[366] Enfin, la dernière section analyse les transformations que subissent les différents produits à l'intérieur de chaque secteur, aussi bien dans leur matérialité que dans leurs usages.

1989) ; Rudolf G. Wagner, « The Role of the Foreign Community in the Chinese Public Sphere », *The China Quarterly*, n° 142 (juin 1995) : 423–443 ; Barbara Mittler, *A newspaper for China? Power, identity, and change in Shanghai's news media, 1872–1912* (Cambridge : Harvard University Press, 2004) ; Liu Li, *Zhongguo jindai baoye caifang shilun : yi shenbao wei zhongxin de kaocha* (Histoire des interviews dans les journaux en Chine moderne : une enquête centrée sur le *Shenbao*) (Hefei : Anhui daxue chubanshe, 2014) ; Song Shuqiang, Yin Zhaolu, et Zhao Feifei, éd., *« Shenbao » baodao yu pinglun* (Enquêtes et commentaires dans le *Shenbao*) (Nanjing : Nanjing daxue chubanshe, 2019).

364 Le terme de *petty urbanites* est emprunté à l'historienne Yeh Wen-Hsin, qui l'emploie pour désigner la classe émergente des employés de bureau à Shanghai : Yeh, *Shanghai Splendor*, 129–151.

365 Le jeu de données sur lequel s'appuie cette étude est disponible en ligne : https://madspace.org/cooked/Tables?ID=111

366 Les biens de consommation sont ici définis comme « l'ensemble des produits susceptibles d'être achetés par des particuliers, qu'ils soient de consommation immédiate (alimentaires), semi-durable (habillement, chaussures, etc.) ou durable (meubles, automobiles, etc.) », par opposition aux « biens d'équipement qui recouvrent des activités de production de biens durables servant principalement à produire d'autres biens » et aux « industries des biens intermédiaires qui recouvrent des activités qui produisent des biens le plus souvent destinés à être réincorporés dans d'autres biens ou qui sont détruits par leur utilisation pour produire d'autres biens. » Cette définition est empruntée à Sabine Effosse, Hervé Joly, et Marc de Ferrière Le Vayer, éd., *Les entreprises de biens de consommation sous l'Occupation*, trad. par Arlerte Stroumza, Perspectives Historiques (Tours : Presses universitaires François-Rabelais, 2013), 2.

Au commencement, la domination des médicaments et des cigarettes

Avant la Première Guerre mondiale, deux produits majeurs dominent la publicité chinoise, chacun dans son espace : les médicaments dans les journaux et les cigarettes dans les espaces extérieurs. D'après les observateurs contemporains, la domination des publicités médicales est l'héritage direct des annonces de « charlatans », qui ont été les premiers à investir la presse au début du XIXe siècle. Jugés responsables du discrédit qui pèse sur la publicité, les vendeurs de médicaments patentés (patent medicines) ont néanmoins fortement contribué au développement de la presse moderne, en devenant une source importante de revenus pour les journaux.[367] Dans le *Shenbao*, l'emprise des médicaments se traduit par le nombre important de publicités qui leur est consacré, par la surface qu'ils occupent et par leur ubiquité dans le journal. L'édition de 1914 comporte 87 publicités médicales, soit 40% du nombre total de publicités, couvrant 22% de la surface totale du journal et près de la moitié de l'espace publicitaire (7.251 cm^2, 40%). Aucune page ou presque ne leur échappe. Les médicaments sont représentés de la première à la dernière page, particulièrement convoitée car elle est supposée rester gravée dans la mémoire du lecteur.[368] Dans les années 1920, les médicaments restent très présents dans le *Shenbao* mais ils sont concurrencés par d'autres produits. Bien que leur nombre augmente légèrement (89 publicités), leur proportion décroît : ils ne représentent plus que 30% de l'ensemble des publicités. Alors que leur territoire s'étend (8.417 cm^2), ils ne couvrent plus 20% de la surface publicitaire totale et 13% de l'espace du journal.

Alors que les médicaments s'imposent dans la presse, l'industrie du tabac règne sur les espaces extérieurs. Certains professionnels expliquent cette distribution par le profil sociologique des fumeurs : les *coolies* représentent un marché important pour les fabricants de cigarettes, qui voient dans la publicité extérieure le meilleur moyen de les atteindre compte tenu de leur faible niveau d'éducation.[369] Avant la Première Guerre mondiale, le Shanghai Municipal Council recense une cinquantaine de panneaux affichant des cigarettes, soit 28% des publicités de la Concession internationale.[370] Leur dissémination à travers la ville renforce leur emprise et le sentiment de leur ubiquité. Les panneaux s'égrènent le long des grands axes de circulation qui maillent le quartier central de la Concession internationale (Kiangse, Foochow Road), s'étendant jusqu'à l'ouest du champ de courses (Bubbling Well) et

---

367 Bacon, 765 ; Hollington Tong, 30.

368 Wu Tiesheng et Zhu Shengyu, *Guanggaoxue* (La science publicitaire) (Shanghai : Zhonghua shuju, 1946), 59–64.

369 Bacon, 765.

370 SMA (SMC), U1-14-3267.

au nord de la crique de Soochow (Suzhou). A la fin des années 1920, l'ensemble des dépenses publicitaires qui leur sont consacrées en Chine dépasse le million de dollars, soit près de 40% du budget total investi dans la publicité extérieure.[371]

Après la guerre, la diarchie des cigarettes et des médicaments s'érode progressivement. Concurrencés par de nouveaux biens de consommation, les deux secteurs pionniers commencent à investir d'autres supports. Peu représentées dans le *Shenbao* en 1914 (une seule publicité), les cigarettes progressent dans les années 1920. L'édition de 1924 comporte sept publicités (2%), dispersées sur l'ensemble du journal et couvrant 5% de l'espace publicitaire total. A la fin des années 1920, l'industrie du tabac occupe la deuxième position derrière les médicaments, mais s'essoufle pendant la guerre sino-japonaise. En 1941, le journal n'affiche que deux publicités pour des cigarettes, couvrant 5% de l'espace. Le secteur se redresse après la guerre : en janvier 1949, sept publicités (3%) occupent 15% de la surface publicitaire. La progression des médicaments à l'extérieur est plus difficile à mesurer. Avant la Première Guerre mondiale, les photographies et les récits de voyageurs signalent l'importance des enseignes de pharmacie dans les rues de Shanghai.[372] Au sortir de la guerre, le SMC relève une douzaine d'enseignes médicales en infraction, qui ne représentent qu'une infime partie des pharmacies en activité. Pendant la guerre sino-japonaise, une cinquantaine de publicités médicales sont enregistrées dans les archives de la Concession internationale. L'augmentation observée traduit certainement une plus grande rigueur dans les contrôles. Outre les enseignes de pharmacies et d'établissements de bain, qui privilégient les artères commerciales du centre (l'avenue Joffre et la rue du Consulat dans la Concession française, Nanking Road et Foochow Road dans la Concession internationale), une trentaine de panneaux aux dimensions imposantes viennent se greffer aux intersections les plus importantes, manifestant la montée en puissance de l'industrie pharmaceutique chinoise.

L'enrichissement de l'offre dans les années 1920

Dans la presse, la domination des médicaments régresse

Pionniers dans la presse, les médicaments doivent progressivement céder place à d'autres produits [Figure 9]. Dès 1914, ils sont talonnés par les services financiers

371 Bacon, 756, 765.

372 J.D. Clark, *Sketches in and around Shanghai* (Shanghai : Shanghai Mercury and Celestial Empire Offices, 1894), 80-88.

(banques, assurances), les cigarettes, les divertissements (théâtre, cinéma) et les objets culturels (livres, magazines).[373] Viennent ensuite l'énergie (gaz, électricité), les transports, l'industrie lourde et la culture des apparences (vêtements, maquillage).[374] Cette distribution se maintient dans les années 1920. Le secteur financier

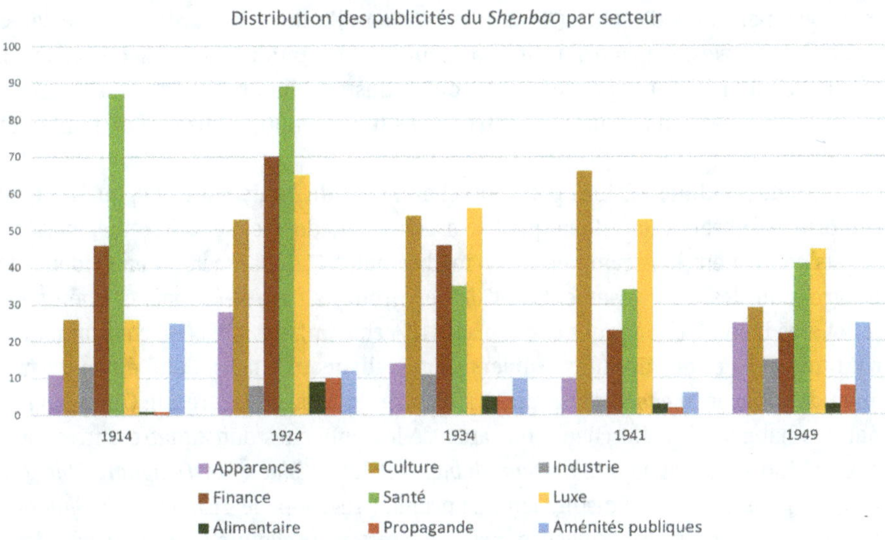

Figure 9: Distribution des publicités par secteur dans le *Shenbao*, exprimée en nombre de publicités par jour, à partir des cinq échantillons suivants : 7 janvier 1914, 3 janvier 1924, 5 janvier 1934, 1er février 1941, 1er janvier 1949. **Légende : Apparences** : cosmétiques, vêtements, accessoires, décoration intérieure. **Culture** : livres, périodiques, musique, photo, matériel de bureau. **Industrie** : construction, industrie chimique, pétrolière, automobile, appareils électriques. **Finance** : banque, assurance, immobilier, commerce, avocats. **Santé** : médicaments, produits d'hygiène. **Luxe** : cigarettes, spiritueux, divertissements. **Alimentaire** : aliments et boissons non alcoolisées. **Propagande** : annonces municipales, associations caritatives. **Aménités publiques** : gaz et électricité, transports, communications.

373 Concernant le développement du cinéma à Shanghai, voir : Anne Kerlan-Stephens et Christian Delage, *Hollywood à Shanghai : l'épopée des studios Lianhua, 1930–1948* (Rennes : Presses universitaires de Rennes, 2015). L'historienne Jiang Jin a constitué une base de données spécialement consacrée aux publicités pour divertissements. A ce sujet, voir : Christian Henriot, « Ershi Shiji Shanghai Baokan Yuleban Guanggao Shujuku (1907–1966) », Billet, *Blog Virtual Shanghai* (blog), https://virtualshanghai.hypotheses.org/1125 (consulté le 18 juillet 2022).

374 Inspirée de l'historien Daniel Roche, la notion de « culture des apparences » englobe ici tous les produits qui contribuent à l'embellissement du corps (maquillage, vêtements, parures, chaussures, bijoux et autres accessoires) et à la décoration de l'espace domestique (mobilier, œuvres d'art et autres objets décoratifs). Roche, Daniel. *La culture des apparences : une histoire du vêtement, XVIIe–XVIIIe siècles*. Paris : Fayard, 1989

reste en tête (70 publicités, 20% de la population et 10% de l'espace), tandis que les cigarettes et les divertissements renforcent leur présence (20% des publicités, un tiers de l'espace). La culture des apparences fait une percée spectaculaire avec une trentaine de publicités (10%) couvrant 10% de l'espace. Les objets culturels progressent plus lentement (une cinquantaine de publicités, soit 10% du total) mais occupent plus d'espace (18%). Inversement, l'industrie lourde et les services urbains (énergies, transports) sont en recul (2% des publicités et 3% de l'espace), tandis que de nouveaux produits issus de l'industrie alimentaire, comme le cacao, les biscuits et les sodas, font leur entrée dans le journal (une dizaine de publicités en 1924).

L'étude conduite en 1923 par deux chercheurs de l'université Qinghua à Pékin conforte ces observations. Bien que la classification adoptée soit différente, leurs résultats confirment la prééminence des médicaments (27%) et mettent en évidence la progression des divertissements (14%), des produits de luxe (tabac, cosmétiques) (13%), des biens économiques et culturels (11% chacun), des biens de consommation courante (6%) et des produits « divers » (miscellaneous) (18%). Cette étude permet aussi de situer le *Shenbao* par rapport à d'autres journaux [Figure 10]. Outre le journal de Shanghai, les chercheurs ont analysé les publicités dans quatre autres journaux chinois : *Chenbao* et *Shuntian Shibao* à Pékin, *Yishibao* et *Dongfang Shibao* à Tianjin. Trois groupes se distinguent. Le premier regroupe le *Yishibao* et le *Shuntian Shibao* dans lesquels les publicités médicales restent prédominantes. Dans ces deux journaux, les médicaments occupent en effet la moitié de l'espace, suivis par les biens économiques (22%), les divertissements (9,4%), les produits de première nécessité (5,8%), les produits de luxe, (2,8%) et les biens éducatifs (2,2%). Le *Dongfang Shibao* est celui qui se rapproche le plus de la presse étrangère. Les publicités médicales sont réduites à la portion congrue (4%), tandis que les biens économiques sont surreprésentés (40%). Viennent ensuite les biens de consommation courante (15%), les produits de luxe (12%), les divertissements (5%) et les services éducatifs (5%). Le troisième groupe, représenté par le *Shenbao* et le *Chenbao*, présente un profil intermédiaire. L'emprise des médicaments est plus marquée que dans le *Dongfang Shibao* mais plus faible que dans le *Yishibao* (un quart au maximum). Le secteur éducatif arrive en deuxième position (17%), suivie par les biens économiques (14%), les divertissements (13%) et les produits de luxe (10%).[375] Ces différences reflètent en partie l'histoire des journaux et le profil de leur lectorat. La persistance des publicités médicales dans le *Yishibao* (Social Welfare), un journal fondé en 1915 par des missionnaires catholiques, traduit les préoccupations so-

375 « An Analytical Study of Advertisements in Chinese Newspapers », *Chinese Economic Monthly* 3, n° 4 (avril 1926) : 139–143.

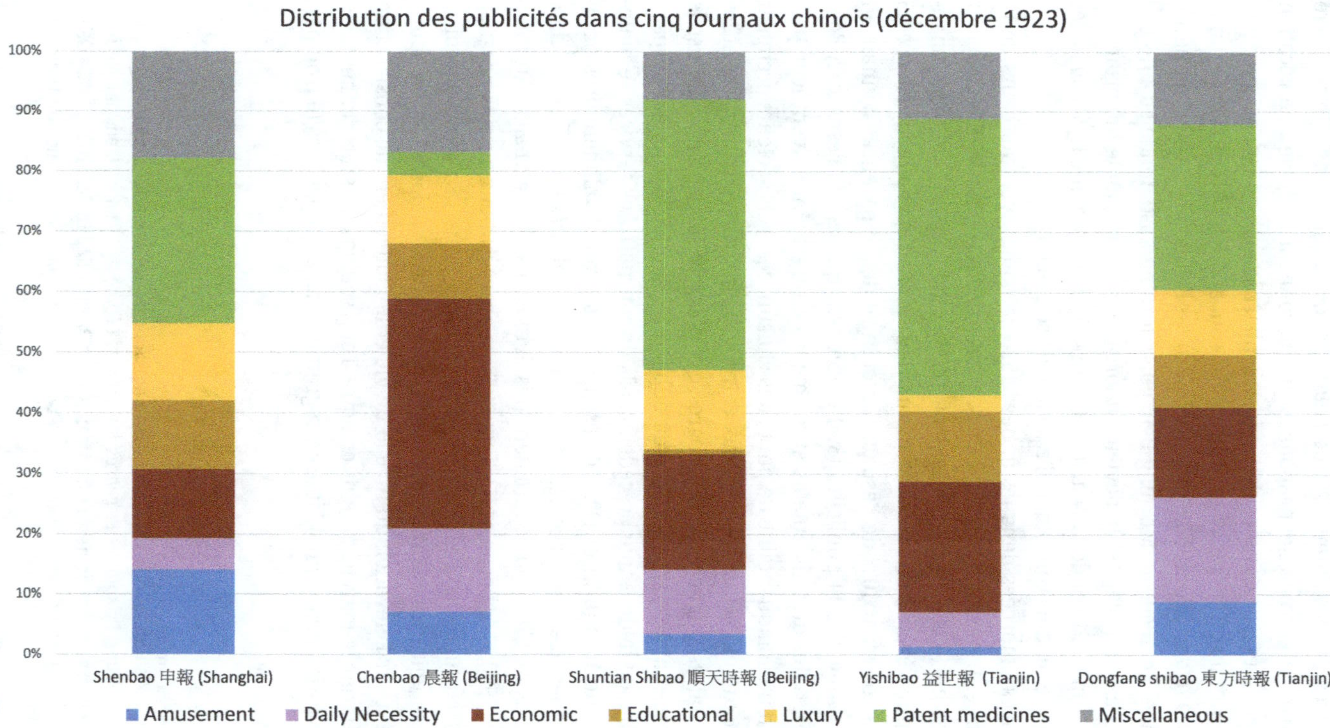

Figure 10: Distribution des publicités par nature dans cinq journaux chinois (décembre 1923), exprimée en termes de surface (pouce carré). D'après : « An Analytical Study of Advertisements in Chinese Newspapers ». *Chinese Economic Monthly* 3, n° 4 (avril 1926) : 139–143.

ciales et sanitaires des fondateurs.[376] Le *Shuntian Ribao* (Shuntian Times) a été fondé en 1901 par un entrepreneur japonais qui lui donne à l'origine une vocation philanthropique.[377] Les grands noms de l'industrie pharmaceutique japonais, comme Morishita, fabricant du célèbre médicament Jintan, sont aussi des patrons importants du journal. Le *Dongfang Shibao* (Far Eastern Times) est l'édition chinoise d'un périodique anglophone. Le *Chenbao* (Morning Bell, puis Morning Post), fondé en 1916 par l'intellectuel Li Dazhao (1889–1927), devient un organe de propagande important du mouvement du 4 mai 1919 et de la Nouvelle Culture. Plus encore que le *Shenbao*, les intellectuels et les étudiants constituent l'essentiel de son lectorat.

Les tendances amorcées dans les années 1920 se poursuivent au cours de la décennie suivante. Les publicités médicales continuent de régresser. Elles ne sont qu'une trentaine en 1934 (10%) et n'occupent que 15% de l'espace. Les biens financiers reculent plus légèrement. Dans le même journal, ils représentent encore 45 publicités (15%) couvrant 10% de l'espace. La culture des apparences connaît un sort plus dramatique. Ses 14 publicités (5%) n'occupent que 2% de l'espace. A l'opposé, les cigarettes, les divertissements et les biens culturels poursuivent leur progression. Forts d'une cinquantaine de publicités chacun, ces trois secteurs occupent entre 20 et 40% du journal. Entre ces deux extrêmes, l'industrie, les services et les produits alimentaires stagnent ou ne progressent que très faiblement. L'industrie lourde se redresse, moins par le nombre de publicités (10, soit 3%) que par l'espace occupé (le double de la décennie précédente, 5% du journal). Les services se maintiennent autour de 10 publicités (1% de l'espace). Les produits alimentaires occupent la même superficie mais avec deux fois moins de publicités (5).

Les publicités du *Shenbao* répercutent des évolutions plus globales. Au tournant des années 1930, C.A. Bacon et Hollington Tong observent eux aussi la progression des biens culturels et de l'industrie automobile dans la presse chinoise. Conscients que la voiture reste un objet inaccessible pour la majorité de la population, ils comptent sur l'élévation du niveau de vie et le mouvement de construction routière pour élargir le marché.[378] Plus critique, Tong souligne aussi certaines lacunes dans les investissements publicitaires, regrettant par exemple l'usage trop par-

376 Laurent Galy, « Yishibao (Social Welfare) », in *Encyclopédie des historiographies : Afriques, Amériques, Asies : Volume 1 : sources et genres historiques (Tome 1 et Tome 2)*, éd. par Nathalie Kouamé, Éric P. Meyer, et Anne Viguier, TransAireS (Paris : Presses de l'Inalco, 2020), 1975–1987.

377 Janet Y. Chen, *Guilty of Indigence : The Urban Poor in China, 1900–1953* (Princeton University Press, 2013), 22.

378 A la fin des années 1920, la Chine compte moins de 12 000 véhicules en circulation (dont la moitié à Shanghai) pour 400 millions d'habitants. Bacon, 758 ; Tong, 30.

tiel et intermittent qu'en font les maisons de commerce et les chaînes de grands magasins.[379]

Le paysage publicitaire change peu pendant la guerre. Les médicaments et les divertissements se maintiennent, représentant respectivement 34 (15%) et 53 publicités (28%) du *Shenbao*, couvrant chacun un tiers de l'espace. Les biens culturels poursuivent leur progression, atteignant 66 publicités mais ne couvrant que 10% de l'espace. Les autres secteurs connaissent des évolutions contrastées. La culture des apparences et les aménités urbaines voient leur surface quadrupler (de 2 à 8% et de 1 à 4%, respectivement), au prix d'une légère diminuation de leurs populations (10 et 6 publicités, soit 5% et 2%). Le secteur financier enregistre un recul plus dramatique. Sa population et son territoire sont réduits de moitié, passant de 46 à 23 publicités (20 à 10% des publicités, 10% à 5% de l'espace).

A la veille de la révolution communiste, l'espace est plus équitablement partagé entre les différents produits et les disparités formées au cours des décennies précédentes ont tendance à s'atténuer. Les médicaments maintiennent une quarantaine de publicités (15%) mais perdent du terrain (10%). La finance et les divertissements sont relativement stables en nombre (respectivement 22 et 45 publicités, soit 10 et 20%) et en surface (respectivement 22% et 5%). Les biens culturels représentent moins d'une trentaine de publicités (10% de la population et de la surface). L'industrie lourde progresse (passant de 4 à 15 publicités et de 2 à 4% de l'espace) mais reste minoritaire. Alors que les autres produits stagnent ou reculent, la culture des apparences et les transports voient leur population doubler (25 publicités chacun) et leur territoire quadrupler (10% pour les transports et 20% pour les apparences).

Par comparaison, les publicités médicales occupent une place plus secondaire dans le *North China Daily News* (NCDN). Dès 1914, le quotidien britannique semble avoir pris ses distances avec les réclames de « charlatans ». Ce vide laisse place à d'autres biens de nature plus variée, en particulier les services financiers, les divertissements et les aménités urbaines, qui s'affirment à la fin de la période. Un examen plus attentif permet d'identifier les produits communs aux deux journaux et ceux qui sont cantonnés à l'un ou à l'autre. Alors que les médicaments et les cigarettes circulent aisément entre le *Shenbao* et le *NCDN*, la culture des apparences (vêtements, accessoires) et les biens culturels (livres, instruments de musique) restent fortement différenciés. Les divertissements présentent un cas intermédiaire qui connaît des mutations importantes pendant la période républicaine. Alors que jusqu'à la Première Guerre mondiale, les deux communautés se divertissent séparément, l'essor des cabarets et du cinéma après la guerre favorise leur conver-

379 Tong, 31.

gence.[380] Dans les années 1930, les deux journaux font paraître de nombreuses annonces pour les mêmes spectacles. A partir de la guerre sino-japonaise, cependant, leurs espaces publicitaires sont davantage cloisonnés.

A l'extérieur, l'empire du tabac est contesté

Comme les médicaments dans la presse, les cigarettes doivent partager les espaces extérieurs avec d'autres produits. Jusqu'à la fin des années 1920, l'industrie du tabac est concurrencée principalement par le secteur de l'énergie (gaz, électricité), les alcools (P&O Scotch whisky, bière Asahi, vin Castillon, champagne Monopole) et d'autres boissons (eaux minérales Watson), les produits alimentaires (Nestlé, Quaker Oats, Bournville Cocoa) et l'automobile (panneaux, garages et stations-services). Les banques et les assurances, qui continuent de privilégier la presse, sont peu représentées dans les archives municipales.[381] Avant que la culture nocturne ne prenne son essor avec l'introduction du néon à la fin des années 1920, les divertissements sont relativement effacés.

Dans les années 1930, deux secteurs font une percée remarquable dans les espaces extérieurs : l'automobile et les services. Les restaurants (17%), les hôtels (8%), les lieux de divertissements (cinémas, théâtres, *night-clubs*) (5%) et les débits de boissons (4%) occupent une place prépondérante dans les registres municipaux. Ces activités se concentrent logiquement dans les quartiers animés le soir, comme le carrefour du Grand Monde (Dashijie) et l'avenue Joffre dans la Concession française. À l'opposé, les garages et les stations-services (20% des publicités recensées) s'installent en périphérie de la ville, accompagnant l'expansion urbaine et l'extension du réseau routier à l'ouest des concessions. Les activités de propagande (campagnes d'éducation à l'hygiène, activités caritatives, expositions), portées par les bannières et d'autres supports temporaires, arrivent en troisième position (11%), suivies par le secteur médical et les activités culturelles (écoles, journaux, librairies, magasins de musique). Les salons de beauté, tailleurs et bijoutiers fleurissent sur l'avenue Joffre, qui s'affirme comme le centre de la mode dans la Concession française. Bien que Shanghai soit l'une des villes les mieux équipées sous la République, les aménités urbaines (eau, énergie, transports et communications) restent en retrait.[382]

380 Andrew Field, *Shanghai's dancing world : cabaret culture and urban politics, 1919–1954* (Hong Kong : Chinese University Press, 2010).

381 Bacon, 766 ; « The Advertiser's Dilemma : Another Chinese Puzzle », *North China Herald*, 15 juin 1929.

382 Shanghai est l'une des premières villes en Chine à disposer d'un système de distribution d'eau courante, d'énergie (gaz, électricité) et de transports en commun (tramway, autobus). L'é-

Pendant la guerre, l'industrie du tabac reste majoritaire dans les rues de Shanghai, représentant plus de 56% des 1250 panneaux recensés par le SMC en mai 1943.[383] Les hôtels-restaurants, bars, cafés et cinémas tiennent la deuxième place (17%), suivis par les pharmacies et les produits d'hygiène (11%). La mode (3%), l'alimentation (2%) et l'automobile (moins de 2%) occupent une position plus marginale. Les sources se raréfient après la disparition des concessions. L'historien doit s'appuyer sur des photographies éparses, datées et localisées de manière imprécise. Les photographies que Jack Birns a réalisées pour le magazine *Life* en janvier 1948 sont précieuses, même si le photographe se concentre sur les lieux les plus fréquentés (champ de courses, Grand Monde) saisis au même moment de la journée. Ces images confirment l'emprise de l'industrie du tabac, qui se manifeste par son omniprésence, leur gigantisme et leur créativité. Les photographies conservées révèlent aussi la montée en puissance l'industrie de la mode et le renouveau de la culture nocturne avec la réouverture progressive des cafés et des bars après la guerre. En périphérie de la ville, la prolifération des stations-services suggère que le secteur automobile et l'industrie pétrolière se portent bien.[384]

Nouveaux produits, nouveaux usages

Le renouvellement de l'offre médicale : l'essor de l'industrie pharmaceutique

Si les publicités médicales régressent, les médicaments ne disparaissent pour autant. Bien au contraire, ils connaissent un profond renouvellement. L'étude longitu-

lectricité est disponible dans la Concession internationale autour de 1885, peu de temps après l'eau et le gaz (1862). La première ligne de tramway est dessinée en 1903 et mise en service en 1907. Les autobus sont en circulation avant la Première Guerre mondiale. Voir : Zheng Zu'an, « Jindai Shanghai dushi de xingcheng—yibasisannian zhi yijiuyisinian Shanghai chengshi fazhan shulue » (La formation de la ville moderne de Shanghai—récit du développement de Shanghai comme ville, 1843–1914), in Wang Pengcheng, éd., *Shanghai shiyanjiu* (Etude historique de Shanghai) (Shanghai, 1984), 181 ; Wu, Shenyuan, *Shanghai zui zao de zhongchong* (Les premières espèces à Shanghai) (Shanghai : Huadong shifan daxue chubanshe, 1989), 49–50 ; Sherman Cochran, éd., *Inventing Nanjing Road : Commercial Culture in Shanghai, 1900–1945* (Ithaca, NY : Cornell University Press, 1999), 5 ; Leo Ou-fan Lee, *Shanghai Modern : The Flowering of a New Urban Culture in China, 1930–1945* (Cambridge, Mass. : Harvard University Press, 1999), 7.

383 « General Buildings Advertisements. Taxation of Street Advertising (1914) », SMA (SMC), U1-14-3267.

384 Jack Birns, « China, Last Days Of Shanghai », Shanghai, 1949, Google LIFE Photo Archive (https://www.virtualshanghai.net/Photos/Images?ID=25618) ; Publicité pour une marque chinoise de pâte à dents (Guchiling yagao) près d'une station service Caltex, Shanghai, 1948, Photographie par Jack Birns, Google LIFE Photo Archive (https://madspace.org/Photos/?ID=34376)

dinale des publicités parues dans le *Shenbao* permet d'identifier deux grandes générations de médicaments, qui se chevauchent en partie. Jusqu'aux années 1920, la première génération, héritée de la pharmacopée chinoise, présente un large éventail de maux et de remèdes. Dans l'étude conduite par les chercheurs de Qinghua en 1923, les médicaments sont classés en onze catégories. Les « maladies sociales » du XIXe siècle occupent la première place (26%). Parmi elles, les maladies vénériennes arrivent en tête (20%), devant les problèmes d'addiction à l'opium. Viennent ensuite les fortifiants de type ginseng et élixir de longévité (13%), suivis par l'huile de foie de morue d'origine étrangère, qui progresse rapidement (de 2% à 4% des publicités entre 1914 et 1924). Les remèdes contre les maladies infectieuses et respiratoires occupent une place non négligeable, perpétuant l'inquiétude provoquée par les épidémies récurrentes depuis le XIXe siècle.[385] Expression résiduelle de la médicine vernaculaire reposant sur la combinaison d'organes, une minorité de publicités (2–3%) évoque les troubles conjoints du foie et du cerveau ou du cœur et des reins.[386] Les publicités restantes concernent les traitements spécifiques à la maternité, aux maladies nerveuses, aux troubles de la vue et de l'audition. Les annonces d'hôpitaux et de médecins sont minoritaires (moins de 5%). Bien que, dans les années 1920, un millier de praticiens soient enregistrés auprès du Shanghai Municipal Council, peu de médecins indépendants font leur publicité dans le *Shenbao*. Carl Crow explique que les meilleurs médecins se passent de publicité car leur réputation repose sur la confiance mutuelle et la recommandation. Selon le publicitaire américain, les établissements de soin sont peu représentés en raison du sous-équipement général et la persistance de l'automédication, mais il est également plausible que les hôpitaux débordés n'aient guère besoin de publicité.[387]

Au milieu des années 1920, des maux inédits d'origine nerveuse ou cérébrale apparaissent dans le *Shenbao*. Outre les insomnies déjà redoutées en 1914, les maux de tête s'affirment comme un handicap majeur dans une société de plus en plus urbanisée, bruyante et productiviste. Les annonces de cliniques psychiatriques et de praticiens spécialisés signalent que les troubles mentaux sont désormais reconnus comme une pathologie à part entière. Les publicités traitant les problèmes capillaires, calvitie ou cheveux blancs, commencent à jouer sur la hantise du vieillissement et les troubles de la masculinité. L'effacement des traitements spécifiques à la maternité (3%) est paradoxal en cette période fortement

385 Christian Henriot, Lu Shi, et Charlotte Aubrun, *The Population of Shanghai (1865–1953) : A Sourcebook*, Brill (Leiden ; Boston, 2019), 51–58.

386 Wen Chunying et Zhu Chen, « Zhong-Xi ronghe : jindai yiyao guanggao de 'shen' yu 'nao'—yi Shanghai xinbao, Shenbao wei li (1862–1915) (Le foie et le cerveau dans les publicités médicales du Xinbao et Shenbao) », *Guanggao daguan*, 2012, 84–88.

387 Carl Crow, *Four Hundred Million Customers*, 202.

nataliste, mais en réalité, l'enfance et la féminité se déplacent vers d'autres secteurs tels que l'éducation, l'hygiène et l'alimentation infantile.

Dans les années 1930 apparaît une nouvelle génération de publicités médicales représentant les nouveaux produits issus de l'industrie pharmaceutique. Sous l'influence de l'industrie cosmétique, les problèmes cutanés prennent de l'importance (13%) et changent de nature, devenant une question d'apparence plus que de santé. Alors que les problèmes d'audition s'effacent, les troubles oculaires deviennent une préoccupation centrale (6%). Jusqu'ici considérées comme un accessoire de mode, les lunettes répondent désormais à une nouvelle quête de confort et de performance scolaire, tandis que le développement de l'ophtalmologie contribue à médicaliser les troubles de la vue.[388] Autres symptômes d'une société urbanisée, les maladies nerveuses gagnent du terrain (9%) tandis que la vogue des vitamines (3%) exprime la productivité attendue des corps et des esprits. Phénomène global, la vitamania prend en Chine le relais des ginseng hérités de la pharmacopée chinoise, sans les faire disparaître pour autant.[389] Le renouvellement des publicités médicales se manifeste aussi dans la matérialité des produits et des modes d'administration, qui se diversifient pour s'adapter aux transformations de la société chinoise. Pour répondre à la mobilité accrue des citadins, par exemple, la marque Doan Backache & Kidney Pills est vendue sous forme de comprimés, qui peuvent être facilement transportés sans que leur efficacité en soit affectée, assure la publicité.[390] Les discours changent également. Bien que sa composition reste inchangée, l'huile de foie de morue Kepler abandonne sa réputation de panacée et prend les atours d'une vitamine moderne (weitaming).[391]

Les évolutions amorcées dans les années 1930 se prolongent pendant la guerre sino-japonaise. En 1941, les maladies sociales (3% chacune), les toniques chinois (3%) et les associations d'organes (6%) continuent de reculer. Les vitamines résistent malgré le retour des panacées et des huiles de foie de morue (6%). Les troubles de la vue et les maladies nerveuses restent des préoccupations majeures (9% chacun). Avec la professionnalisation de la médecine, les annonces de médecins indépendants et d'hôpitaux progressent (3% et 13% respectivement), tandis que les rayons X s'affirment comme le nouveau traitement à la mode (9%).

En 1949, le paysage est plus contrasté. Alors que les nouveautés pharmaceutiques, telles que les vitamines et les rayons X se maintiennent, des remèdes plus

388 « Weekly Report for the Week ended June 29, 1918 », Julean Herbert Arnold Papers, 1905–1946, Hoover Institution Archives, Stanford, Calif., Box 4, f. 2.

389 Rima D Apple, *Vitamania : Vitamins in American Culture* (New Brunswick, N.J. : Rutgers University Press, 1996).

390 Doan Backache & Kidney Pills, *SB*, 1er janvier 1934, 20.

391 Kepler Cod Liver Oil, *SB*, 1er janvier 1934, 24.

anciens refont surface, notamment le *ginseng* et les élixirs de longévité (16%), les troubles conjoints du cœur et des reins ou du foie et de l'estomac (13%). Inversement, des maux propres à la modernité urbaine, comme les maladies nerveuses et les troubles de la vue, disparaissent totalement du journal. Avec le développement de la gynécologie et de la pédiatrie, les femmes et les enfants retrouvent une place de choix sur les publicités médicales. Mais c'est surtout l'industrie alimentaire qui leur donne une visibilité nouvelle.

La percée timide de l'industrie alimentaire

Avant la Première Guerre mondiale, l'industrie alimentaire est peu représentée dans le *Shenbao*. Les contraintes liées au conditionnement des aliments limitent les possibilités d'importation et de distribution. Par ailleurs, les différences de régimes alimentaires freinent l'adoption de certains produits d'origine étrangère, notamment les produits laitiers.[392] Qu'ils relèvent de la survie ou de la gastronomie, les aliments font rarement l'objet de publicité. En 1914, le journal ne comporte qu'une seule publicité pour de la viande produite dans la province du Yunnan. Les alcools de luxe comme le cognac français et la bière d'origine allemande font partie des premiers produits comestibles à s'emparer de la publicité. Dans les ports ouverts comme Shanghai, la fréquentation des clubs élitaires, tels que le Cercle Sportif français et le Club Concordia (allemand), favorise l'adoption de nouvelles manières de boire parmi les élites chinoises.[393] Bien implantés dans les rues de Shanghai, grâce au travail de l'agence Oriental, les produits de la marque Nestlé et les eaux minérales Watson et Aquarius commencent également à s'exposer dans la presse.

Après la guerre, les publicités alimentaires se multiplient et se diversifient. Le cacao et le lait en poudre sont particulièrement visibles dans le *Shenbao*, tandis que les condiments et des alicaments comme Vitamin Milk privilégient les espaces extérieurs. Les publicités pour les biscuits et les friandises éloignent davantage l'alimentation du besoin pour la rapprocher du plaisir et du superflu. Les produits laitiers gardent un statut ambivalent, associés tantôt à la santé, sous la forme de lait en poudre consommé par les enfants et les invalides, tantôt au plaisir, lorsqu'ils servent à la préparation du chocolat chaud Bournville.[394] Dans les années 1930, le développement des laiteries industrielles comme Shanghai Dairy Farm et Liberty

392 Crow, *Four Hundred Million Customers*, 211–30.

393 Norwood Allman, « Transliteration of ‹ Coca-Cola › Trade-Mark to Chinese Characters », *The New Yorker*, février 1959, 61–62.

394 Klim, *SB*, 3 janvier 1924, 5 ; Glaxo, *SB*, 3 janvier 1924, 20 ; Bournville Cocoa, *SB*, 3 janvier 1924, 16.

Dairy, renouvellent profondément le marché des produits laitiers et l'affranchissent des importations d'origines néo-zélandaises ou australiennes. Avec le soutien des élites nationalistes, producteurs et publicitaires s'associent pour populariser la consommation de lait frais à l'ensemble de la population chinoise.[395] Jusqu'ici réduit en poudre et réservé aux nourrissons (Glaxo, Klim), le lait sous forme pasteurisée cible désormais les adultes et les enfants scolarisés. Aromatisées à la fraise ou au chocolat, les boissons lactées de la compagnie Newmilks se veulent plus attractives et tentent de s'adapter à la diversité des goûts.[396]

Face à l'arrivée de nouvelles boissons non alcoolisées comme le soda américain, les spiritueux d'origine européenne tendent à reculer dans le *Shenbao.* Les bières allemandes et le whisky britannique ne disparaissent pas, mais ils subissent la concurrence de nouvelles marques américaines (Johnny Walker), chinoises (UB Beer) et japonaises (Asahi). Pendant la Seconde Guerre mondiale, l'industrie alimentaire s'efforcent de faciliter la vie quotidienne en introduisant de nouveaux adjuvants, comme Henningsen et Royal Baking Powder, qui assistent la ménagère dans la préparation des repas. Après la guerre, ces marques américaines disparaissent au profit des produits vernaculaires, comme les aliments en conserves Maling.[397] L'industrie alimentaire chinoise occupe cependant une place très secondaire dans le journal jusqu'à la fin de la période.

L'hygiène et les cosmétiques « démocratisent » la culture des apparences

Avant la Première Guerre mondiale, la culture des apparences s'incarne principalement à travers les accessoires de luxe, tels que les bijoux, les fourrures, les chapeaux et les parapluies, aussi bien dans le journal *Shenbao* que dans les rues de Shanghai. Sur la rue Broadway, au nord de la Concession internationale, les enseignes de tailleurs, de bijoutiers et d'horlogers se disputent l'attention des passants.[398]

395 Crow, *Four Hundred Million Customers,* 211–212. Concernant la consommation de lait en Chine, voir : Susan Glosser, *Chinese Visions of Family and State, 1915–1953* (Berkeley : University of California Press, 2003) ; Jia-Chen Fu, *The Other Milk : Reinventing Soy in Republican China* (Seattle : University of Washington Press, 2018) ; Wang Zhenzhu, « Popular Magazines and the Making of a Nation : The Healthy Baby Contest Organized by The Young Companion in 1926–27 », *Frontiers of History in China,* n° 4 (2011) : 525–537.

396 Label for Sun Chocomilk et Sun Milk Shake Strawberry (Newmilks, Ltd), SMA (SMC), U1-4-1793 (1936).

397 Maling (Meilin guantou shipin), *SB,* 1er février 1941, 7.

398 Clark, 80-88. A propos des enseignes de la rue Broadway, voir : Cécile Armand, « Monstres publicitaires (1) – Les lieux d'enseignes », Billet, *Advertising History* (blog), https://advertisinghistory.hypotheses.org/3088 (consulté le 26 avril 2020).

Après la guerre, les textiles se raffinent et se diversifient. Dans le journal, la soie et le satin viennent s'ajouter aux fourrures, tandis que dans les rues de Shanghai, les enseignes des bijoutiers et des tailleurs de luxe commencent à s'éclairer la nuit.

Au cours des décennies suivantes, d'importantes innovations affectent le textile et l'habillement. De nouveaux matériaux plus populaires comme le coton et le calicot de Manchester font leur entrée dans la presse, sans pour autant faire disparaître les producteurs de soie et de satin. En dehors des fabricants, les mutations vestimentaires affectent indirectement d'autres acteurs, comme les monts-de-piété, qui, d'après Carl Crow, se reconvertissent en experts de la mode capables d'anticiper les effets saisonniers et les vêtements qui seront revendables l'année suivante.[399] Dans les rues de Shanghai, les enseignes de soie et de fourrures (Fortune Silk Store, Hsin Feng Factory) persistent malgré la concurrence montante de l'industrie lainière (Teh Tsang Woollen Piece Goods Shop).[400] En parallèle, de nouvelles marques de lingerie fine (Great Eastern Hosiery Company, The World Hosiery Company), de chapeaux (Shanghai Hat & Cap Manufacturing) et de chaussures (Bata, Parisian/European Shoe Store, Tajima Brothers) viennent enrichir l'offre vestimentaire et les paysages urbains.

A partir de la guerre sino-japonaise, le coton tend à éclipser les fourrures et le satin, tandis que le matériel de couture cherche à démocratiser l'habillement en rendant la ménagère plus autonome. Selon les estimations de Carl Crow, deux milliards d'aiguilles seraient vendues chaque année à travers le pays, ce qui équivaut à la consommation moyenne d'une aiguille par mois pour chaque femme âgée de plus de cinq ans.[401] L'industrie du luxe ne disparaît pas pour autant. Dans les rues commerçantes des concessions, les enseignes de bijouteries et de tailleurs résistent à la pression d'immenses panneaux affichant de grandes marques industrielles. A la veille de la révolution communiste, l'offre vestimentaire reste diversifiée (soie, coton, cuir, calicot) et l'industrie lainière s'est remarquablement emparée de la publicité extérieure. Exploitant la sensibilité des lecteurs au temps qu'il fait, les publicités du *Shenbao* vantent les mérites d'un nouveau matériau, le caoutchouc, utilisé pour la fabrication des imperméables et des semelles de chaussures.[402]

---

399 Crow, *Four Hundred Million Customers*, 37.

400 Concernant le développement de l'industrie lainière, voir : Carles Brasó Broggi, *Trade and Technology Networks in the Chinese Textile Industry : Opening Up Before the Reform* (New York : Palgrave Macmillan : Palgrave Macmillan, 2015).

401 Crow, 20-21.

402 Red Star Rubber Factory (Kedapai), *SB*, 1er janvier 1949, 3. Sur la sensibilité nouvelle au temps qu'il fait, voir Alain Corbin, *La pluie, le soleil et le vent : une histoire de la sensibilité au temps qu'il fait* (Paris : Aubier, 2013).

En 1914, les premiers cosmétiques sont vendus comme des remèdes aux problèmes cutanés sous la forme de poudres (nenmian baijilu, nenmian yurongsan, jingmian san) ou de lotions (meiyan shui). Il faut attendre les années 1920 pour que les produits de beauté gagnent une certaine autonomie. Affranchis de leur fonction curative, les cosmétiques se diversifient : savons et onguents parfumés (zilan xiangzao, hongbaixue huagao), eau de Cologne (baimeigui xiangshui), pilules embellissantes (meirong wan), poudres (lanhua shuangshen fen, qingxiang shuangshen fen), crèmes de jour (bailanshuang) et rouges à lèvre.[403] Signe qu'ils forment désormais une catégorie à part entière, le terme générique *huazhuangpin* apparaît pour la première fois dans une publicité pour l'Oriental Chemical Society (Dongfang huaxue gongyeshe).[404] Parallèlement, les produits d'hygiène tendent à s'éloigner des médicaments pour se rapprocher des cosmétiques, dont ils adoptent les mêmes formes (crèmes, parfums et savons parfumés). Les premiers dentifrices (yachi) sont commercialisés sous forme de poudre (yafen) ou de pâte à dents (yahu, yachuang).[405] Malgré la faible pilosité observée dans la population chinoise, les lames de rasoirs Ever-Ready (Laboratoires Midy) cherchent à se frayer un marché dans le *Shenbao*, tandis que les barbiers et les salons de beauté installés dans les concessions étrangères (Shanghai Toilet Club, Simon's Beauty Parlour) tentent d'attirer les lecteurs du journal vers leurs enseignes.[406]

Conclusion

Jusqu'à la Première Guerre mondiale, les médicaments et les cigarettes dominent les espaces publicitaires, les premiers dans la presse, les seconds à l'extérieur. A partir des années 1920, les deux secteurs pionniers subissent la concurrence de nouveaux biens de consommation, en particulier les produits alimentaires, les produits d'hygiène et les cosmétiques. Sous la République, ces produits connaissent d'importantes transformations, aussi bien dans leur matérialité que dans leurs usages. Parmi les changements les plus notables, les anciens remèdes de

403 Crow, 23.

404 *SB*, 5 janvier 1934, 6. Sur la terminologie et l'émergence de l'industrie cosmétique, voir : Tzu-Hsuan Sung, « Cosmétiques, beauté et genre en Chine. Une analyse de la presse et des publicités (Fin des Qing – 1930) » (Thèse de doctorat, École Normale Supérieure de Lyon, 2015).

405 Sodozont (Kangjian zhi jichu), *SB*, 3 janvier 1924, 16.

406 Voir par exemple : Ever-Ready Blades (Changbei daopian), *SB*, 5 janvier 1934, 19. La remarque sur la pilosité vient du *trade commissioner* Sanger, qui estime que les rasoirs n'ont aucune chance de trouver un marché localement, du fait que les Chinois sont imberbes et méprisent le métier de barbier. Sanger, 70.

« charlatans » cèdent la place aux produits issus de l'industrie pharmaceutique, qui transforme, sans les faire disparaître, les panacées héritées de la pharmacopée chinoise. En parallèle, les cosmétiques, les produits d'hygiène et les produits alimentaires prennent leur autonomie en s'affranchissant de leurs fonctions curatives. Dans le domaine des apparences comme dans celui de l'alimentation, les efforts pour diversifier l'offre et élargir le marché en démocratisant les produits laitiers et en introduisant de nouveaux textiles comme le coton, n'empêchent pas le maintien d'une consommation de niche tournée vers des produits de luxe comme les spiritueux, les friandises, les fourrures et les bijouteries. Conscients que les hommes d'affaires constituent une frange importante du lectorat, les annonceurs du secteur financier (banques, assurances, immobilier) font également un usage intensif du *Shenbao* pendant toute la période républicaine. Dans le contexte de bouillonnement intellectuel qui entoure le mouvement du 4 mai (1919) et de la Nouvelle Culture, les annonces scolaires et les produits de la culture écrite explosent sous la République, servant un autre lectorat vital au journal, celui des étudiants et des intellectuels. Les lecteurs en quête de distraction et de distinction sociale ne sont pas oubliés, servis par une abondance de publicités pour gramophones, instruments de musique, studios photo, appareils de projection, annonces de spectacles puis de films à partir des années 1930.

Les publicités analysées dans ce chapitre fournissent une première appréciation de l'éventail des biens disponibles avant la période communiste, mais elles ne représentent qu'une partie de la culture matérielle contemporaine. Nécessairement partielle, la couverture publicitaire du *Shenbao* est façonnée par la nature du journal, le profil théorique de ses lecteurs et la stratégie de ses annonceurs. Dans ce quotidien généraliste, les biens de consommation l'emportent sur les biens d'équipements et les services aux producteurs, qui sont plus à leur place dans les publications professionnelles (revues, brochures et catalogues). Les publicités du *Shenbao* dessinent les contours d'une consommation élitaire, constituée de produits de marque ciblant les couches supérieures urbaines qui lisent régulièrement la presse. Représentant une élite d'entrepreneurs ayant assimilé le crédo de l'industrie publicitaire, les annonceurs du *Shenbao* devaient eux-mêmes disposer d'un capital suffisant pour se permettre de faire leur publicité dans l'un des journaux les plus courtisés, appliquant les tarifs les plus élevés de la période républicaine.

Chapitre 5
La conversion progressive des annonceurs

Qui fait de la publicité dans le *Shenbao* ? Qui sont les annonceurs et d'où viennent-ils ? La concurrence est-elle plus forte dans certains secteurs que d'autres ? Voit-on apparaître des spécialisations nationales ou régionales ? Comment la conjoncture politique et économique recompose-t-elle la distribution des annonceurs ? En s'appuyant sur les mêmes échantillons que précédemment, ce chapitre analyse le profil des annonceurs du *Shenbao* entre 1914 et 1949, en portant une attention particulière à la structure du secteur et à leur origine géographique. La première partie compare le niveau de concurrence de chaque secteur à partir du nombre d'annonceurs qui les composent. La deuxième partie met en évidence la progression continue des annonceurs chinois malgré la concurrence américaine montante à la fin de la Première Guerre mondiale. La dernière section examine les recompositions régionales plus fines en fonction de la conjoncture politique.

Une progression générale mais irrégulière

A la fin des années 1920, les publicitaires se réjouissent de voir qu'un nombre croissant d'entrepreneurs se convertissent à la publicité. Alors qu'ils se comptaient sur les doigts d'une main avant la Première Guerre mondiale, ils sont plusieurs centaines en 1929, et leurs dépenses augmentent chaque année.[407] Néanmoins, cette progression globale masque des irrégularités significatives. A la veille de la guerre sino-japonaise, Dong Xianguang regrette que les industriels chinois soient encore trop peu nombreux à y recourir.[408] Par ailleurs, l'appropriation publicitaire varie fortement selon les médias et les secteurs d'activité.

Une conversion inégale selon les médias

Entre 1914 et 1949, le nombre d'annonceurs n'augmente que très légèrement dans le *Shenbao*, passant de 240 à 270 par jour en moyenne. Cette relative stabilité masque toutefois d'importantes variations au cours du temps, et elle doit être mise en relation avec la taille et le nombre total de publicités, ainsi que le volume

407 Crow, *Four Hundred Million Customers*, 7–11, 202, 205 ; Bacon, 757, 765–66.
408 Hollington Tong, « Newspapers as an Advertising Medium in China », 30.

https://doi.org/10.1515/9783111336343-006

de pages du journal, indiquant l'espace éditorial disponible. La population d'annonceurs double entre 1914 et 1924, passant de 242 à 450, mais retombe à 298 en 1934 malgré l'augmentation du nombre de pages (de 22 à 32). Jusqu'à la guerre sino-japonaise, la population d'annonceurs continue de diminuer mais moins brutalement. Elle tombe à 234 en 1941, mais la chute est moins dramatique qu'il n'y paraît car le volume du journal a été divisé par trois pendant la guerre (14 pages). La population d'annonceurs se stabilise autour de 272 en 1949 pour une surface éditoriale équivalente. Rétrospectivement, la progression spectaculaire des années 1920 s'explique principalement par l'accroissement général de la population publicitaire. La chute drastique des années 1930 est à mettre en relation avec l'occupation inégalitaire de l'espace. Alors même que le journal double de volume, certains annonceurs comme le fabricant des cigarettes Maskee (Huamei Tobacco Company) restreignent l'espace disponible pour leurs concurrents en monopolisant des pages entières [Figure 12].[409] Dans les années 1940, la diminution du nombre de pages et de publicités explique que le nombre d'annonceurs se stabilise autour de 250 par jour. La fin de la période marque ainsi le retour à une certaine mesure et un partage plus égalitaire de l'espace.

Il arrive également qu'une même publicité affiche plusieurs annonceurs. C'est le cas des publicités collaboratives et des exportateurs indiquant leurs distributeurs locaux. Au milieu des années 1920, le fabricant américain de montres Heacock & Cheek Company détient le record exceptionnel de dix-sept distributeurs sur une même publicité.[410] Comme l'a monté le deuxième chapitre à propos de l'agence Lianhe, les publicités collaboratives associent plusieurs entrepreneurs relevant de la même branche d'activité ou participant à une campagne collective. Ces publicités sont privilégiées par les organisations professionnelles, comme l'association des industries électriques de Shanghai [Figure 13], et les acteurs de la promotion des produits nationaux, comme le fabricant de cigarettes Huamei Tobacco Company (Huamei yangongsi) qui s'associe à l'entreprise nationaliste China National Products Company (Zhongguo guohuo gongsi).[411]

Dans les rues de Shanghai, l'appropriation publicitaire est plus difficile à apprécier en raison du caractère lacunaire des relevés municipaux. Comme l'a souligné le chapitre précédent, les enseignes échappent largement aux recensements. Les permis délivrés pour les panneaux mentionnent rarement le nom des annonceurs, qui changent régulièrement. Le service des Travaux Publics s'intéresse à la matérialité du support plutôt qu'à la nature du produit et à l'identité de son fabri-

---

409 Maskee (Huamei Tobacco Company), *SB*, 5 janvier 1934, 1.

410 *SB*, 3 janvier 1924, 20.

411 *SB*, 5 janvier 1934, 1, 7.

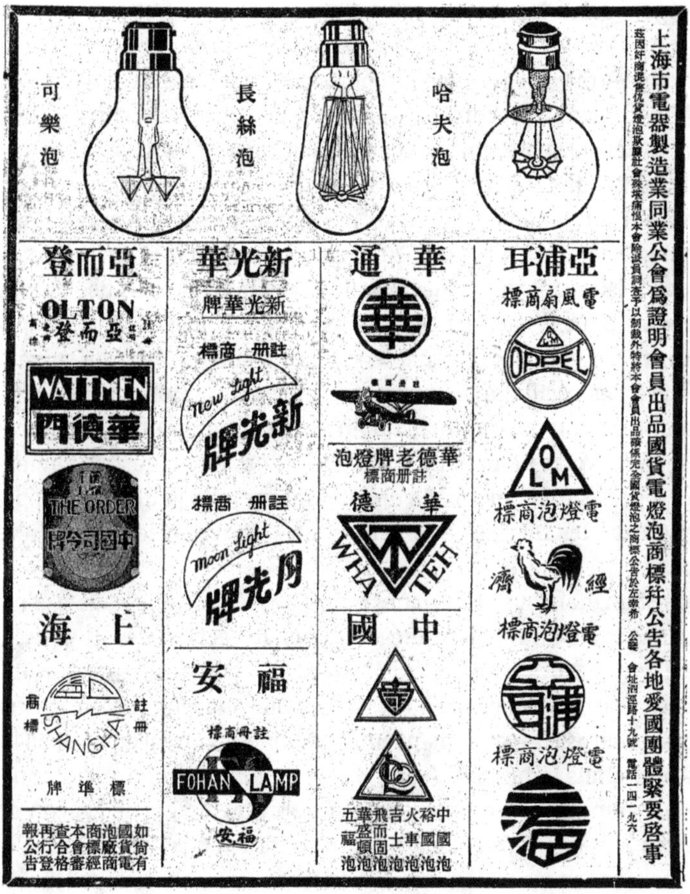

Figure 13: Publicité pour l'association des fabricants d'appareils électriques de Shanghai (Shanghaishi dianqi zhizaoye tongye gonghui), *Shenbao*, 5 janvier 1934, 7. Un exemple de publicité collective combinant marques identitaires et marques de fabrique certifiées par le gouvernement.

cant. Malgré ces failles documentaires, la hausse du nombre d'annonceurs dans la Concession internationale est spectaculaire, passant d'une dizaine pour trois cents panneaux en 1914, à plus d'une centaine pour 1250 panneaux en 1943.[412]

412 General Buildings Advertisements – Taxation of Street Advertising. Measuring Advertising Space, Shanghai, 20 mai–14 juillet 1914, SMA (SMC), U1-14-3267 ; Hoardings – Advertising Space. List of Hoardings, Shanghai, 21 mai–10 juin 1943, SMA (SMC), U1-14-3256.

Une conversion inégale selon les secteurs

La population d'annonceurs varie fortement d'un secteur à l'autre. En 1914, le secteur pharmaceutique détient le record de quatre-vingt-dix annonceurs dans le *Shenbao* et jusqu'à 120 en 1924. Ce nombre décroît par la suite et se stabilise autour d'une cinquantaine dans les années 1930. Le monde de la finance est plus fermé à l'origine mais il suit la même tendance, passant de cinquante annonceurs en 1914 à quatre-vingts dans les années 1920 et une trentaine à la fin de la période. Le secteur des loisirs suit une trajectoire inverse, mais se stabilise autour de soixante annonceurs dans les années 1920. Dans le monde de la culture, la population d'annonceurs est globalement stable sur la longue durée (une soixantaine environ), malgré des oscillations importantes, avec un minimum de vingt-cinq annonceurs en 1914 et un maximum de quatre-vingt-cinq en 1924. Les autres secteurs sont très fermés, voire monopolistiques. En dehors de l'industrie alimentaire, qui reste à peu près stable (moins de dix annonceurs), la culture des apparences, l'industrie lourde, les services et les transports s'ouvrent lentement à la fin de la période.

Dans les rues de Shanghai, tous les secteurs sont marqués par une hausse générale de la concurrence mais de manière inégale. Dans le secteur des divertissements, le nombre d'annonceurs triple entre 1914 et 1937, passant de cinq à une quinzaine, et dépasse la centaine en 1943. Le secteur pharmaceutique enregistre également une forte progression, atteignant une centaine d'annonceurs en 1943. Viennent ensuite les produits industriels (entre dix et quinze), la culture des apparences (une dizaine), l'alimentation et les biens culturels (une vingtaine chacun en 1943), la finance (entre huit et quinze) et enfin les transports (entre huit et dix). Ces différents secteurs sont marqués par une progression modeste mais régulière du nombre d'annonceurs. L'industrie du tabac présente un profil plus atypique. Très fermée jusqu'aux années 1930 (moins de cinq annonceurs), elle s'ouvre assez tardivement et voit sa population doubler pendant la guerre (de cinq à dix).

Plusieurs facteurs expliquent ces différences, en premier lieu l'ancienneté relative des entreprises et de l'industrie qu'elles représentent. D'après Carl Crow, les pionniers ont l'avantage de l'antériorité et il est difficile aux nouveaux venus de percer dans les secteurs où la compétition est rude, en particulier les médicaments, les cigarettes et les savons. L'intensité de la concurrence dépend aussi de la conjoncture politique. Avant la Première Guerre mondiale, les annonceurs sont encore peu nombreux et la concurrence est relativement limitée. Les entreprises européennes et japonaises dominent dans la presse et dans les rues de Shanghai. A partir de la guerre, ces pionniers sont confrontés à la concurrence montante des multinationales américaines et de l'industrie chinoise, qui se renforce sous le régime nationaliste. Même si beaucoup d'entreprises vernaculaires sont éphémères, le mouvement de sinisation s'accentue avec la guerre sino-japonaise, qui fait disparaître la plupart des annonceurs étrangers.

Deux trajectoires divergentes : médicaments et cigarettes

L'étude comparée des annonceurs de cigarettes et de médicaments permet d'apprécier plus finement les variations de l'offre au cours de la période républicaine. Bien étudiés mais rarement sous cet angle, ces deux secteurs ont été choisis car comme l'a montré le chapitre précédent, ils sont les premiers à investir dans la publicité et sur des terrains différents, rendant possible une étude à la fois globale et longitudinale. Du point de vue la concurrence, ces deux secteurs présentent des situations contrastées. Alors que l'industrie du tabac reste très fermée jusqu'aux années 1930, le secteur médical est initialement composé d'une multitude de petits annonceurs. La situation s'inverse après la Première Guerre mondiale. Alors que l'empire du tabac se fragmente progressivement, la montée en puissance de l'industrie pharmaceutique rend la publicité moins accessible aux fabricants les plus modestes.

La fermeture progressive du secteur médical

S'il est un secteur dans lequel les publicitaires étrangers dissuadent leurs clients de s'aventurer, c'est bien celui des médicaments. Outre l'avantage comparatif des primo-arrivants, la médecine locale est réputée hermétique à la pharmacopée étrangère.[413] Par ailleurs, le secteur est fortement exposé aux pratiques de contrefaçons. L'historien Sherman Cochran, par exemple, a consacré une étude approfondie à la marque Rendan (人丹), contrefaçon locale de la marque japonaise Jintan (仁丹), qui devient très populaire avec la montée des sentiments anti-japonais.[414] En 1914, la compétition est déjà rude dans le *Shenbao*. Près d'une centaine d'annonceurs se disputent les pages du journal, avec de grandes inégalités en termes de surface occupée (d'un dixième à une moitié de page), de positionnement (début ou milieu de journal, centre ou marge de la page) et de fréquence d'apparition (d'une

413 Crow, *Four Hundred Million Customers*, 202, 205.

414 Cochran Sherman, « Marketing Medicine and Advertising Dreams in China, 1900–1950 », in *Becoming Chinese : Passages to Modernity and Beyond*, éd. par Wen-Hsin Yeh (Berkeley : University of California Press, 2000), 62–97. Pour Jintan, voir par exemple : *SB*, 4 janvier 1914, 9 (https://madspace.org/Press/?ID=110). Pour Rendan, voir *SB*, 20 janvier 1919, 1 (https://madspace.org/Press/?ID=443).

à cinq occurrences par jour). La concurrence s'atténue au cours des décennies suivantes. Le nombre d'annonceurs chute de moitié dans les années 1930 et se stabilise autour d'une quarantaine en 1949. Dans les rues de Shanghai, l'évolution est plus difficile à mesurer. Les annonceurs se partagent en quatre catégories : une majorité déclinante de pharmacies locales (16 en 1930–1937, quatre en 1938–1943), une minorité montante de firmes pharmaceutiques nationales ou multinationales (deux en 1930–1937, 12 en 1938–1943), une poignée d'établissements sanitaires (Sanatorium de Hung-Jao en 1938–1939) et de médecins indépendants (Dr. Kurt Noll et Dr. T. Murata en 1936).

La longévité des annonceurs est un autre critère de hiérarchisation. Avant la Première Guerre mondiale, une myriade d'apothicaires locaux cohabite avec les géants de l'industrie pharmaceutique d'origines européenne et japonaise. Les années 1920 sont marquées par un renouvellement complet des petits annonceurs et par l'entrée en scène des multinationales nord-américaines (Chamberlain, Chesebrough, Himrod). En parallèle, les chaînes cantonaises de grands magasins comme Sincere (Xianshi) et Wing On (Yong'an) s'affirment comme des distributeurs privilégiés pour l'industrie pharmaceutique chinoise en plein essor, dont Sine Laboratory est un représentant majeur. La sinisation du secteur s'accélère au cours des deux décennies suivantes. Si certains pionniers se maintiennent (Bayer, Burroughs Wellcome, Foster-Mcclellan), beaucoup disparaissent (Allen & Hansbury, Kofa, Himrod, Scott & Bowne), supplantés par les multinationales américaines (Health Products Corporation), japonaises (Kimura Chemical Company, Takeda Chemical Company) et les nouveaux champions nationaux de l'industrie chimique (New Asiatic Chemical Works, Min-Yee Chemical).

Après la disparition des annonceurs étrangers pendant la guerre, le secteur est entièrement sinisé. L'espace publicitaire reste un espace dual où de petits annonceurs locaux (pharmacies et dispensaires, médecins, hôpitaux et cliniques, associations des médecins de Shanghai) cohabitent avec une nouvelle génération d'entreprises vernaculaires, qui dissimulent parfois leur identité en adoptant des noms aux consonances étrangères, tels que Strand (Xinguang yaochang) ou Gianter Chemical Works (Zhengde yaochang).

L'ouverture progressive de l'industrie du tabac

Comme l'a montré le chapitre précédent, la cigarette est un produit relativement récent dans l'histoire de la consommation. Introduite en Chine au tournant du XXe siècle, elle joue un rôle moteur dans le développement de la publicité extérieure.[415] Par contraste avec le secteur des médicaments, le nombre d'annonceurs est initialement très restreint. En moyenne, le *Shenbao* affiche quatre annonceurs par jour pour l'ensemble de la période 1914–1949. Cette moyenne oscille entre un unique annonceur (British-American Tobacco Company) en 1914 et un maximum de sept en 1924 et 1949. A l'origine, BAT règne en maître sur les journaux et les rues de Shanghai. Avant la Première Guerre mondiale, une seule entreprise locale, Tsong Hsing Tobacco (Shanghai zhenshen yangongsi), lui dispute les pages du *Shenbao*.

Après la guerre, le secteur s'ouvre en suivant trois grandes phases. Profitant des campagnes de boycottages consécutives au traité de Versailles (1919) et à l'incident du 30 mai 1925, les annonceurs chinois progressent dans les années 1920 au détriment de leurs concurrents étrangers.[416] En 1924, le *Shenbao* n'accueille qu'une seule firme américaine (Williams Company) contre six annonceurs chinois, dont Nanyang Brothers, Wing Tai Vo (Yongtaihe) et Lixing. Encouragées par le gouvernement nationaliste et le mouvement pour la promotion des produits nationaux, les entreprises chinoises continuent de progresser pendant la décennie de Nankin. Elles se heurtent néanmoins à la concurrence des multinationales étrangères, comme Major Drapkin ou Ilbert, qui progressent à un rythme moins soutenu.

La guerre sino-japonaise frappe durement la jeune génération chinoise et ses concurrents étrangers. En 1941, le *Shenbao* n'affiche que deux noms chinois, Nanyang et Huacheng. Comme dans le secteur médical, la plupart des entreprises étrangères a disparu avant la fin des concessions. En mai 1943, seule BAT et son associé britannique W.D. & H.O. Wills résistent dans les rues de Shanghai, face à une dizaine de concurrents chinois, dont les trois géants Huacheng, Wing Tai Vo et Yee Tsoong (Yizhong yunxiao). Un dernier renouvellement intervient après la guerre. Profitant du retrait des étrangers, l'industrie vernaculaire connaît une nouvelle embellie. Quatre nouveaux annonceurs rejoignent la génération précédente : Dadongnan, Yuhua, Yili et l'Association des fabricants de tabac de Shanghai (Shanghaishi juanyan zaozhu huochai shangye tongye gonghui). En 1949,

---

415 Sherman Cochran, *Big Business in China : Sino-Foreign Rivalry in the Cigarette Industry, 1890–1930* (Cambridge, Mass. ; London : Harvard University Press, 1980) ; Carol Benedict, *Golden-Silk Smoke : A History of Tobacco in China, 1550–2010* (Berkeley : University of California Press, 2011).

416 Sur les boycottages, voir notamment Karl Gerth, *China Made : Consumer Culture and the Creation of the Nation* (Cambridge : Harvard University Asia Center : Distributed by Harvard University Press, 2003) ; David Embrey Fraser, « Smoking out the Enemy : The National Goods Movement and the Advertising of Nationalism in China, 1880–1937 » (Thèse de doctorat, Berkeley, University of California, 1999).

seule la compagnie britannique Major Drapkin persiste dans le journal et les espaces extérieurs.

Malgré son ouverture à de nouveaux annonceurs, le secteur de la cigarette reste très inégalitaire. Jusqu'à la guerre sino-japonaise, BAT et ses concurrents chinois (Huacheng, Huamei) monopolisent entièrement la une du *Shenbao*, reléguant les plus modeste à un coin de page en milieu de journal. Dans les rues de Shanghai, l'écart ne cesse de se creuser entre les petites enseignes locales (Longyanhao, The Smoke Shop) et les panneaux surdimensionnés de BAT, Wing Tai Vo et Yee Tsoong. Les inégalités s'expriment aussi à travers la durée de vie variable des annonceurs. Les firmes les plus anciennes, telles que BAT et Nanyang Brothers, connaissent la plus grande longévité. Présentes dans les journaux et les rues de Shanghai avant la Première Guerre mondiale, elles se maintiennent jusqu'en 1941. A l'opposé, la majorité des entreprises chinoises créées pendant la décennie de Nankin connaît une durée de vie réduite. Entre les deux, les géants nationaux apparus au début des années 1920, comme Huacheng et Wing Tai Vo, survivent à la guerre sino-japonaise. Certains comme Yee Tsoong persistent même jusqu'en 1949. Avec la disparition du *Shenbao* en mai 1949, il est plus difficile d'apprécier la longévité des entreprises nées après la guerre.

Entre sinisation et américanisation

Si l'on examine plus globalement l'origine des annonceurs, deux évolutions majeures se dessinent. Déjà majoritaires dans le *Shenbao* en 1914, les annonceurs chinois se multiplient sous le régime nationaliste et s'imposent dans tous les secteurs après la guerre sino-japonaise. A la fin de la Première Guerre mondiale, les multinationales américaines enregistrent une progression remarquable au détriment des annonceurs européens et japonais présents depuis les traités « inégaux ».

Bien que jusqu'aux années 1930, la clientèle des agences soit majoritairement d'origine étrangère, les annonceurs vernaculaires dominent très largement dans le *Shenbao*. Dès 1914, plus des trois quarts sont d'origine chinoise (177), contre 20% d'Européens (53%) et 9 Japonais (moins de 5%). Ces chiffres masquent cependant de fortes variations d'un secteur à l'autre et de grandes disparités entre les annonceurs. Dans le secteur médical, les pharmacies locales dominent par leur nombre mais pèsent peu face aux multinationales britanniques (Burroughs, Wellcome, Foster-Mcclellan), américaines (Kofa, Scott & Bowne), japonaises (Morishita) et françaises (Laboratoires Gallia). Avant la guerre, seules deux entreprises chinoises, l'Anglo-Chinese Dispensary (Zhongying dayaofang) et l'International Dispensary (Wuzhou dayaofang), sont de taille à rivaliser avec les géants étrangers.[417] A l'opposé, les annonceurs chinois règnent sans partage sur la culture écrite. Dans le contexte de refonte du système éducatif et le bouillonnement intellectuel qui caratérise les débuts de la République, les écoles, les journaux, les éditeurs multiplient leurs annonces.[418] Ciblant un public local et sinophone, ces annonceurs culturels se livrent une guerre féroce, mais ne subissent pas la concurrence des annonceurs étrangers, qui privilégient le lectorat anglophone du *North China Daily News* et d'autres publications étrangères. Les annonceurs étrangers, en revanche, dominent la culture visuelle et sonore, ainsi que le matériel de bureau, ciblant les élites occidentalisées et la classe émergente des employés du secteur tertiaire. Jusqu'à l'arrivée du cinéma hollywoodien à la fin de la guerre, le secteur des divertissements est occupé par des troupes de théâtres vernaculaires (Xinmin xinjushe, Hankou dalüguan) et des salles de danse locales (Dawutai, Danguidiyitai, Xingwutai). Dans le monde de la finance, la plupart des annonceurs vernaculaires sont de petits établissements sans commune mesure avec les grands représentants du capitalisme britannique (London Insurance), japonais (Yokohama Specie Bank) et sino-américain (China Mutual Life Insurance). Alors que le duo britannique Moore & Company (Lüyishimo yanghang) et Noel Murray & Company (Ruihe yanghang) règne sans partage sur le monde des enchères, les avocats locaux sont particulièrement nombreux à faire leur publicité dans le *Shenbao*. Les annonceurs chinois sont en retrait dans tous les autres secteurs. La concurrence étrangère est forte dans l'industrie des cosmétiques, de la parfumerie, de la mode et des grands magasins (Whiteaway Laidlaw, Hall & Holtz). Les entreprises européennes (Rose, Downs & Thompson, Bucheister & Bidwell, Peninsular & Oriental) et japonaises (Onoda Cement, Nippon Yusen Kaisha) dominent également l'industrie lourde, les transports et l'énergie. La présence chinoise est particulièrement faible dans les trois secteurs historiquement contrôlés par les puissances étrangères – industrie minière, transports, finance – qui deviennent, après les guerres de l'opium, les symboles de l'impérialisme à combattre ou à émuler.[419]

---

417 *SB*, 7 janvier 1914, 8 (Wuzhou dayaofang), 11 (Zhongying dayaofang).

418 Concernant la réforme du système d'éducation, voir : Marianne Bastid et Chien Chang, *Educational Reform in Early Twentieth Century China* (Ann Arbor : Center for Chinese Studies, University of Michigan, 1985) ; C.H. Becker, *Reorganisation of Education In China* (Paris : League of Nations' Institute of Intellectual Cooperation, 1932) ; Thomas D Curran, *Educational Reform in Republican China : The Failure of Educators to Create a Modern Nation* (Lewiston, NY : Mellen, 2005).

419 Elisabeth Köll, *Railroads and the Transformation of China*, Hardcover (Harvard University Press, 2019) ; Anne Reinhardt, *Navigating Semi-Colonialism : Shipping, Sovereignty, and Nation-Building in China, 1860–1937* (Harvard University Press, 2018). Voir aussi : David Faure, éd., *China and Capitalism : Business Enterprise in Modern China* (Hong Kong : Division of Humanities, Hong-Kong University of Science and Technology, 1994), 42–43 ; Gerth, *China Made*, 46–48.

La situation change peu dans les années 1920. La principale innovation concerne la percée de l'industrie chimique et cosmétique, incarnée notamment par Yashua (Yashua gongsi), Great China Dispensary (Zhongxin dayaofang), et l'entreprise cantonaise Guangsheng, qui se distinguent grâce à leurs marques à succès Three Stars (Sanxingpai), Tiger brand Snow Cream (Hupai bailanshuang) et Two Sisters (Shuangmei laopai). Dans les années 1930, profitant des politiques en faveur de l'industrialisation et de l'intégration du marché national conduites sous le régime nationaliste, les annonceurs chinois s'affirment dans de nouvelles branches de l'industrie et se renforcent dans les secteurs où ils étaient déjà bien implantés. Ils font une percée spectaculaire dans la cimenterie (Chee Hsin Cement Company Xinyanghui youxiangongsi), le caoutchouc (Daxing xiangjiaochang, Huashun xiangjiaochang), l'industrie mécanique (Shanhai dalishichang gufenyouxiangongsi) et électrique (Shanghaishi dianqi zhizhao tongye gonghui). L'industrie chimique poursuit sa progression, représentée par l'Oriental Chemical Works (Dongfang huaxue gongyeshe), Sine Laboratory (Xinyi huaxue zhiyaochang) ou Great Eastern Dispensary (Zhongfa dayaofang hezigongsi). Les annonceurs chinois continuent de régner sur la culture écrite. Avec l'ouverture de nouvelles salles de cinéma (Empire, Carlton, Xihai, Paradise Theatre, Gongwutai Cinema) et des premiers parcs d'attraction (Sincere et Wing On Amusement Center, Petit et Grand Monde), les annonceurs vernaculaires sont en position de force dans le secteur des divertissements. Dans le monde de la mode, les boutiques locales comme Dafeng taoxie shangdian côtoient les nouveaux champions de l'industrie textile comme Sanyou et Huaxin, soutenus par les organisations nationalistes (China National Products Company). Dans le secteur de la finance et des services, les banques, les promoteurs immobiliers et les avocats sont de plus en plus nombreux, même si les multinationales américaines (China Realty, Realty Investment Company) représentent une sérieuse concurrence.[420]

La guerre sino-japonaise ouvre une décennie indécise entre sinisation et américanisation. En 1941, les annonceurs chinois reculent dans le secteur pharmaceutique (15%), la finance (14%) et la culture des apparences (5%). Ils maintiennent dans le monde des divertissements (26%), progressent dans le domaine culturel (32%), mais restent effacé dans le secteur des transports (4%) et l'industrie alimentaire (1%). Profitant du retrait des étrangers pendant la guerre, les an-

420 Cheng, Linsun. *Banking in Modern China : Entrepreneurs, Enterprises, and the Development of Chinese Banks, 1897–1937*. Cambridge, Cambridge University Press, 2002 ; Brett Sheehan, *Trust in Troubled Times : Money, Banks, and State-Society Relations in Republican Tianjin* (Cambridge, MA : Harvard University Press, 2003).

nonceurs chinois finissent par s'imposer partout. A la veille de la révolution communiste, la présence étrangère est devenue exceptionnelle. Quelques annonceurs américains qui ont survécu à la restitution des concessions s'illustrent encore dans les services et les transports de longue distance.

Des espaces publicitaires multinationaux

Bien que dans le système des traités « inégaux », tous les pays importateurs soient théoriquement soumis au même régime (une taxe de 5% sur les marchandises, quelle que soit leur provenance), les publicités du *Shenbao* révèlent de fortes inégalités entre annonceurs étrangers et une réduction significative de leur diversité sous la République [Figure 11].

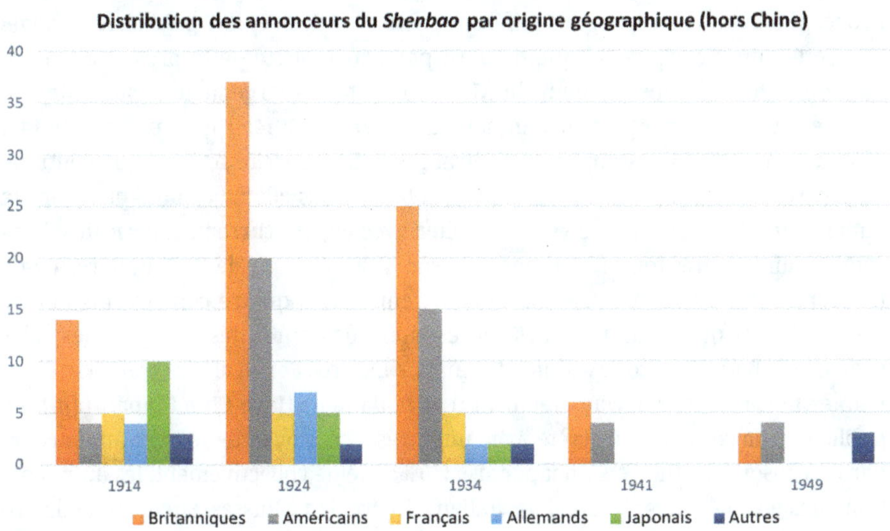

Figure 11: Distribution des annonceurs du *Shenbao* par origine géographique (hors annonceurs chinois), à partir des cinq échantillons suivants : 7 janvier 1914, 3 janvier 1924, 5 janvier 1934, 1er février 1941, 1er janvier 1949.

Le recul des annonceurs japonais et allemands

Six nationalités différentes sont représentées avant la Première Guerre mondiale : allemande, britannique, française, japonaise, hollandaise et nord-américaine. Très nombreux en 1914 (10 annonceurs, 20%), les annonceurs japonais diminuent de moitié dans les années 1920 et disparaissent complètement dans les années 1930. Le retrait des annonceurs allemands est plus lent et plus tardif. Ils maintiennent une présence constante autour de quatre à sept annonceurs jusqu'aux années 1920, reculent brutalement dans les années 1930 puis disparaissent totalement. Les guerres successives et la montée des sentiments nationalistes sont les principales causes de ce double retrait. En 1917, le gouvernement chinois interdit aux journaux de faire paraître des publicités d'origine allemande, et en 1919, suite aux déceptions suscitées par le traité de Versailles, la presse chinoise décide à son tour de bannir les annonceurs japonais.[421] Ces mesures sont cependant temporaires et inégalement suivies d'un journal à l'autre. Devant balancer sentiments nationalistes et rationalité économique, le *Shenbao* continue de faire paraître les publicités d'entrepeneurs allemands et japonais jusqu'à la Seconde Guerre mondiale.

La retraite des Allemands et des Japonais profite à d'autres nationalités, en particulier les Britanniques et les Américains. Dès 1914, les Britanniques dominent le *Shenbao* avec 14 annonceurs différents, soit près de 35% des publicités étrangères. Cette supériorité s'explique d'abord par l'ancienneté de la présence britannique en Chine depuis le début du XIXe siècle et plus largement le poids de son empire colonial. La présence britannique double entre 1914 et 1924, passant de 14 à 37 annonceurs (50% des annonceurs étrangers). La publicité britannique continue de progresser dans les années 1930 (de 50 à 60%), mais elle ne compte plus que six annonceurs différents qui doivent cohabiter avec des concurrents américains, légèrement minoritaires (quatre annonceurs, soit 40%). A partir de 1941, il ne reste que trois entreprises britanniques (30%) pour tenir tête à quatre concurrents américains (40%) et quatre annonceurs représentant des minorités européennes – les chaussures Bata (Tchécoslovaquie), les pianos Lazaro (Portugal), les transports maritimes norvégiens (Norway Steamship) et hollandais (Java-China-Japan Lijn). La publicité française reste discrète avec une présence moyenne de cinq annonceurs par jour jusqu'à la guerre sino-japonaise (10%). Même collectivement, les autres nationalités européennes (Hollandais, Italiens, Norvégiens, Russes, Suédois) ne dépassent jamais 5% des publicités.

Une américanisation contestée

Minoritaires en 1914, les annonceurs américains font une percée spectaculaire après la guerre, passant de quatre (10%) à vingt annonceurs (30%) jusqu'aux années 1930. Avec la disparition des minorités européennes dans les années 1940, ils

421 Sanger, 58. Voir aussi : Gerth, *China Made*, 167.

se retrouvent en tête-à-tête avec les annonceurs britanniques. Alors qu'ils restent légèrement minoritaires en 1941 (quatre contre six), la Seconde Guerre mondiale renverse le rapport de forces et leur permet de s'imposer jusqu'à la révolution communiste. Leur emprise varie néanmoins d'un secteur à l'autre. S'ils dominent dans l'industrie alimentaire et l'automobile, les annonceurs britanniques continuent de régner sur le secteur pharmaceutique et la finance.

L'industrie pharmaceutique illustre bien le processus d'américanisation à l'œuvre dans la presse chinoise. En 1914, plus de six nationalités se partagent le secteur. Les multinationales britanniques (Yinshang anchang yanghang, Yingguo luoyishengzong yaoju), américaines (Kofa, Scott & Bowne) et hollandaises (Holland China Handels, Llewellyn) arrivent en tête avec trois annonceurs chacun (10%). Viennent ensuite les Japonais (Jingdu tianbaozhai, Rixin dayaofang), les Allemands (Carlowitz, Schmidt) et les Français (Chapoteaut/Gallia, Orimault) comptant chaun deux annonceurs. La réduction des nationalités s'opère ensuite par retraits successifs. Les Hollandais s'effacent dans les années 1920, suivis par les Allemands et les Japonais dans les années 1930. Au milieu des années 1920, le secteur est dominé par les Américains (12 annonceurs, soit 35%) (Himrod, Muller, Phipps, Chesebrough), talonnés par les Britanniques (9 annonceurs, 25%) (Brunner Mond, De Witt), les Japonais (5 annonceurs, soit 15%), puis les Allemands (Berlin Medical Imports) et les Français (Etablissements Byla) (3 annonceurs soit 8% chacun). D'après les estimations de Carl Crow, cette distribution correspond peu ou prou aux chiffres des ventes pharmaceutiques.[422] Au milieu des années 1930, seules trois nationalités restent en lice : les Britanniques (17 publicités, 70% des annonces médicales), les Américains (Allen & Hanbury's, Lambert Pharmacal) (5 annonceurs, 20%) et les Français (Laboratoires Midy, Louis Rondon) (3 annonceurs, 10%). Pendant la guerre, les Britanniques mènent toujours la course avec six annonceurs (65%) (dont Burroughs Wellcome et De Witt) contre trois américains (35%) (dont Health Products Corporation et Foster-Mcclellan). A la veille de la révolution communiste, les étrangers ont totalement déserté le secteur, laissant l'industrie chinoise prendre la relève.

Les Britanniques continuent de régner sur la finance malgré le renouvellement de la concurrence. Jusqu'aux années 1920, le secteur est inégalement partagé entre Britanniques (China Mutual Life, London Insurance) (85%) et Japonais (Yokohama Specie Bank) (15%). Les banques russes (Russo-Asiatic Bank) et françaises (Banque de l'Indo-Chine) percent dans les années 1920, mais les Britanniques maintiennent leur avantage dans le secteur bancaire (Hong Kong Shanghai Banking Corporation, Chartered Bank of India, Australia, and China), les assuran-

---

422 Crow, *Four Hundred Million Customers*, 204–205.

ces (Yorkshire Fire & Life Insurance) et les enchères (Moore, Noël Murray). Dans les années 1930, l'émergence de nouveaux services, comme l'épargne et l'immobilier, favorise l'américanisation au détriment de la diversité nationale. Les Britanniques restent majoritaires dans le secteur bancaire (65%) mais les Américains (35%) s'imposent dans l'immobilier (China Realty, Realty Investment). La publicité financière bat de l'aile pendant la guerre sino-japonaise. En 1949, une seule société d'assurance américaine résiste dans le *Shenbao* (l'Asia American Insurance).

Les transports de longue distance encouragent une plus grande diversité. Selon l'origine et la destination, les liaisons maritimes font émerger des nationalités habituellement sous-représentées. Avant la Première Guerre mondiale, les Britanniques (Peninsular & Oriental) et les Japonais (Nippon Yusen Kaisha) dominent le secteur, raison de l'ancienneté de la présence britannique sur les mers et de la proximité géographique du Japon. Après la guerre, les Japonais disparaissent, laissant place aux armateurs britanniques (China Mutual Steam Navigation), américains (Pacific Mail Steamship) et suédois (Moller) qui contrôlent les lignes vers l'Europe du Nord. Pendant la guerre sino-japonaise, les compagnies maritimes se passent de publicité. Après la guerre et le retrait des Britanniques, le secteur renaît sous l'impulsion des lignes américaines (American President Lines, Everett Steamship, Columbia Pacific) qui dominent largement face aux armateurs néerlandais (Java-China-Japan Lijn), norvégiens (Norway Steamship) et taiwanais (Taiwan Navigation). Alors qu'elles sont bien représentées dans les journaux anglophones, les compagnies aériennes d'origine étrangère sont totalement absentes du *Shenbao*, où la China National Aviation Corporation (Zhongguo hangkong gongsi) règne sans partage.

Comparaison et circulations avec la presse étrangère

Par comparaison, le *North China Daily News* (NCDN) maintient une plus grande diversité nationale pendant toute la période. Paradoxalement, les Britanniques sont minoritaires (10% en moyenne, un tiers au maximum) et les annonceurs chinois occupent eux aussi une position marginale (10% en moyenne, 3 annonceurs au maximum en 1949). Les Américains dominent jusqu'à la guerre sino-japonaise (40% en moyenne) mais disparaissent avant la révolution communiste. Les boycottages ne s'appliquant pas à la presse étrangère, les Allemands et les Japonais se maintiennent jusqu'à la fin de la période, avec un pic remarquable dans les années 1920–1930 (10–15% chacun). La présence française est relativement affirmée, avec 20% d'annonceurs en moyenne dans le journal britannique, contre 10% dans le journal chinois. Peu intéressées par les consommateurs sinophones, les entreprises françaises privilégient un marché de niche constitué par les expatriés et les élites chinoises ayant reçu une éducation étrangère.

Les annonceurs paraissant simultanément dans les deux journaux sont exceptionnels. Les étrangers privilégient le *NCDN*, tandis que les annonceurs chinois sont plus à l'aise dans le *Shenbao*. Ces cloisonnements reflètent à la fois les barrières linguistiques auxquelles sont confrontés les annonceurs et les différences dans les pratiques de consommation des lecteurs. Les deux journaux se ressemblent davantage entre 1934 et 1941, mais s'éloignent de nouveau après la guerre sino-japonaise. Comme l'a montré Barbara Mittler, les circulations sont généralement asymétriques.[423] Les annonceurs étrangers s'intéressent davantage aux lecteurs de la presse chinoise que les annonceurs chinois ne s'intéressent à ceux de la presse anglophone. Parmi les annonceurs communs aux deux journaux, on trouve principalement des multinationales arrivées en Chine dans la deuxième moitié du XIXe siècle, comme British-American Tobacco, Bayer ou Standard Oil Company. Le destin des annonceurs japonais dépend inversement de leur ancienneté. Alors que les pionniers, tels que le fabricant de Jintan, disparaissent complètement du *Shenbao* après la Première Guerre mondiale, la nouvelle génération née dans les années 1930 parvient pendant la guerre sino-japonaise à se faire une place dans le quotidien britannique.[424]

La redistribution des spécialités régionales

Comme l'a montré l'historien Karl Gerth, la « nationalité » des produits est une construction discursive qui s'institutionnalise sous le régime nationaliste mais reste difficile à déterminer.[425] Dans le *Shenbao*, l'origine nationale des produits n'est pas systématiquement mise en avant sur les publicités. Les annonceurs chinois ne soulignent leur ancrage national qu'à des moments très précis de l'histoire, notamment pendant l'année des produits nationaux officiellement proclamée en 1934, et plus largement dans le cadre du mouvement pour la promotion des produits nationaux (guohuo yundong). Par ailleurs, l'affirmation du nationalisme ne fait pas disparaître les identités locales.

Jusqu'à la Première Guerre mondiale, les publicités du *Shenbao* sont centrées sur Shanghai et la vallée du Yangzi. En dehors de Shanghai, les annonceurs cantonais dominent dans les services (banques, pharmacies) et la distribution (grands magasins, épiceries). Après la guerre, l'horizon géographique s'élargit. Les annon-

---

423 Barbara Mittler, « Imagined Communities Divided : Reading Visual Regimes in Shanghai's Newspaper Advertising (1860s–1910s) », in *Visualising China, 1845–1965 : Moving and Still Images in Historical Narratives*, éd. par Christian Henriot et Wen-hsin Yeh (Leiden : Brill, 2013), 267–378.

424 Wakamoto Yeast Tablets, *North China Daily News*, 2 février 1941, 7.

425 Gerth, *China Made*, 185–202.

ceurs extérieurs à Shanghai se multiplient. Le journal publie les annonces d'un marchand de laine à Nankin, de plusieurs banques à Tianjin, de pharmacies basées à Hankou et Hangzhou. Dans les années 1930, plusieurs entreprises éditoriales extérieures à Shanghai, telles que Modern Publishing House à Canton, Zhengzhong Publishing House à Nankin, Baicheng Publishing House à Tianjin et Zhuzhe Bookstore à Pékin, opposent une concurrence sérieuse aux éditeurs shanghaïens qui dominaient jusqu'ici (Commercial Press, Oriental Press, China Publishing House). L'extension vers le nord et le sud du pays suggère qu'un processus d'intégration économique est en cours et que le lectorat du journal s'élargit dans toutes les directions. Cependant, cet inventaire révèle d'importantes disparités territoriales et des absences significatives. Les villes marchandes (Canton), les ports ouverts (Tianjin, Hankou) et les capitales provinciales (Pékin, Nankin, Hangzhou) prédominent. A l'exception d'une compagnie d'extraction minière à Luanzhou (Hebei) et d'une fabrique de textile à Changsha (Hunan), les provinces rurales intérieures sont sous-représentées. Pénalisées par la distance et les difficultés de communication, ces régions périphériques accueillent principalement des activités tournées vers l'industrie lourde peu enclines à la publicité.

L'ouverture est de courte durée. La guerre sino-japonaise (1937–1945) puis la guerre civile (1945–1949) fragilisant l'unité territoriale, la proximité géographique redevient la règle. A l'exception des grandes entreprises nationales et multinationales, le nombre d'annonceurs décline à mesure que l'on s'éloigne de la métropole shanghaïenne.

Conclusion

Signe que la publicité est devenue incontournable, de plus en plus d'annonceurs s'y convertissent sous la République. Dans la presse comme dans les rues de Shanghai, la concurrence s'intensifie dans tous les secteurs, en particulier dans l'industrie du tabac, le secteur pharmaceutique, la finance et les divertissements. L'origine des annonceurs connaît deux évolutions majeures. Si les annonceurs vernaculaires dominent pendant toute la période, un renouvellement important intervient à partir de la Première Guerre mondiale, au moment où les grands noms de l'industrie nationale rejoignent les petits annonceurs locaux qui constituaient jusqu'ici les principaux contributeurs du journal. Les multinationales américaines s'affirment également à la fin de la guerre, éclipsant les pionniers européens et japonais qui dominaient depuis les traités « inégaux », même si les entreprises britanniques conservent une position de force dans la finance et les services. Les annonceurs chinois continuent leur progression sous le régime nationaliste et finissent par s'imposer dans tous les secteurs à partir de la guerre sino-japonaise. L'un des paradoxes est que malgré la montée du nationalisme et de l'anti-américanisme pendant la guerre civile (1945–1949), l'influence américaine continue de s'exercer jusqu'à la révolution communiste, trouvant de puissants relais auprès des annonceurs chinois qui s'approprient le style et les codes visuels des marques américaines.

Chapitre 6
La fabrique des marques

> Not only do Chinese have very decided ideas as to what they like and dislike, but once they have become accustomed to a certain brand, no matter whether it be cigarettes, soap or tooth paste, they are the world's most loyal consumers, and will support a brand with a degree of unanimity and faithfulness which should bring tears of joy to the eyes of the manufacturer.[426]

Au tout début de son récit autobiographique, Carl Crow loue la loyauté indéfectible des Chinois aux marques qui ont conquis leur confiance. D'où vient cet attachement dont rêve tout annonceur ? Comme l'ont montré les travaux des sociologues consacrés à l'histoire du *marketing*, les marques commerciales constituent une construction sociale relativement récente dans l'histoire de la consommation.[427] Dans quelle mesure la publicité contribue-t-elle à leur implantation en Chine républicaine ? Ce chapitre s'attache à retracer la formation et la transformation des marques commerciales à travers les publicités du *Shenbao*. En partant des différentes acceptions qu'en donne la littérature professionnelle, la première partie analyse les manières dont elles s'articulent dans le journal chinois entre 1914 et 1949. La deuxième section met en évidence leur progression inégale selon les secteurs et les intermittences de l'offre au cours du temps. La dernière partie tente de comprendre comment les marques font émerger de nouvelles catégories de consommateurs, notamment les femmes et les enfants.

Chops, marques de fabrique et marques commerciales

Certains observateurs établissent une filiation directe entre les marques modernes et les *chops*, sortes de sceaux utilisés en Chine depuis l'antiquité pour identifier les marchandises et leurs fabricants. Au XIXe siècle, le terme désigne le rouleau de cuivre utilisé pour authentifier les balles de coton. En dehors de ces usages commerciaux, le mot *chop* s'applique plus largement à tout élément, signature ou cachet,

426 Crow, *Four Hundred Million Customers*, 3.

427 Franck Cochoy, *Une histoire du marketing : discipliner l'économie de marché* (Paris : La Découverte, 1999) ; Michel Callon, Yuval Millo, et Fabian Muniesa, *Market Devices* (Malden, Mass. : Blackwell, 2008) ; Frank Trentmann, *The Empire of Things : How We Became a World of Consumers, from the Fifteenth Century to the Twenty-First*, 2016 ; Hartmut Berghoff, Philip Scranton, et Uwe Spiekermann, *The Rise of Marketing and Market Research* (New York : Palgrave Macmillan, 2011).

https://doi.org/10.1515/9783111336343-007

permettant d'authentifier un objet ou un document.[428] Dans les années 1920, la notion acquiert une connotation plus archaïque. Les juristes en font une particularité locale qu'ils rattachent à la vénération ancestrale des Chinois pour les produits dont la réputation est bien établie.[429] Certains professionnels critiquent cette généalogie et s'efforcent de dissiper le pittoresque qui l'entoure. Pour le *trade commissioner* J. Sanger, par exemple, le *chop* n'est que l'équivalent chinois de la marque de fabrique occidentale, ou *trademark*, qui répond à deux fonctions principales : protéger le fabricant des imitations frauduleuses et garantir au consommateur la qualité constante du produit.[430]

Après les guerres de l'opium, la notion de *trademark* s'applique essentiellement aux importations étrangères. Au début de la République, le terme *shangbiao* est introduit dans la littérature juridique et son usage se généralise. Dans les années 1920, il est principalement associé aux questions de propriété industrielle et aux risques de contrefaçon. Si la culture de l'imitation n'a pas toujours été perçue négativement, elle devient dans le système des traités « inégaux » un point épineux de politique commerciale. Après la Première Guerre mondiale, de plus en plus de voix s'élèvent pour critiquer l'impunité dont jouissent les contrefacteurs. En 1919, seuls les ouvrages en langue chinoise sont officiellement protégés contre les violations de la propriété intellectuelle.[431] Adoptée en 1923, la première loi visant à protéger la propriété industrielle suscite plus de 25 000 dépôts de marques au cours de la première année. Cependant, l'instabilité politique chronique, la fragilité de l'État central et la multiplicité des régimes juridiques dans les territoires à concessions compliquent son application et la rendent finalement peu efficace.[432]

---

428 Frank Dikötter, *Exotic Commodities : Modern Objects and Everyday Life in China* (New York : Columbia University Press, 2006), 45.

429 « An Analytical Study of Advertisements in Chinese Newspapers », *Chinese Economic Monthly* 3, n° 4 (avril 1926) : 139–143.

430 Sanger, 66.

431 William P Alford, *To Steal a Book Is an Elegant Offense : Intellectual Property Law in Chinese Civilization* (Stanford : Stanford University Press, 1995), 53. Sur les enjeux de propriété intellectuelle, voir : Fei-Hsien Wang, *Pirates and Publishers : A Social History of Copyright in Modern China*, Histories of Economic Life (Princeton, New Jersey : Princeton University Press, 2019).

432 Dikötter, *Exotic Commodities*, 36–45. W.B. Kennett, « Trademarks in China », *North China Herald*, 2 août 1919. Norwood F Allman, *Handbook on the Protection of Trade-Marks, Patents, Copyrights, and Trade-Names in China* (Shanghai : Kelly & Walsh, Ltd., 1924). A propos de la loi de 1923, voir : Zuo Xuchu, *Zhongguo jindai shangbiao jianshi* [Une brève histoire des marques de fabrique modernes en Chine] (Shanghai : Xuelin chubanshe, 2003), 51-56. Zuo décrit l'adoption de cette loi comme une manifestation de l'impérialisme occidental.

Face aux lacunes du système juridique, la publicité s'affirme comme une ressource indispensable pour les fabricants constamment à l'affût d'une fraude. Comme d'autres annonceurs, British-American Tobacco utilise la presse pour alerter les consommateurs et faire appel à leur vigilance, comme dans cette annonce intitulée « Unfair trading » :

> We find that there have been put upon the market in China various soap and other toilet articles packed in packets which are close imitations of the packets in which some of our well-known brands of cigarettes are sold. The manufacturers of these toilet articles undoubtedly seek by this to obtain the benefit of our advertising and to mislead the public to suppose that we have some connection with their productions. We therefore publish here full-color reproductions of certain of our packages which have been imitated, together with representations of the packings of the toilet articles above referred to, and we warn the public that such toilet articles are not manufactured by us and that we have nothing to do with them. (Signed) British-American Tobacco Co. (China), Ltd.[433]

L'annonce comporte une illustration en couleur comparant l'original et sa copie, placés côte à côte pour mieux souligner les différences. L'usage de la couleur, alors rare et coûteuse, confirme que la compagnie prend le problème très au sérieux. Les imitations n'affectent pas seulement la matérialité des produits mais concernent aussi la sémantique des marques. Dans un environnement massivement sinophone, les marques étrangères les plus célèbres deviennent des cibles privilégiées. Une simple lettre suffit parfois à distinguer l'original de la copie. Par exemple, la marque américaine de cosmétique Pond devient « Rond » par l'ajout discret d'un trait de crayon. La fraude est invisible à l'œil non éduqué, pressé ou simplement distrait.[434]

Le déficit de protection légale pousse les professionnels à repenser la nature et la fonction des marques. A partir des années 1920, les publicités commencent à doubler les marques de fabrique classiques d'un nouveau type de marquage, qu'on peut qualifier de culturel ou d'identitaire. Désignées par le caractère *pai* et ses dérivés (*laopai, paizi, paihao*) dans la langue chinoise, ces marques d'un genre nouveau autonomisent le produit par rapport à son fabricant et mobilisent directement les consommateurs dans la lutte contre les fraudes. Ces nouvelles marques identitaires se développent rapidement dans les années 1920, mais leur progression n'est pas linéaire et ne s'applique pas de manière uniforme à tous les produits.

433 Sanger, 66.
434 Sanger, 66–67.

Sémantique des marques dans le *Shenbao*

Au début de la République, la notion de marque de fabrique est peu employée dans le *Shenbao*. En 1914, le terme *shangbiao* apparaît principalement sur les publicités médicales signalant les cas de contrefaçon. Jusqu'au milieu des années 1920, il s'applique essentiellement aux produits pharmaceutiques et alimentaires, tels que Stearns Headache Wafers, Bournville Cocoa ou Klim Milk. Dans le cas des produits alimentaires, l'ajout d'une marque permet d'estomper leurs connotations médicales et de mettre en valeur leur teneur gustative.

Avant la Première Guerre mondiale, le caractère *pai* est le plus souvent employé pour mettre en garde contre les imitations frauduleuses (*maopai*). Il apparaît aussi dans les annonces de ventes aux enchères et dans l'expression *zhaopai* désignant les enseignes des entrepôts et des maisons de commerce. Ces publicités reprennent généralement les formules conventionnelles de politesse et d'interpellation, invitant le client à venir sur place pour examiner la marchandise et vérifier son authenticité (*renming paihao, renming zhaopai*).[435] A la fin de la guerre, le caractère *pai* est assorti d'un nom propre et d'un visuel distinctif et commence à s'appliquer aux biens de consommation.

Sous le régime nationaliste, les marques étrangères s'effacent dans le *Shenbao* au profit des nouvelles marques nationales. Les publicités pharmaceutiques emploient indifféremment les termes *pai* et *shangbiao*, qui apparaissent même parfois côte à côte sur une même publicité. En dehors de ce cas spécifique, le caractère *pai* s'applique de préférence aux produits de luxe comme les cosmétiques, les cigarettes et les automobiles, tandis que le terme *shangbiao* apparaît le plus souvent dans l'expression « marque déposée » (zhuce shangbiao) qui accompagne la mise en place des nouvelles certifications nationales. En 1934, l'Association des fabricants d'appareils électriques de Shanghai (Shanghaishi dianqi zhizao ye tongyegonghui) affiche clairement l'expression pour souligner que ses produits sont conformes aux normes requises pour la certification des produits nationaux [Figure 13].[436]

Pendant la guerre sino-japonaise, l'expression *zhuce shangbiao* voit son domaine d'application s'étendre aux cigarettes (Hanyantong) et aux objets culturels

435 *SB*, 7 janvier 1914, 3, 4, 5. Sur l'usage des formules d'interpellation dans les publicités du journal *Shanghai Xinbao* dans la deuxième moitié du XIXe siècle, voir : Barbara Mittler, « Imagined Communities Divided : Reading Visual Regimes in Shanghai's Newspaper Advertising (1860s–1910s) », in *Visualising China, 1845–1965 : Moving and Still Images in Historical Narratives*, éd. par Christian Henriot et Wen-hsin Yeh (Leiden : Brill, 2013), 267–378.

436 Publicité collective pour l'Association des fabricants d'appareils électriques de Shanghai (Shanghaishi dianqi zhizaoye tongye gonghui), *SB*, 5 janvier 1934, 7.

(Yada Radio), tandis que les termes *pai* et *shangbiao* sont associés plus étroitement aux questions de normes juridiques et aux procès pour fraude. Après la guerre, la terminologie est marquée par des évolutions contradictoires. L'expression *shangbiao* s'effondre tandis que l'ancien terme *pai* connaît une nouvelle embellie. L'écart se manifeste aussi dans leurs domaines d'application. L'usage du caractère *pai* se diversifie, s'appliquant aussi bien aux médicaments qu'aux cigarettes, aux cosmétiques et aux accessoires de mode, tandis que les marques de fabrique sont restreintes aux biens culturels et à l'industrie lourde.

Une progression inégale selon les secteurs

Bien que les marques commerciales se généralisent dans les années 1920, le processus affecte inégalement les produits et les annonceurs. Dans les secteurs où la concurrence est forte, comme celui des médicaments, les fabricants font un usage intensif des marques pour se distinguer les uns des autres et se prémunir des contrefaçons. Dans les secteurs émergents comme les cigarettes et l'industrie alimentaire, les marques s'imposent pour introduire de nouveaux produits, réformer les habitudes de consommation ou conquérir de nouveaux consommateurs, notamment pour les produits laitiers et les sodas.

Avant la Première Guerre mondiale, les premières marques commerciales signalées par un nom et un logo distinctif concernent avant tout les publicités médicales (56%), les alcools, les cigarettes, l'industrie (ciment Portland Dragon, pneumatiques Liga Tiger), l'hygiène (shampoing Sanmeipa, Three Beauties) et la culture des apparences, comme les chapeaux Pégase (Feima laopai) ou les machines à tisser Feiying. Dans les années 1920, elles continuent d'être utilisées pour les alcools (Peter Dawson Whisky), les cigarettes (Aiguo, Victory), les produits d'hygiène (dentifrice Tiger) et la culture des apparences. Elles s'étendent aussi à de nouveaux secteurs comme l'industrie alimentaire (Bovril, thermos Isola [Figure 16]) et les appareils électriques (ampoules Philips, machines à coudre). Seuls les services financiers, les transports et les divertissements restent imperméabbles aux marques identitaires.

Au cours de la décennie suivante, les marques restent prédominantes dans l'industrie pharmaceutique, les appareils électriques, les cigarettes et les alcools, tandis que les suppléments hebdomadaires servent de vitrine aux nouvelles marques de l'industrie automobile (Fiat, Ford, Breda) et pétrolière (Socony, Shell, Texaco).[437] Les logos commencent aussi à gagner certains objets culturels, comme

437 Dans les années 1920–1930, le *Shenbao* fait paraître un supplément automobile chaque samedi puis le lundi. Cette étude s'appuie sur les éditions du 5 janvier 1924 et du 3 janvier 1934.

les stylos Parker, les disques de Radio Corporation of America (RCA Victor) et les appareils de projection Pathé-Orient.

La guerre sino-japonaise est marquée par des évolutions contrastées. L'industrie pharmaceutique, la culture des apparences, les cigarettes et l'alimentation conservent leur avance dans le monde des marques. Les biens culturels, les services et les divertissements restent peu marqués, tandis que les alcools disparaissent. Un dernier renouvellement intervient à la fin de la période. A la veille de la révolution communiste, les marques de chaussures (Keds, Three Bells) et de produits d'hygiène (linge de toilette 999, dentifrice Heiren) dominent le paysage. Les produits alimentaires et pharmaceutiques se font plus discrets, mais de nouveaux secteurs comme le matériel scolaire, les instruments de musique et les compagnies aériennes, s'y convertissent à leur tour.

Intermittences de l'offre en marques

L'offre en marques varie fortement au cours du temps. Pionniers dans la publicité, les médicaments et les cigarettes sont exemplaires pour observer les intermittences de l'offre en marques. Les années 1930 apparaissent comme la décennie la plus productive pour les deux secteurs, mais leurs trajectoires divergent à partir de la guerre sino-japonaise. Le nombre de marques médicales triple entre 1914 et 1934 (passant d'une trentaine à plus de 80) puis décline à la fin de la période (moins de 60 marques en 1941, à peine une vingtaine en 1949). D'après l'historienne Carol Benedict, plusieurs milliers de marques de cigarettes auraient circulé pendant la période républicaine.[438] Le *Shenbao* affiche en moyenne sept marques différentes par jour, trois au minimum en 1914 et 1941, et onze au maximum en 1934 et en 1949. Après une phase de forte création jusqu'aux années 1930, l'offre s'effondre pendant la guerre, mais retrouve son niveau d'avant-guerre juste avant la révolution communiste.

L'offre fluctue également d'une entreprise à l'autre. Dans le secteur pharmaceutique, seule une minorité de multinationales est en mesure de proposer plus de deux marques par jour. Avant la Première Guerre mondiale, la firme britannique Burroughs, Wellcome & Company détient le record de cinq marques simultanées : Kepler, Hazeline Frost, Hazeline Frost, Tabloid, Bivo. Sous le régime nationaliste, la compagnie chinoise New Asiatic Chemical Works propose jusqu'à six marques différentes. Sur la longue durée, les géants de l'industrie vernaculaire sont globalement plus productifs que les multinationales étrangères. Parmi

438 Benedict, 158.

les plus prolifiques, l'International Dispensary (Wuzhou dayaofang) et Great China Dispensary (Zhongxi dayaofang) proposent plus de dix marques chacune sur l'ensemble de la période. Si la multiplication des marques médicales apparaît comme un moyen de rompre avec l'ère des panacées, la variété peut aussi produire une impression de dispersion jugée nuisible à la visibilité des entreprises. Certaines entreprises, comme Bovril et Scott & Bowne, adoptent une stratégie opposée consistant à mettre en avant une marque unique tout au long de la période. Dans l'industrie du tabac, peu de fabricants ont la capacité de proposer plus de deux marques simultanément. BAT constitue un cas exceptionnel affichant plus de huit marques différentes dans les échantillons que nous avons analysés, parmi lesquelles Three Castles, Hatamen et Ruby Queen sont les plus fréquentes.

La durée de vie des marques est sujette à de fortes variations. Dans le secteur pharmaceutique, la marque Scott's Emulsion est la seule dans nos échantillons qui persiste pendant toute la période. Introduites avant la Première Guerre mondiale, les marques Doan's Backache & Kidney Pills, Kepler et Waterbury Cod Liver Oil résistent jusqu'à la guerre sino-japonaise. Dans l'industrie du tabac, trois marques (Pirate, Ruby Queen, The Rat) se maintiennent pendant plus de vingt ans (1924–1949), deux autres (My Dear, Pyramid) pendant plus de quinze ans (1934–1949). En dehors de ces cas exceptionnels, la majorité connaît une existence éphémère. Beaucoup échouent simplement à entrer sur le marché, tandis que d'autres survivent à peine le temps d'une campagne.

Comparaison avec la presse étrangère

Parce que le lectorat de la presse étrangère constitue un marché de niche qui s'étiole pendant la guerre sino-japonaise, l'offre en marques est moins riche dans le *North China Daily News* (NCDN) et elle se réduit de manière drastique à la fin de la période. Alors qu'elle comptait une cinquantaine de marques avant la Première Guerre mondiale, et encore une quinzaine en 1941, l'offre pharmaceutique s'est complètement asséchée en 1949. Par comparaison, elle approche la centaine dans le *Shenbao* en 1934 et se maintient autour d'une vingtaine en 1949. Dans l'industrie du tabac, l'offre décline de sept à une marque dans le journal britannique entre 1914 et 1949, tandis qu'elle s'enrichit de trois à douze marques dans le *Shenbao* au cours de la même période.

Pour une même catégorie de produit, voire un même annonceur, il arrive que les marques diffèrent d'un journal à l'autre. Dans le secteur pharmaceutique, la compagnie Foster McClellan (américaine) et l'International Dispensary (Wuzhou dayaofang) paraissent uniquement dans le *Shenbao*, tandis que Cuticura et Germol (britanniques) n'apparaissent que dans le journal britannique. Dans le secteur des cigarettes, British-American Tobacco circule librement entre les deux journaux mais n'y présentent pas toujours les mêmes marques. Si les marques Three Castles en 1914 et Capstan en 1924 sont communes aux deux journaux, Hatamen et Ruby Queen sont proposées uniquement aux lecteurs du *Shenbao*, tandis que Clipper et Gold Flake sont réservées au journal britannique. Ces divergences reflètent un effort pour s'adapter aux préférences culturelles des lecteurs mais entretiennent aussi le cloisonnement des marchés.

Différenciation des marques et segmentation des marchés

Différents critères servent à différencier les marques. La nature du produit est l'un des plus évidents. Pour les médicaments, la nature des maux et les organes affectés sont généralement explicites dans le nom même de la marque, comme De Witt Backache & Kidney Pills, Doan Ointment, Kepler Cod Liver Oil. Certains annonceurs se spécialisent dans une maladie bien précise, tandis que d'autres préfèrent élargir la gamme des maux et des patients. La compagnie américaine Foster-McClellan fournit un bon exemple de diversification. Au cours de ses trente années de présence en Chine, la multinationale propose plus de sept marques différentes, concernant chacune un organe différent : Doan's Backache & Kidney Pills pour le dos, Doan's Anti-Constipation Pills pour les troubles intestinaux, Doan Ointment pour les problèmes cutanés, un analgésique pour les sportifs et deux autres marques contre les maladies pulmonaires (*Dou'an shibufei shengyao*) et la toux (*Dou'an shikesou yaopian)*. Le terme « Doan », désignant le nom d'un médecin fictif, est le motif récurrent qui préserve l'identité et la visibilité de la marque derrière ses multiples déclinaisons. Dans le cas des cigarettes, l'origine du tabac sert généralement à différencier les marques en jouant sur ses qualités objectives et sur les perceptions subjectives que lui associent des fumeurs. Carl Crow observe que les Chinois ont une prédilection pour le tabac brut de Virginie, alors qu'ils apprécient moins les cigarettes aromatiques comme Camels, Chesterfield et Lucky Strike, qui ont la préférence des fumeurs américains.[439] Les cigarettes aux tabacs mélangés sont effectivement très rares dans nos échantillons du *Shenbao*. La marque Victory, vendue au milieu des années 1920, constitue une exception, mais elle ne connaît qu'une existence éphémère.

La variété des marques dépend aussi de la gamme de prix et du statut social des fumeurs. D'après l'écrivain Lu Xun (1881–1936), les marques Craven A et Black Cat sont des cigarettes de luxe qui ont la préférence des élites urbaines, tan-

---

439 Crow, *Four Hundred Million Customers*, 6–7.

dis que les marques Ruby Queen, Pirate et Pin Head sont perçues comme des marques plus populaires.[440] L'imaginaire associé aux noms des marques n'est pas un critère suffisant pour déterminer la catégorie sociale des consommateurs. Sans être absolument discriminatoire, le prix de vente constitue un signal plus fiable, mais il est rare qu'il soit explicitement indiqué sur les publicités.[441] Le fait même de porter une marque et d'être l'objet de publicité est en soi un critère de distinction. Comme l'a montré Carol Benedict, les fumeurs situés au bas de l'échelle sociale peuvent rarement s'offrir le luxe d'une cigarette de marque et se contentent le plus souvent de cigarettes génériques fabriquées localement par une main-d'œuvre bon marché.[442]

Le genre des marques est plus difficile à apprécier. Comme l'illustre le cas des cigarettes My Dear, les représentations féminines sont parfois trompeuses. Il est vraisemblable que le nom, le logo et les mises en scène de la marque servent d'appât pour séduire les fumeurs de sexe masculin. A la fin de la période, la marque My Dear s'associe également à des figures masculines.[443] Dans le cas de Santal Midy, un médicament contre les maladies vénériennes, la femme dénudée qui s'offre à l'œil du lecteur masculin sert au contraire de repoussoir.[444] Inversement, l'homme à moustache incarnant la marque japonaise *Jintan* ou le tigre servant d'emblème aux cosmétiques Sincere n'en font pas pour autant des marques masculines. La compagnie pharmaceutique Burroughs Wellcome offre un cas plus lisible de différenciation genrée. Ses cosmétiques Hazeline Snow et Hazeline Rose Frost côtoient des marques plus neutres comme Kepler Cod Liver Oil. D'autres annonceurs, tels que le fabricant cantonais de cosmétiques Guangsheng (Two Sisters), choisissent de se porter exclusivement sur le marché féminin.

Différenciation par le genre

Sous la République, les nouveaux rôles sociaux attribués aux femmes, l'élévation de leur niveau d'éducation et le développement des magazines féminins favorisent la création d'un marché spécifiquement orienté vers les femmes.[445] Pendant

---

440 Benedict, 160–162.

441 Crow, *Four Hundred Million Customers*, 5–6.

442 Benedict, 160-62.

443 My Dear, *SB*, 6 janvier 1934, 1 ; *SB*, 1er février 1941, 3.

444 Jintan, *SB*, 4 janvier 1914, 9.

445 Concernant l'éducation des femmes sous la République, voir : Bailey, *Gender and Education in China*. Sur leurs nouveaux rôles dans la société, voir : Schneider, *Keeping the Nation's House Domestic Management and the Making of Modern China*. Parmi les principaux magazines fémi-

la période républicaine, les cosmétiques font partie des rares produits qui peuvent être qualifiés sans ambiguïté de « féminins ». Selon Carl Crow, la pratique du maquillage occupe depuis longtemps une place centrale dans la culture chinoise du corps. Le publicitaire explique que les femmes chinoises consomment d'importantes quantités de maquillage, dont la qualité varie selon le statut social. Il observe que, paradoxalement, les célibataires en quête de prétendants font un usage moins intensif du maquillage que les femmes mariées soucieuses d'entretenir le désir de leur époux. Dans les années 1920, l'essor de l'industrie cosmétique renouvelle les mentalités et les pratiques. Selon Carl Crow, la publicité contribue à légitimer la pratique du maquillage, longtemps tenue dans le secret et associée à la prostitution. Les publicités ont aussi une fonction pédagoqique. Grâce à elles, affirme Carl Crow, les jeunes Chinoises ont appris à utiliser les crèmes de jour comme une base pour appliquer la poudre et le fard. Les consommatrices savent cependant s'affranchir du pouvoir normatif de la publicité en détournant les produits des usages que leur assignent leurs fabricants. Crow observe par exemple que les jeunes Chinoises ont l'idée d'utiliser les bouillottes médicales pour faire rougir leurs joues.[446]

En dehors des cosmétiques, la féminisation des images commerciales doit être interprétée avec circonspection. Bien que, comme l'ont montré Tani Barlow et Ellen Laing, la femme moderne s'affirme comme une figure de proue dans la publicité à l'échelle mondiale, les femmes représentées ne sont pas forcément les cibles des messages publicitaires, ni les consommatrices ultimes des produits.[447] Contrastant avec l'abondance des travaux qui leur sont consacrés, leur présence dans le *Shenbao* est plutôt discrète et irrégulière au cours du temps.[448] Avant la Première Guerre mondiale, elles n'apparaissent que sur 20% des publicités, alors que les hommes sont représentés sur 50% des publicités à la même période. Les femmes sont le plus souvent représentées en couple ou dans un groupe mixte. Le

nins, on peut citer : *Funü zazhi* (1915–1931), *Xin funü* (1920–1921), *Xin nüxing* (1927–1929), *Linglong* (1932–1937), *The Young Companion/Liangyou* (1926–1941). Plusieurs de ces magazines ont été numérisés par l'université d'Heidelberg : https://kjc-sv034.kjc.uni-heidelberg.de/frauenzeitschriften/ (dernière consultation le 2 juillet 2022).

446 Crow, *Four Hundred Million Customers*, 23–35 ; Crow, « Advertising and Merchandising », 195.

447 Alys Eve Weinbaum et Tani Barlow, *The Modern Girl around the World Consumption, Modernity, and Globalization* (Durham, N.C. : Duke University Press, 2008) ; Ellen Johnston Laing, *Selling Happiness : Calendar Posters and Visual Culture in Early Twentieth-Century Shanghai* (Honolulu : University of Hawai'i Press, 2004).

448 Voir par exemple : Barbara Mittler, « Gendered Advertising in China : What History Do Images Tell ? », *European Journal of East Asian Studies* 6, n° 1 (2007) : 13–41.

rapport s'inverse après la guerre. Dans les années 1920, les femmes occupent 60% des publicités, contre 25% pour les hommes et 20% de groupes mixtes. Jusqu'aux années 1920, les professionnels considèrent que les images féminines sont inappropriées dans certains secteurs comme l'industrie lourde.[449] Les fabricants de cosmétiques et de cigarettes en font généralement des objets de séduction, tandis que l'industrie alimentaire les cantonne à leurs rôles de mères et de femmes au foyer. Les images de femmes se multiplient dans les années 1930, mais leur popularité s'estompe à la fin de la période (20% en 1949). Constatant une certaine lassitude parmi les consommateurs, les professionnels se tournent désormais vers d'autres moyens d'incitation.[450]

Ce sont finalement les figures masculines qui dominent pendant toute la période, atteignant un pic pendant la guerre sino-japonaise (60% des publicités). Par ailleurs, les hommes ne sont pas associés aux mêmes produits ni aux mêmes postures que les femmes. Sur les publicités médicales, ils endossent alternativement le rôle du père de famille, de l'employé ou du savant. Cigarette aux lèvres, ils campent dans la posture du *dandy* et se transforment en hommes d'affaires sur les publicités éducatives et financières. Alors que les produits d'hygiène sont initialement associés à la féminité en raison de leur proximité avec les cosmétiques, ils s'ouvrent progressivement au marché masculin, avec l'introduction des rasoirs et des crèmes à raser. En définitive, malgré l'apparente féminisation des images, l'écrasante majorité des publicités concerne des produits masculins, génériques ou incertains. En dehors des cosmétiques, le « genre » des produits reste difficile à déterminer à partir des seules publicités. L'usager final n'est pas toujours transparent et la frontière masculin/féminin se déplace au cours du temps.

Différenciation par l'âge

Les différentes classes d'âge sont inégalement représentées dans la publicité chinoise. Alors que les enfants sont les plus visibles sur les images, d'autres générations sont également présentes, bien que de manière insidieuse.

Pendant la période républicaine, les annonceurs s'intéressent de plus en plus aux enfants. Ils sont encouragés dans cette voie par la relative jeunesse de la population chinoise, le climat nataliste de l'entre-deux-guerres et les programmes de « ré-

---

449 C.P. Yeh, « The Ideal Chinese Advertisement : Suggestions, Hints and Warnings », *North China Herald*, 18 octobre 1919.

450 « Publicity for Shanghai Said Mostly Bad. Book of Information on this city planned to popularize us abroad. Millington tells Rotary all about Advertising », *China Press*, 11 mai 1934.

génération » nationale entrepris par le régime nationaliste. La couverture du magazine *Arts and Life* (Meishu shenghuo) paru en septembre 1934 en fournit une bonne illustration. Au centre de la page, l'enfant qui incarne la Chine agite fièrement le drapeau national en clamant qu'il n'est pas « l'homme malade de l'Asie » (« Wo fei ya bingfu ! »).[451] A partir des années 1920, les enfants se voient offrir un éventail élargi de produits. Trois secteurs s'intéressent particulièrement aux jeunes consommateurs : l'industrie pharmaceutique, les produits alimentaires et les biens éducatifs. Avant la Première Guerre mondiale, de nombreuses publicités médicales concernent déjà les enfants, comme Kepler Cod Liver Oil, Virol ou Scott's Emulsion. Les médicaments infantiles se spécialisent davantage dans les années 1920. Comme l'a montré le quatrième chapitre, les médicaments pour enfants constituent une catégorie spécifique dans l'étude conduite par les chercheurs de l'université Qinghua en 1923.[452] Au milieu des années 1930, de nouvelles marques médicales ciblant spécialement les enfants sont introduites sur le marché, comme Baby's Own Tablet (Foster McClellan). Cette spécialisation en faveur des plus jeunes va de pair le développement de la pédiatrie, comme l'a souligné le chapitre précédent. Aux confins du goût et de la santé, les aliments infantiles se développent après la Première Guerre mondiale, représentant environ la moitié des publicités du journal. Le lait en poudre Glaxo apparaît au milieu des années 1920 et les céréales Betavit en 1941.[453] Dans le contexte de refonte du système éducatif, l'offre pédagogique s'enrichit : les écoles primaires, les manuels scolaires et les magazines pour enfants représentent la moitié des publicités du *Shenbao* en 1924 et près de 80% en 1941. Une lecture attentive des annonces scolaires met en évidence une spécialisation vers le jeune âge et la puériculture. Sans doute plus à l'aise dans les publications spécialisées (magazines pour enfants), les jouets manufacturés restent marginaux dans la presse quotidienne.[454] Jugés nocifs ou inappropriés, certains produits tels que les cigarettes, les boissons alcoolisées et les divertissements restent incompatibles avec l'enfance.

L'enfance s'installe progressivement dans l'imaginaire publicitaire. Avant la Première Guerre mondiale, elle apparaît comme une catégorie relativement floue et indifférenciée. Les stades successifs de l'enfance sont signalés uniquement par la nature des produits : lait infantile pour les nourrissons, littérature pédagogique

---

451 Concernant les programmes nationalistes centrés sur l'enfance, voir notamment Margaret Tillman, *Raising China's Revolutionaries : Modernizing Childhood for Cosmopolitan Nationalists and Liberated Comrades, 1920s–1950s* (Columbia University Press, 2018).

452 « An Analytical Study of Advertisements in Chinese Newspapers », 139–143.

453 Glaxo Powdered Milk, *SB*, 3 janvier 1924, 20 ; Betavit, *SB*, 5 février 1941, 4.

454 Susan Fernsebner, « A People's Playthings : Toys, Childhood, and Chinese Identity, 1909–1933 », *Postcolonial Studies* 6, n° 3 (2003) : 269–293.

pour les enfants scolarisés et les jeunes adultes. La division entre les âges s'affine dans les années 1920. A travers les mots et les images, le nouveau-né (ying'er, yinghai) se distingue de plus en plus nettement de l'enfant préscolaire ou déjà scolarisé. En 1934, l'âge est même précisément chiffré dans une publicité pour Quaker Oats, indiquant que le produit peut être consommé dès l'âge de trois mois.[455] Dans les années 1930, les publicités pour Kepler représentent des enfants plus âgés (ertong) ou en phase de croissance (shengzhang qizhong), tandis que China Publishing House (Zhonghua shuju) propose des manuels conformes au programme officiel du Ministère de l'Education pour les enfants scolarisés du niveau primaire au collège.[456] L'adolescence, en revanche, affleure avec peine dans la publicité chinoise, alors qu'elle est bien représentée dans la publicité américaine depuis les années 1910.[457]

Quel que soit leur âge, les enfants représentés dans le *Shenbao* servent essentiellement d'*appeal* commercial. Souvent représentés sur l'illustration principale, ils peuvent aussi être incorporés plus discrètement dans le logo de la marque, comme Virol, Glaxo, ou Baby's Own Tablet.[458] Dans les années 1930, ils sont placés au centre des scènes de familles heureuses, regardant fixement l'observateur (ou observatrice) pour l'attendrir.[459] C'est aussi à cette période qu'apparaissent les premiers concours de bébés. Les annonceurs s'appuient sur ces événements pour faire la promotion de toutes sortes de produits infantiles et domestiques dans les magazines populaires comme *Liangyou* (Young Companion) et les expositions commerciales comme Better Homes Exhibition (chapitre 2).[460] Sous le régime nationalsite, les annonceurs font un usage plus politique de l'enfance, n'hésitant pas à détourner les programmes nationalistes à leurs fins commerciales. En 1934, par exemple, la maison d'édition Beixin Bookstore (Beixin shuju) joue sur la fibre patriotique de ses lecteurs en plaçant ses manuels scolaires sous l'égide de l'Année de l'enfance officiellement proclamée par le gouvernement.[461]

Malgré leur emprise visuelle, les enfants sont rarement les destinataires des publicités. Dépourvus de pouvoir d'achat, ils n'intéressent pas directement les an-

455 Quaker Oats, *SB*, 1er janvier 1934, 16.

456 Kepler, *SB*, 1er janvier 1934, 24 ; Zhonghua shuju, *SB*, 5 janvier 1934, 1.

457 Jeffrey Jensen Arnett, *Emerging Adulthood the Winding Road from the Late Teens through the Twenties* (New York ; Oxford : Oxford University Press, 2004) ; Paula S Fass, *The Routledge History of Childhood in the Western World* (London : Routledge, 2012), 229–248.

458 Virol, *SB*, 6 janvier 1914, 14 ; Scott's Emulsion, *SB*, 3 janvier 1924, 20 ; Glaxo, *SB*, 3 janvier 1924, 20.

459 Kepler, *SB*, 1er janvier 1934, 24 ; *SB*, 1er février 19141, 7.

460 Wang Zhenzhu, « Popular Magazines and the Making of a Nation » ; « Chinese Baby Contest Due at Homes Exhibit – Details will be told soon by the China Press », *China Press*, 11 février 1937.

461 *SB*, 1er Janvier 1934, 6.

nonceurs. L'histoire du jeune Chinois économisant péniblement pour se payer le luxe d'une poignée de raisins secs n'est qu'une fable inventée par la société californienne Sun Maid pour ses clients occidentaux en mal d'orientalisme.[462] Alors qu'elle commence à se développer chez les classes moyennes américaines, la pratique de l'argent de poche n'est pas monnaie courante en Chine.[463] A partir des années 1930, cependant, plusieurs publicités parues dans le *Shenbao* suggèrent que les publicitaires cherchent à interagir plus directement avec les enfants. Les illustrations servent d'intermédiaires, en particulier lorsque les annonceurs s'adressent à des enfants non scolarisés qui ne maîtrisent pas encore la lecture. En 1934, par exemple, la marque américaine Listerine exploite le personnage de Mickey Mouse pour s'attirer la sympathie du jeune consommateur, en lui promettant un jouet gratuit contre l'achat d'une brosse à dents.[464] Ces formes d'interpellation directe sont cependant exceptionnelles. Dans un journal généraliste comme le *Shenbao*, elles suggèrent que les enfants feuilletaient la presse quotidienne seuls ou en présence d'un adulte servant d'interprète. Les professionnels se tournent aussi vers la publicité extérieure pour atteindre les jeunes publics peu éduqués. Dans les rues de Shanghai, les annonceurs exploitent les projections lumineuses, les parades, les montgolfières, les camions radiophoniques et les défilés d'animaux pour attirer les enfants.[465] Certains promoteurs s'invitent dans les écoles et d'autres lieux dédiés à la jeunesse. En 1935, le producteur W.H. Jansen propose de projeter dans les écoles de Shanghai des films semi-commerciaux visant à inculquer aux écoliers les règles élémentaires d'hygiène publique, tout en faisant la promotion du lait Lactogen.[466] L'année suivante, China Soap Company reprend la même idée en étendant ses projections en plein air.[467] Il est vraisemblable que

462 « Only raisins supremely fine could win such world-wide favor », *Saturday Evening Post*, 6 août 1927. A ce sujet, voir : Cécile Armand, « The Grapes of Happiness : Selling Sun-Maid Raisins to the Chinese in the 1920s–1930s », *Asia Pacific Perspectives* XIII, n° 2 (Fall/Winter 2015).

463 Sur la question de l'argent de poche, voir : Cécile Armand, « WWII (3-2-2) – Les âges en guerre : les jeunes et les vieux (l'interdépendance des générations) », Billet, *Advertising History* (blog), consulté le 19 avril 2020, https://advertisinghistory.hypotheses.org/2547.

464 Listerine, *SB*, 6 janvier 1934, 13.

465 « Magic lantern Advertising Board – Berlin Transparent Advertising Company », SMA (SMC), U1-14-3250, U1-3822 (1939) ; « Prohibition of Street Advertising by ‹ Sandwichmen › », SMA (SMC), U1-3-3917 (1930).

466 « Advertising by Means of Cinematograph Displays. W.H. Jansen Cinema exhibitions in Markets, Schools, etc. », SMA (SMC), U1-4-3820 (1935).

467 « The China Soap Company, Limited. Advertising by Means of Cinematograph Displays », SMA (SMC), U1-4-3820 (1936).

les deux annonceurs se sont inspirés de campagnes similaires conduites par la compagnie Colgate aux Etats-Unis avant la Première Guerre mondiale.[468]

Malgré l'importance centrale de la piété filiale dans la société chinoise, les personnes âgées restent en retrait sur les publicités du *Shenbao* (15%). L'affaiblissement supposé des besoins et des désirs au fil des ans, l'espérance de vie écourtée par les guerres, les famines et les épidémies, la perte d'autonomie et l'insuffisance des ressources propres dans une société où la solidarité intergénérationnelle continue à jouer un rôle essentiel, sont autant de facteurs détournant les annonceurs du marché des seniors. Proche de la mort, la vieillesse est généralement représentée sur un mode négatif, comme le prolongement inéluctable de l'âge moyen qu'il faut s'efforcer de retarder. En 1924, une publicité pour l'International Correspondence School (ICS) représente la vie d'un homme sous l'angle de sa carrière professionnelle divisée en décennies. L'âge actif se déroule entre trente et cinquante ans, et ses prolongements ne sont pas même envisagés.[469] La hantise de la vieillesse est latente dans les nombreuses publicités médicales, comme De Witt et Doan Backacke & Kidney Pills, qui promettent d'augmenter la longévité et de soulager les rhumatismes, les troubles digestifs ou urinaires.[470] Cependant, la vieillesse a plusieurs facettes dans l'imaginaire publicitaire. La face négative qui l'assimile à la maladie et à la mort s'estompe dans les années 1930, et la vieillesse devient synonyme de sagesse et de longévité. Pendant la guerre, elle s'incarne à travers la figure du Père Noël et les scènes de famille à générations multiples. En 1949, la vieillesse souriante finit par l'emporter sur l'angoisse, reflétant la tendance plus générale de la publicité d'après-guerre à s'orienter vers l'optimisme.[471]

Les adultes sont finalement les consommateurs qui intéressent le plus les annonceurs. Bien qu'implicites, ils sont omniprésents sur les publicités et sont associés à toutes les catégories de produits. Ce sont eux qui concentrent le pouvoir d'achat, les besoins et les désirs, la capacité d'agir et de décider. Lecteurs réguliers de la presse, ils se déplacent quotidiennement dans les rues encombrées d'affiches et de panneaux. L'âge actif n'a qu'une limite : le manque de temps et de disponibilité pour lire attentivement les publicités. Rarement nommé et chiffré, l'âge moyen affleure comme un intervalle par défaut sur plusieurs publicités pour Ke-

---

468 J. Walter Thompson Company, Newsletter Collection. Box MN2 (1916–1922).

469 « International Correspondence School (ICS) », *SB*, 1er janvier 1924, 1.

470 De Witt Longlife Pills (Qinchuan meirong zhi mijue) », *SB*, 3 janvier 1924, 8 ; Longlife Vita-Spermin, *SB*, 4 janvier 1934, 11 ; De Witt Kidney Pills (Diweide bushenwan, *SB*, 1er février 1941, 7.

471 Sanatogen (Sannatujin), *SB*, 3 janvier 1924, 16 ; Kepler Cod Liver Oil, *SB*, 1er février 1941, 7 ; 99 Vitamin (Jiujiu weita), *SB*, 8 janvier 1949, 1.

pler Cod Liver Oil, International Dispensary ou Fourvita.[472] Tiraillé entre l'enfance et la dégénérescence, l'âge adulte oscille entre un pôle positif qui l'assimile à la force, à la jeunesse, à la santé et au plaisir, comme Huamei Tobacco Company ou Taogu Shuntian guan[473], et un pôle négatif qui l'entraîne vers la maladie, l'échec professionnel et la déchéance sociale, à l'exemple de De Witt ou Fuji Kidney Pills.[474] Malgré une phase pessimiste dans les années 1930, la face positive l'emporte de manière générale et triomphe à la fin de la période.

Conclusion

Lointaines héritières des *chops* servant à sceller les marchandises, les marques commerciales se développent au début de la République pour combler les lacunes du droit protégeant la propriété industrielle. Signalées par un nom propre et un logo distinctif, ces marques d'un genre nouveau confèrent aux produits une certaine autonomie par rapport à leur fabricant, en les dotant d'une identité propre qui les rapproche des consommateurs. Les marques identitaires ne font pas pour autant disparaître les anciennes marques de fabrique, qui connaissent même une embellie sous le régime nationaliste grâce à la création des normes certifiées par le ministère de l'industrie. Si les premières marques célèbres sont l'œuvre d'une élite de multinationales et d'industriels vernaculaires tels que Huang Chujiu ou Chen Diexian, la créativité des agences professionnelles introduit un véritable changement d'échelle dans les années 1920, en généralisant les marques à tous les secteurs et en permettant aux annonceurs plus modestes de construire leur propre image de marque.

L'adoption des marques varie cependant d'un secteur à l'autre et au cours du temps. Avant la Première Guerre mondiale, les marques pionnières sont associées aux produits de luxe, en particulier les cigarettes, les alcools, les *patent medicines* et la culture des apparences. Après la guerre, la multiplication des marques est portée par le *boom* des industries de consommation, notamment dans le secteur alimentaire et les cosmétiques. La créativité des annonceurs culmine dans les années 1930, puis décline pendant la guerre sino-japonaise, mais connaît une ultime

---

472 Kepler Cod Liver Oil, *SB*, 3 janvier 1924, 8 ; International Correspondence School, *SB*, 1er janvier 1924, 1 ; International Dispensary Cod Liver Oil (Wuzhou rubai yuganyou), *SB*, 6 janvier 1934, 8 ; Fourvita (Fuweita), *SB*, 2 février 1941, 7.

473 Taogu Shuntian guan, *SB*, 3 janvier 1914, 8 ; Huamei Tobacco Company (Maskee), *SB*, 5 janvier 1934, 1.

474 De Witt Kidney Pills, *SB*, 1er février 1941, 7 ; Fuci Kidney Pills, *SB*, 3 février 1941, 7.

embellie avant la révolution communiste. La diversité des marques engendre une différenciation plus fine des consommateurs, même si leur sexe, leur âge et leur statut social sont souvent difficiles à déterminer à partir des seules publicités. La littérature professionnelle fournit une source plus fiable pour discerner les intentions des publicitaires et de leurs clients.

Troisième partie : **Théories et pratiques publicitaires**

Chapitre 7
Ce que disent les manuels

Qu'est-ce qu'une bonne publicité ? Quelles règles doit-elle respecter ? Quelles erreurs doit-elle éviter ? Les années 1920 voient fleurir toute une littérature professionnelle que l'on peut décomposer en deux ensembles : d'un côté, les enquêtes dressant un état des lieux de la publicité en Chine, de l'autre, les manuels pédagogiques fournissant aux jeunes publicitaires des conseils pratiques pour les aider à concevoir leurs publicités. Ce chapitre constitue la première étude consacrée à la littérature publicitaire produite en Chine entre la fin de la Première Guerre mondiale et la révolution communiste. Il montre comment ces textes contribuent à mieux codifier les pratiques et à doter la profession d'un corps de doctrine spécifique. Dans ce chapitre, les manuels sont analysés en série afin de comprendre comment le contexte socio-politique et l'apport des nouvelles sciences cognitives informent la construction des théories et des pratiques publicitaires pendant la période républicaine. La première partie brosse un panorama général de la littérature professionnelle et met en évidence l'affirmation d'une littérature de langue chinoise à la fin des années 1920. Les deux sections suivantes examinent plus en détail comment la publicité imprimée et la publicité extérieure sont traitées dans les manuels.

L'émergence d'une littérature professionnelle

Les premiers textes professionnels sont rédigés en langue anglaise par des expatriés ou des envoyés spéciaux d'origine nord-américaine. Ils ciblent un public d'entrepreneurs ou d'investisseurs étrangers intéressés par le marché chinois. Ces textes relativement brefs prennent la forme de rapports, d'articles de presse ou de chapitres d'ouvrage. Ils sont l'œuvre d'individus, comme le publicitaire Carl Crow, ou d'institutions spécialisées comme le bureau de l'attaché commercial (Bureau of Foreign and Domestic Commerce, rattaché au Department of Commerce). A l'exception de certaines enquêtes publiées par des institutions chinoises, comme le Bureau of Economic Information (Jingji taolun chu), ces premiers textes à caractère ethnographique véhiculent les préjugés que les auteurs et leurs contemporains entretiennent à l'égard de la société chinoise.

Le Department of Commerce américain est à l'origine de plusieurs textes importants. Publiée en 1921 à l'issue de sa mission, l'enquête du *trade commissioner* J. Sanger aborde successivement l'histoire de la publicité, les médias, les produits et les habitudes de consommation des Chinois. La Chine ne constitue cependant

https://doi.org/10.1515/9783111336343-008

qu'une partie de l'étude, avec le Japon et les Philippines. Paru en 1926, le volumineux manuel de commerce dirigé par l'attaché commercial Julean Arnold comporte un chapitre spécial sur la publicité, rédigé par Carl Crow, mais la publicité n'est pas l'objet central du livre. En dehors de ces textes publiés, les archives américaines ont conservé plusieurs rapports richement documentés sur la publicité chinoise. Parmi les plus substantiels, le rapport du consul américain à Shanghai, J. Black, compilé en 1932, comporte trois parties embrassant tous les aspects de l'activité publicitaire, les différents supports, les techniques de composition, l'étude des marchés, les règlements municipaux, des enquêtes réalisées auprès des journaux et une liste des agences professionnelles. Dans les années 1920, la revue officielle du Bureau of Economic Information, le *Chinese Economic Monthly* (Zhongguo jingji yuekan), fait paraître deux articles sur la publicité, déjà mentionnés dans les chapitres précédents.[475] Paru en 1926, le premier présente les résultats de l'étude conduite par les deux chercheurs de l'université Qinghua analysant la nature des publicités dans cinq journaux chinois.[476] Publié en 1929, le second est le fruit de l'enquête du journaliste américain C.A. Bacon retraçant le développement de la publicité en Chine. L'auteur analyse les médias, les méthodes, la nature des produits et les agences actives à Shanghai.[477] En dehors de ces textes officiels, la presse locale rapporte les activités des organisations professionnelles et rend compte des conférences organisées par les associations et les universités.

A la différence d'autres professions comme les ingénieurs et les médecins, les associations de publicitaires ne semblent pas avoir publié de revues spécialisées. Le thème de la publicité et de son utilité sociale est abordé dans les catalogues d'expositions nationales[478] et les ouvrages traitant de sujets proches, comme la

---

475 Publié de 1921 à 1937, le *Chinese Economic Bulletin/Monthly* (Zhongguo jingji yuekan) est la revue officielle du Bureau d'information économique (Jingji taolun chu), placé sous l'autorité du ministère de l'industrie. Il est réorganisé sous le nom de Bureau of Industrial and Commercial Information (Gongshang fanwen ju) en 1928, puis Bureau of Foreign Trade (Guoji maoyi ju) en 1931. En parallèle, le *Chinese Economic Monthly* est renommée *Chinese Economic Journal* en 1931 puis *Chinese Economic Journal and Bulletin* en 1935.

476 « An Analytical Study of Advertisements in Chinese Newspapers », *Chinese Economic Monthly* 3, n° 4 (avril 1926) : 139–1943.

477 C.A. Bacon, « Advertising in China », *Chinese Economic Journal and Bulletin* 5, n° 3 (septembre 1929) : 754–767.

478 Ma Yinchu, « Zhongguo guohuo shiye fazhan zhi zhang'ai jiqi jiuji zhi fangfa (Les obstacles au développement de l'industrie chinoise, et les moyens d'y remédier) », in *Zhonghua guohuo zhanlanhui jinian tekan* (Numéro spécial sur l'exposition des produits nationaux) (Shanghai : Guomin zhengfu gongshangbu, 1928) ; Pan Junxiang, *Zhongguo jindai guohuo yundong* (Le mouvement pour la promotion des produits nationaux en Chine) (Beijing : Zhongguo wenshi, 1995).

grande histoire du journalisme publiée par Ge Gongzhen en 1927.[479] Dans le catalogue, la publicité est valorisée comme une arme indispensable dans la guerre commerciale, tandis que sous la plume du journaliste, elle est critiquée comme nuisible à la réputation des journaux et à l'éthique des journalistes. En dehors de ces ouvrages généraux, la seule publication spécialisée connue est la revue trimestrielle éditée par Xu Baiyi, directeur de l'agence Lianhua (Lianhua guanggao gongsi), intitulée *Guanggao yu tuixiao jikan* (*Publicité et promotion*), mais elle ne paraît que quelques mois avant le déclenchement de la guerre sino-japonaise. Richement illustrée, la revue est imprimée en couleurs. Elle comporte plusieurs sections thématiques abordant tous les aspects de la profession et valorisant les études comparatives avec d'autres pays.[480]

Parus au début des années 1920, les premiers manuels en langue chinoise sont traduits de manuels américains, parfois par l'intermédiaire de traducteurs japonais.[481] Par exemple, le manuel intitulé *Guanggao xinglixue* (Psychologie de la publicité), publié en 1925, est traduit par l'auteur japonais Iseki Jiro (井关十二郎) à partir de l'ouvrage du psychologue américain Walter Dill Scott (1878–1932), *The Psychology of Advertising*, paru en 1908.[482] Dès la fin des années 1920, cependant, les auteurs chinois s'affranchissent de la littérature étrangère et commencent à introduire des connaissances nouvelles acquises de première main pendant leurs études aux États-Unis. Ces manuels ciblent un public différent des premiers textes étrangers, à savoir la nouvelle génération de publicitaires formés dans les universités chinoises. Signe que ces manuels répondent à une forte demande, les publications se multiplient au cours des décennies suivantes. Plus d'une quinzaine de titres différents paraissent entre 1918 et 1948, avec un pic remarquable en 1930 [Table 2]. Deux grands éditeurs commerciaux se partagent le marché : la Commercial Press (12 titres, 48%) et China Bookstore (Zhonghua shuju) (8, 32%). Les rééditions multiples suggèrent que la discipline évolue rapidement et que les connaissances nécessitent d'être régulièrement mises à jour. Le *bestseller* de Gan Yonglong, par exemple, connaît quatre rééditions

479 Ge Gongzhen, *Zhonguo baoxue shi* (Histoire de la presse en Chine) (Shanghai : Commercial Press, 1927).

480 *Shenbao*, 12 mai 1936.

481 Sur le rôle médiateur des traducteurs japonais dans d'autres domaines de savoir, voir : Hsiao-yen Peng et Isabelle Rabut, *Modern China and the West : Translation and Cultural Mediation* (Leiden ; Boston : Brill, 2014) ; Natascha Vittinghoff et Michael Lackner, éd., *Mapping Meanings the Field of New Learning in Late Qing China* (Leiden ; Boston : Brill, 2004).

482 Iseki Jiro, *Guanggao xuzhi* (Manuel de publicité) (1925 : Commercial Press, 1925) ; Walter Dill Scott, *The Psychology of Advertising : A Simple Exposition of the Principles of Psychology in Their Relation to Successful Advertising* (Boston : Small, Maynard & Co., 1908).

Table 2: Liste des principaux manuels de publicité parus en Chine entre 1918 et 1948.

Auteur(s)		Titre			Editeur			Année de publication	Lieu de publication
Ding Xinbo	丁馨伯	Guanggao xue	廣告學	La science publicitaire	立信會計圖書用品社	Lixin kuaiji tushu yongpin she	Lixin Accounting Books and Supplies Co., Ltd.	1944	Shanghai
Feng Hongxin	馮鴻鑫	Guanggao xue	廣告學	La science publicitaire	中華書局	Zhonghua shuju	Chung Hwa Bookstore	1946	Shanghai
Feng Hongxin	馮鴻鑫	Guanggao xue	廣告學	La science publicitaire	中華書局	Zhonghua shuju	Chung Hwa Bookstore	1948	Shanghai
Gan Yonglong	甘永龍	Guanggao xuzhi	廣告須知	Les clés de la publicité	商務印書館	Shangwu yinhshuguan	Commercial Press	1927	Shanghai
Gan Yonglong	甘永龍	Guanggao xuzhi	廣告須知	Les clés de la publicité	商務印書館	Shangwu yinhshuguan	Commercial Press	1933	Shanghai
Gan Yonglong	甘永龍	Guanggao xuzhi	廣告須知	Les clés de la publicité	商務印書館	Shangwu yinhshuguan	Commercial Press	1935	Shanghai
Gan Yonglong	甘永龍	Guanggao xuzhi	廣告須知	Les clés de la publicité	商務印書館	Shangwu yinhshuguan	Commercial Press	1939	Shanghai
Gao Boshi	高伯時	Guanggao qianshuo	廣告淺說	Introduction à la publicité	中華書局	Zhonghua shuju	Chung Hwa Bookstore	1930	Shanghai
Gao Boshi	高伯時	Guanggao qianshuo	廣告淺說	Introduction à la publicité	中華書局	Zhonghua shuju	Chung Hwa Bookstore	1932	Shanghai

Iseki Jiro	井關十二郎	Guanggao xinlixue	廣告心理學	Psychologie de la publicité	商務印書館	Shangwu yinhshuguan	Commercial Press	1925	Shanghai
Iseki Jiro	井關十二郎	Guanggao xinlixue	廣告心理學	Psychologie de la publicité	商務印書館	Shangwu yinhshuguan	Commercial Press	1931	Shanghai
Kuai Shixun	蒯世勳	Guanggao ABC	廣告學ABC	L'ABC de la publicité	世界書局	Shijie shuju	World Bookstore	1928	Shanghai
Kuai Shixun	蒯世勳	Guanggao ABC	廣告學ABC	L'ABC de la publicité	世界書局	Shijie shuju	World Bookstore	1929	Shanghai
Liu Baoru	劉葆儒	Guanggao xue	廣告學	La science publicitaire	中華書局	Zhonghua shuju	Chung Hwa Bookstore	1930	Shanghai
Liu Baoru	劉葆儒	Guanggao xue	廣告學	La science publicitaire	中華書局	Zhonghua shuju	Chung Hwa Bookstore	1932	Shanghai
Liu Baoru	劉葆儒	Guanggao xue	廣告學	La science publicitaire	中華書局	Zhonghua shuju	Chung Hwa Bookstore	1936	Shanghai
Lu Meiseng	陸梅僧	Guanggao	廣告	La publicité	商務印書館	Shangwu yinhshuguan	Commercial Press	1940	Shanghai
Lu Meiseng	陸梅僧	Guanggao	廣告	La publicité	商務印書館	Shangwu yinhshuguan	Commercial Press	1947	Shanghai
Su Shangda	蘇上達	Guanggaoxue gangyao	廣告學綱要	L'essentiel de la publicité	商務印書館	Shangwu yinhshuguan	Commercial Press	1930	Shanghai
Su Shangda	蘇上達	Guanggaoxue gailun	廣告學概論	Les fondamentaux de la publicité	商務印書館	Shangwu yinhshuguan	Commercial Press	1934	Shanghai

(suite)

Table 2 (suite)

Auteur(s)		Titre			Editeur			Année de publication	Lieu de publication
Sun Xiaojun	孫孝鈞	Guanggao jingjixue	廣告經濟學	L’économie de la publicité	南京書店	Nanjing shudian	Nanking Bookstore	1930	Nanjing
Wang Gongsan	王貢三	Guanggao xue	廣告學	La science publicitaire	世界書局	Shijie shuju	World Bookstore	1933	Shanghai
Wu Tiesheng, Zhu Shengyu	吳鐵聲, 朱勝愉	Guanggao xue	廣告學	La science publicitaire	中華書局	Zhonghua shuju	Chung Hwa Bookstore	1946	Shanghai
The system company (Xisidun gongsi)	晢斯敦公司	Guanggao xuzhi	廣告須知	Les clés de la publicité	商務印書館	Shangwu yinhshuguan	Commercial Press	1918	Shanghai
The system company (Xisidun gongsi)	晢斯敦公司	Guanggao xuzhi	廣告須知	Les clés de la publicité	商務印書館	Shangwu yinhshuguan	Commercial Press	1933	Shanghai
Ye Xinfo	葉心佛	Guanggao shishixue	廣告實施學	La publicité en pratique	中國廣告學社	Zhongguo guanggao xueshe	China Advertising Society	1935	Shanghai

sucessives entre 1927 et 1939.[483] Si certains auteurs sont des praticiens, comme Lu Meiseng, la plupart sont des universitaires, comme Sun Xiaojun, qui enseigne le journalisme à l'université Nanyang, ou Ding Xingbo, professeur d'économie à l'école de commerce de Huaxi.

Les manuels portent des titres très similaires et leurs contenus sont assez stéréotypés. Après une section introductive retraçant l'histoire générale de la publicité, les chapitres suivants expliquent la composition de la *copy*, les techniques de réalisation, la planification des campagnes et les études de marché. Les contenus évoluent cependant pour intégrer de nouveaux supports, comme la publicité mobile et lumineuse, et de nouvelles approches inspirées des sciences cognitives. Les auteurs s'efforcent de traduire dans la langue vernaculaire les concepts tirés de la littérature anglophone. Les néologismes sont placés entre parenthèses au milieu du texte chinois afin d'être mieux mémorisés et signaler en passant le capital culturel de leurs auteurs.[484]

Les fondements de la *copy*

Forgée par les publicitaires américains au tournant du XXe siècle, la notion de *copy* désigne l'ensemble des éléments constitutifs d'une publicité. Introduite en Chine au début des années 1920, elle est traduite dans la langue vernaculaire par le terme *guanggao gao*. Selon Lu Meiseng, une bonne *copy* doit faire preuve d'originalité, d'honnêteté et d'empathie avec le lecteur, ce qui nécessite à la fois des qualités littéraires et des connaissances en psychologie et en sciences commerciales.[485] Le terme prend une tournure plus technique après la Seconde Guerre mondiale. Dans leur manuel paru en 1946, Wu et Zhu expliquent que la préparation de la *copy* intervient au terme de plusieurs étapes préparatoires, incluant l'étude du produit, les conditions du marché et l'inventaire des médias disponibles. Influencés par les sciences nouvelles du *marketing*, les auteurs insistent sur le fait que la *copy* doit impérativement partir du produit et tenir compte de ses matériaux, son processus de fabrication et l'histoire de son fabricant. Le *copywriter* doit aussi s'ajuster à la

483 Gan Yonglong, *Guanggao xinglixue* (Psychologie de la publicité) (Shanghai : Commercial Press, 1927).
484 Sur la fonction des néologismes dans les textes scientifiques, voir notamment : Vittinghoff, *Mapping Meanings the Field of New Learning in Late Qing China* ; Mullaney, 2017, 206–250.
485 Lu Meiseng, *Guanggao* (La publicité) (Shanghai : Commercial Press, 1940), 40, 65.

conjoncture économique et aux caractéristiques des consommateurs ciblés, en particulier leur âge, leur sexe et leurs habitudes d'achat.[486]

Quelle que soit la définition retenue, tous les auteurs s'accordent sur le fait que la *copy* comprend toujours au moins deux éléments principaux : un texte et une image.

Le texte, entre clarté et simplicité

Les pionniers d'origine étrangère insistent sur le fait que le texte doit être rédigé dans un langage simple et précis, dépourvu de toute ambiguïté. Bien que la publicité ne soit pas une œuvre littéraire, le *copywriter* ne doit pas pour autant sombrer dans la vulgarité, ni faire preuve de familiarité excessive. Il doit s'efforcer de maintenir un registre de langue respectueux en utilisant les formules de politesse conventionnelles.[487] Carl Crow précise que les publicités en langue chinoise doivent être plus littérales et pédagogiques que celles destinées au marché américain, car elles ont souvent pour but d'introduire des produits encore inconnus en Chine.[488]

Les auteurs chinois reprennent ce principe de simplicité en l'inscrivant dans le contexte de réforme linguistique visant à créer une langue vernaculaire (baihua) compréhensible par tous les citoyens de la République.[489] Paru en 1928, le manuel de Kuai Shixun consacre un chapitre entier au texte publicitaire. Transposant les conseils formulés par ses prédécesseurs étrangers, l'auteur décourage l'usage du chinois classique et des proverbes littéraires, en particulier pour s'adresser aux couches populaires (xiang putong dazhong shuohua de). Le registre de langue (ziyan), précise-t-il, doit correspondre au niveau d'éducation moyen des gens ordinaires. Le texte doit être à la fois simple (jianming) et clair (qianxian) et la chute particulièrement soignée de manière à déclencher l'acte d'achat. Le *copywriter* ne doit pas se contenter de construire des phrases grammaticalement correctes mais doit aussi leur « insuffler une âme ».[490] Les manuels postérieurs confortent ces principes en leur instillant une teneur psychologique. Wu et Zhu soulignent que le

486 Wu Tiesheng et Zhu Shengyu, *Guanggaoxue* (La science publicitaire) (Shanghai : Zhonghua shuju, 1946), 110.

487 Carl Crow, « When You Advertise to Orientals », *Printers' Ink Monthly*, Décembre 1927, 119.

488 Carl Crow, « When You Advertise to Orientals », 116. Voir aussi : A.C. Row, « The Art of the Poster », *North China Herald*, février 1920.

489 Concernant la réforme linguistique, voir Elisabeth Kaske, *The Politics of Language in Chinese Education, 1895–1919*, vol. 82, Sinica Leidensia (Leiden : Brill, 2007).

490 Kuai Shixun, *Guanggao ABC* (L'ABC de la publicité) (Shanghai : Shijie shudian, 1928), 38–51.

texte doit être d'autant plus bref et immédiatement compréhensible (mingbai) que le lecteur dispose d'un temps d'attention limité.[491]

Titres et slogans

Absente de la littérature étrangère, la notion de titre (biaoti) fait son entrée dans les manuels chinois à la fin des années 1920. Présenté comme l'« âme » (guihun) de la publicité, le titre est considéré comme un élément déterminant de son succès.[492] Au plan formel, un bon titre doit être bref et occuper une position proéminente. Les auteurs établissent un rapport direct entre la brièveté du titre et la capacité de mémorisation du lecteur : plus le titre est court, plus il est facile à retenir. Dans les années 1920, différentes expériences visant à déterminer la longueur idéale du titre s'accordent sur une longueur moyenne de cinq à sept caractères. Comme pour le texte principal, le rédacteur doit privilégier des mots simples, évitant l'exagération et les subtilités littéraires. A titre d'exemple, Lu Meiseng cite la banque Far East Saving Company (Dongfang chuxuyin gongsi) pour son titre à la fois bref et accrocheur : « Décide (Juexin) ! ».[493] Certains manuels entreprennent de classifier les titres possibles. Les titres qui reprennent simplement le nom de la marque ou de l'entreprise sont privilégiés par les annonceurs jouissant déjà d'une solide réputation, comme la Commercial Press (Shangwu yinshuguan). Les titres factuels (fufan biaoti), très utilisés pour les cosmétiques, tendent à disparaître à la fin des années 1920. Les titres injonctifs (mingling biaoti) doivent être employés avec prudence, avertissent les auteurs, car ils peuvent heurter les clients sensibles aux règles de courtoisie. Deux enquêtes publiées dans le *China Yearbook* et le journal japonais *Mainichi* à la fin des années 1920 révèlent que 75% des publicités portent des titres nominatifs, 20% des titres factuels et moins de 5% reposant sur l'injonction ou la séduction (quanxiu biaoti).[494]

Le concept de slogan apparaît assez tardivement dans la littérature professionnelle. Inexistant dans les textes étrangers, il est introduit après la Seconde Guerre mondiale sous le terme *biaoyu*.[495] Wu et Zhu lui assignent deux fonctions principales : aider les consommateurs à se familiariser avec les marques et four-

491 Wu Tiesheng et Zhu Shengyu, *Guanggaoxue* (La science publicitaire) (Shanghai : Zhonghua shuju, 1946), 81.

492 Kuai, 23.

493 Lu, 78–83.

494 Su Shangda, *Guanggaoxue gailun* (Les fondamentaux de la publicité) (Shanghai : Commercial Press, 1929), 33–40.

495 Lu, 92–94.

nir aux détaillants un argument de vente prêt à l'emploi. Ils en préconisent l'usage pour les produits dits « superflus », comme les cigarettes et les cosmétiques. Les deux auteurs constatent après la guerre que les slogans sont encore peu répandus dans la publicité chinoise. L'industrie du tabac, notamment le géant chinois Huacheng, constitue une exception remarquable. Ses deux marques phares, My Dear (Meili) et The Rat (Jinshu), ont chacune leur propre slogan, jouant subtilement sur le son et le sens des caractères chinois : « Quand on a la beauté, on a tout » (You mei ji bei, wu li bu zhen) promet My Dear, tandis que The Rat vante ses qualités aromatiques et son prix raisonnable (Yanwei hao, jiaqian qiao). La rime interne vient flatter non seulement la vue mais aussi la sensibilité musicale et olfactive du consommateur.

Entre le mot et l'image : logo et typographie

Comme l'a montré le chapitre précédent, les marques sont généralement assorties d'un élément visuel permettant de les reconnaître immédiatement. Observant que les marques les plus populaires sont toutes pourvues d'un logo, le *trade commissioner* américain en conclut qu'il s'agit d'un élément crucial pour toucher les populations peu éduquées :

> The best ‹ chop › is nearly always pictorial, supplemented in most cases with a few easily read Chinese characters. One of the very best chops is that used by the Japanese « Jintan », which is advertised and used all over China. This chop consists of nothing but the head and shoulders of a man wearing a distinctive kind of hat, together with two simple Chinese characters that even the most illiterate coolie can read and remember.[496]

Les auteurs chinois précisent que le logo peut prendre la forme d'un symbole, d'un sinogramme ou d'une image rudimentaire.[497] Ils conseillent d'utiliser les ressources de la typographie (ziti) pour contourner les contraintes techniques qui affectent la qualité des illustrations et limitent l'usage des couleurs dans la presse. Lu et Su observent que certaines publicités s'inspirent de styles calligraphiques anciens, mais constatent que ces pratiques tendent à disparaître avec la nouvelle génération de publicitaires formés après l'abolition des examens impériaux (1905), qui n'ont pas reçu l'éducation classique de leurs aînés.[498]

---

496 Sanger, 67.

497 Kuai, 87-88.

498 Su, 48 ; Lu, 108. Concernant l'abolition des examens impériaux et son impact sur la formation des élites, voir : Benjamin A Elman, *Civil Examinations and Meritocracy in Late Imperial China* (Harvard University Press, 2013).

Une attention nouvelle à la composition

Introduite dans les manuels chinois à la fin des années 1920, la notion de composition (jiegou) est définie comme la combinaison rationnelle des éléments textuels et visuels. Constatant que les textes publicitaires restent très denses, les auteurs insistent sur l'importance de l'espace blanc (kongbai). Dans la mesure où le coût est indexé sur la surface occupée, dans les journaux comme dans les espaces extérieurs, cette recommandation n'est pas facile à faire admettre. Kuai conseille d'aérer au maximum et de ne pas surcharger la publicité. Une utilisation efficace du vide, insiste-t-il, rend le texte plus lisible et permet de mieux faire ressortir le message.[499] Après la Seconde Guerre mondiale, le manuel de Wu et Zhu prend un tournant plus théorique en introduisant les trois « lois de composition » définies par les spécialistes en sciences cognitives – lois de magnitude, de séparation et de mouvement. Inspirés par les travaux du psychologue américain Daniel Starch (1883–1979), les deux auteurs consacrent de longues digressions à la psychologie des formes. A travers l'exemple des cosmétiques Gemey, ils prennent soin d'illustrer les étapes successives de la composition, depuis l'esquisse (lunkuotu) jusqu'au passage sur la plaque de zinc (xinban) et les épreuves finales (guanggaoyang).[500]

Absent des textes étrangers, la notion de bordure (bianyuan) s'impose dans les manuels chinois comme un élément essentiel à la composition. Dans un environnement de plus en plus saturé, l'insertion d'une bordure attire le regard et démarque la publicité de ses voisines.[501] La bordure peut aussi avoir un usage décoratif et se substituer aux illustrations. Par souci de pédagogie, Lu Meiseng illustre les différents types de bordures possibles en utilisant des exemples concrets tirés de sa clientèle. D'un point de vue technique, l'auteur souligne que l'épaisseur du cadre doit être ajustée à la taille de la publicité, conseillant de dessiner des bordures fines et sans ornement pour les petites annonces et les publicités insérées dans les colonnes des journaux.[502]

Vers une publicité plus visuelle

Les pionniers étrangers considèrent les images comme un moyen de surmonter le problème de l'illettrisme supposé massif dans la population chinoise. Selon Carl

499 Kuai, 23.
500 Wu et Zhu, 96, 103–108 ; Daniel Starch, *Advertising : Its principles, practice, and technique* (Chicago ; New York : Scott, Foresman and Company, 1914).
501 Kuai, 23.
502 Lu, 102–107.

Crow, la publicité idéale devrait être entièrement visuelle.[503] Le publicitaire américain explique que toute publicité doit comporter au minimum une reproduction du produit assortie d'un mode d'emploi illustré. Observant que les Chinois sont attentifs au moindre détail, il conseille d'éviter le style de l'esquisse, alors très en vogue dans la publicité anglo-saxonne. L'image doit au contraire reproduire fidèlement la marchandise pour permettre d'en apprécier la qualité et la quantité. Crow précise que le nombre d'éléments représentés doit impérativement correspondre à celui annoncé dans la publicité. Pour convaincre les annonceurs qui jugeraient ces précautions tatillonnes, le publicitaire raconte les déboires d'un fabricant de tabac qui n'avaient représenté que neuf cigarettes au lieu des dix promises sur l'emballage.[504]

Pour les publicitaires chinois, les illustrations (tuhua) n'ont pas seulement une fonction pédagogique, elles visent aussi à séduire (suqiu) le consommateur et déclencher sa décision d'achat.[505] Les auteurs considèrent les images comme un moyen d'embellir la *copy* et de compenser les limites de l'écrit.[506] Les illustrations, précisent-ils, doivent satisfaire aux mêmes principes de clarté et d'originalité qui s'appliquent aux textes. Elles doivent aussi être en accord avec la nature du produit. Les produits de luxe et de beauté, par exemple, appellent un imaginaire raffiné.[507] De manière générale, l'image doit être de bon goût pour ne pas heurter la sensibilité des lecteurs. Su Shangda conseille de représenter des scènes positives et de montrer les personnages sous un jour favorable afin de mettre l'acheteur dans de bonnes dispositions.[508]

Les manuels classent les images publicitaires en sept catégories : les reproductions d'emballage, qui sont les plus fréquentes ; les mises en situation, privilégiées pour les services et les biens immatériels ; l'illustration du résultat ou la comparaison avant/après, très utilisée dans les publicités médicales ; les images ne représentant qu'une partie du produit, souvent des aliments ; celles qui jouent sur les émotions et l'empathie, notamment pour les médicaments et les biens destinés à la consommation familiale ; les scènes historiques, relativement rares ; et enfin, les cas où le logo agrandi se substitue à l'illustration. Certains auteurs entrent dans les détails techniques de la réalisation. Kuai conseille par exemple de dessiner d'après photographie pour obtenir des illustrations plus réalistes. L'au-

503 Crow, « Advertising and Merchandising », 195–196.

504 Crow, « When You Advertise to Orientals », 119, 123 ; Crow, *Four Hundred Million Customers*, 10–11, 170–171 ; Bacon, 764.

505 Kuai, 53–54.

506 Lu, 106–108.

507 Lu, 108–114.

508 Su, 41–42.

teur précise que l'esquisse initiale doit être plus grande que l'image finale désirée pour tenir compte de la réduction qu'elle subit au cours de l'impression.[509]

En dehors des grands quotidiens nationaux comme le *Shenbao*, les illustrations dans la presse sont de qualité médiocre pendant toute la période républicaine. Jusqu'aux années 1940, le dessin au crayon (gangbihua) et en noir et blanc (heibaihua) restent de rigueur. Les techniques les plus sophistiquées comme le dessin au lavis (moshuihua) et le demi-ton (tongban) donnent de piètres résultats sur le papier journal.[510] La photographie (zhaopian) captive par son réalisme et sa force d'impact, mais peu d'imprimeurs ont les moyens d'acquérir les plaques de photogravure (yingxieban) nécessaires. Bien que la couleur fascine les professionnels, elle est aussi peu utilisée en raison des contraintes techniques et des coûts élevés de production. Elle n'apparaît que de manière épisodique sur les publicités de luxe comme les cigarettes et les spiritueux. Même dans les suppléments hebdomadaires et les magazines illustrés qui se développent dans les années 1930, la gamme chromatique reste limitée à deux ou trois couleurs.[511]

Concernant l'usage des couleurs, les publicitaires sont loin d'être unanimes. Alors que Millington appelle à exploiter la sensibilité particulière des Chinois aux couleurs, Carl Crow et A.C. Row conseillent d'en faire un usage parcimonieux. Crow constate que certaines couleurs appréciées en Occident, comme le bleu, sont moins bien perçues en Chine et produisent l'effet inverse de celui escompté.[512] Notant que les affiches chinoises sont plus ternes qu'en Occident, Row déconseille l'usage de couleurs trop vives.[513] De son côté, le *trade commissioner* Sanger invite à ne pas surestimer l'importance de la couleur. S'appuyant sur une enquête récente, il affirme que les différences raciales n'ont qu'une influence limitée sur le goût des couleurs et qu'il existe autant d'opinions chromatiques que d'individus.[514] Sous l'influence des publicitaires vernaculaires, les tabous sur les couleurs s'estompent progressivement.[515] Balayant les théories intuitives et ethnocentrées des pionniers, les auteurs chinois étudient rigoureusement l'influence de l'âge et du sexe des consommateurs. En s'inspirant d'une étude réalisée par une société américaine, Kuai observe que les publicités pour les cosmétiques sont généralement imprimées en couleurs et émet

509 Kuai, 57.

510 Crow, « Advertising and Merchandising », 197.

511 Lu, 115–123 ; Kuai, 65 ; Su, 45.

512 Crow, « When You Advertise to Orientals », 117–119 ; Bacon, 758. Voir aussi : « Advertising in China », *NCH*, 20 mars 1926.

513 A.C. Row, « The Art of the Poster », *North China Herald*, février 1920.

514 Sanger, 70–71.

515 « Advertising in China », *NCH*, 20 mars 1926.

l'hypothèse que les femmes sont plus sensibles aux couleurs que les hommes.[516] Concernant l'âge, son analyse révèle que les jeunes ont une préférence pour le jaune et le rouge, tandis que les consommateurs plus âgés sont davantage attirés par le vert. Bien informés des recherches récentes en sciences cognitives, Wu et Zhu analysent en détail les couleurs que l'œil peut percevoir en fonction des ondes lumineuses et les émotions qui leur sont associées.[517]

Traduire et siniser

Traduire les textes publicitaires est une question qui préoccupe très tôt les publicitaires. Elle se pose avec acuité pour les annonceurs étrangers qui désirent placer leurs publicités dans la presse chinoise. Peuvent-ils se contenter de recycler les publicités conçues pour leur marché intérieur ou bien doivent-ils les reconcevoir pour s'adapter aux conditions locales ? C'est en ces termes que les pionniers résument les enjeux de traduction au début des annés 1920. Carl Crow explique à ses clients américains que le texte d'origine ne peut être traduit littéralement, mais doit être entièrement réécrit dans la langue vernaculaire par un natif du pays.[518] Si ce principe est valable quel que soit le pays cible, ajoute A.C. Row, les difficultés sont accentuées en Chine par la diversité des dialectes locaux.[519]

De l'avis des experts, la traduction des noms de marque est une tâche particulièrement délicate. Carl Crow avertit qu'une traduction malheureuse peut définitivement ruiner la réputation d'un produit et de son fabricant. La traduction doit être simple mais suffisamment originale pour ne pas être confondue avec une marque concurrente. Alors que Sanger conseille de laisser le traducteur entièrement libre d'inventer un nom inédit, les pionniers se heurtent à l'incompréhension de leurs clients étrangers qui acceptent difficilement de changer d'identité pour s'introduire en Chine.[520] Avant d'être mise sur le marché, la marque est soumise à différents tests pour s'assurer qu'elle ne donnera lieu à aucune imitation ou détournement parodique.[521] Les manuels chinois distinguent les marques qui reprennent simplement le nom de l'entreprise, comme le fabricant de chaussettes Jinglunshan ou la pharmacie Yong'an, les noms de lieux, très souvent la Chine, Shanghai ou l'un

516 Kuai, 37, 61.

517 Wu et Zhu, 114–125.

518 Crow, « Advertising and Merchandising », 195 ; Crow, « When You Advertise to Orientals », 117 ; Crow, *Four Hundred Million Customers,* 10. Bacon, 757–758.

519 Row, « The Art of the Poster ». Voir aussi : Sanger, 72.

520 Sanger, 68. Crow, *Four Hundred Million Customers*, 192–193.

521 Crow, *Four Hundred Million Customers*, 192–193.

des cinq continents, et les noms qui évoquent des valeurs positives comme la chance (fugui) ou l'argent (jinqian) dans le cas de l'entreprise Huafeng. Lu Meiseng observe que certaines marques anglophones, comme les aiguilles U-needle, sont construites comme des mots valises produisant des effets de sens inattendus (You need), mais il en déconseille l'usage car le mandarin se prête mal à ces jeux de mots.[522]

Ce qui vaut pour les marques s'applique aussi aux produits génériques. Comment traduire dans la langue chinoise les produits nouveaux ou localement inconnus, comme l'automobile, les cosmétiques ou le fromage ? D'après Carl Crow, l'introduction des voitures en Chine a précédé les mots pour les désigner dans la langue vernaculaire. L'auteur du premier glossaire bilingue dédié à l'automobile explique que ce sont les besoins de la publicité qui ont justifié la création d'un lexique spécifique, inspiré à la fois de l'argot des marins et de celui des conducteurs de voiture à cheval. Dans d'autres cas, les publicitaires sont confrontés à de véritables impasses linguistiques. Tantôt le terme s'avère intraduisible, comme l'expression *cosmetic skin,* tantôt la traduction adoptée rend le produit impopulaire, comme pour le fromage.[523]

Comme le texte, l'illustration doit être réalisée localement par un artiste familier de la culture chinoise.[524] Les fabricants de cigarettes puisent dans la mythologie chinoise des animaux de bon augure comme la chauve-souris, dont British-American Tobacco a su tirer profit en jouant sur son acronyme (BAT), ou le rat, adopté par Huacheng Tobacco Company pour sa marque éponyme (The Rat, Jinshu pai). Pour ses cigarettes Golden Dragon, la compagnie Nanyang Brothers préfère se tourner vers un ancien symbole du pouvoir impérial, qui retrouve un certain prestige dans les années 1930. Inversement, Sanger déconseille de représenter certains animaux jugés méprisables, comme le chien, ou des motifs orientalistes qui évoquent une civilisation rétrograde.[525] Bacon dénonce les scènes d'amour et de violence sur les affiches de films hollywoodiens, qui renvoient selon lui une image négative de la civilisation occidentale et sont susceptibles de heurter la sensibilité des spectateurs chinois.[526] Comme pour les couleurs, les tabous sur les images s'estompent au fil du temps. Dans les années 1930, l'orientalisme est adopté par des marques vernaculaires, comme les cigarettes Pyramid et Betelnult, et les animaux domestiques chers aux Occidentaux commencent à en-

522 Lu, 93.
523 Crow, *Four Hundred Million Customers*, 23–24, 185–189, 225.
524 Sanger, 68 ; Bacon, 757.
525 Sanger, 68, 70.
526 Bacon, 762–763.

trer dans le bestiaire local.[527] Le chat accompagne des produits aussi variés que les ampoules électriques Philips en 1924 et les cigarettes Three Cats en 1948, tandis que le chien est associé aux manuels scolaires de l'éditeur Beixin en 1936 et sert de symbole à la marque de lingerie féminine « Tête de chien » (Goutou laopai) après la guerre.[528]

La fabrique des *appeals*

Introduit dans la littérature étrangère au début des années 1920, le concept d'*appeal* désigne les procédés utilisés par la publicité pour pousser le consommateur à l'achat.[529] Crow l'emploie surtout dans l'expression *health appeal*, qui s'applique aux publicités mettant l'accent sur les vertus curatives des produits.[530] S'appuyant sur des travaux récents qui ont mis en évidence l'influence du genre sur l'*appeal*, Kuai explique que les femmes seraient plus sensibles aux arguments évoquant la beauté, la morale, la qualité et l'efficacité des produits, tandis que les hommes s'intéresseraient davantage à la santé, la science et la sécurité. Les praticiens reconnaissent cependant que la frontière n'est pas clairement fixée et qu'il est nécessaire d'expérimenter pour déterminer l'*appeal* le plus approprié au public ciblé.[531]

Traduite dans la langue vernaculaire par le terme *suqiu*, la notion d'*appeal* acquiert après la guerre sino-japonaise un sens plus théorique. S'inspirant des travaux de l'industriel américain Percival White (1857–1912), Wu et Zhu distinguent trois degrés dans la réaction recherchée – attirer l'attention, inciter à lire la publicité, déclencher la décision d'achat – et classent les *appeals* en quatre catégories. L'*appeal* fondé sur la conscience (zhijue) s'appuie sur la répétition et l'association d'idées afin de suggérer le goût des aliments, l'odeur des parfums ou le son de la radio. L'*appeal* comparatif (chabie 差别) consiste à montrer que le produit est supérieur à d'autres. L'*appeal* affectif (qingxu) fait appel aux émotions du

527 Betelnut (Binglangpai xiangyan), *SB*, 1er janvier 1934, 1 ; 5 janvier 1934, 1 ; Pyramid (Jinzita xiangyan), *SB*, 6 janvier 1934, 1.

528 Philips (Feilipu dianpao), *SB*, 3 janvier 1924, 16. Beixin Bookstore (Beixin shuju), *SB*, 1er janvier 1934, 6 ; Publicité pour la lingerie Goutou laopai, Shanghai, 1949 (photographie), Harrison Forman (1904–1978) Collection, University of Wisconsin-Milwaukee Libraries, box L10, Forman 1340, Gift of Sandra Carlyle Forman, 1987.

529 Voir par exemple : International Textbook Company, *Engraving and printing methods, advertisement illustration, technical- and trade-paper advertising, street-car advertising, outdoor advertising, house publications* (Scranton, Pa. : Smithsonian Libraries, 1909).

530 Crow, *Four Hundred Million Customers*, 209–10.

531 Kuai, 28–39.

lecteur tandis que l'*appeal* conceptuel (guannian) sollicite sa réflexion.[532] Quelle que soit la stratégie adoptée, précisent les auteurs, l'*appeal* doit tenir compte de la conjoncture économique, du niveau de vie, des habitudes de consommation, et des médias utilisés pour la publicité.[533]

Les différents *appeals* sont associés à trois grands registres discursifs, correspondant à trois grandes phases dans l'histoire de la publicité : le registre hyperbolique caractérisant l'ère des charlatans, le registre rationnel marquant les débuts de la publicité professionnelle, le registre émotionnel qui émerge dans les années 1920 pour tempérer la publicité rationnelle.

De l'exagération à la raison

Associé aux réclames de « charlatans », le registre hyperbolique se caractérise par l'abus de superlatifs et de promesses miraculeuses. Éveillant la suspicion et provoquant la lassitude du lecteur, ces marques d'exagération sont portées responsables du discrédit dont pâtit la publicité à ses débuts. Pour en prendre le contrepied, les professionnels appellent à utiliser un langage simple faisant appel à la raison du lecteur.[534] Répondant à la quête nouvelle d'honnêteté et de transparence, la publicité rationnelle décrit les propriétés du produit et expliciter les raisons de l'acquérir. Elle est privilégiée pour les médicaments, les produits alimentaires, les cosmétiques et les produits d'hygiène, et de manière générale, pour introduire des produits inconnus en expliquant leur mode d'emploi.[535]

Parmi les principaux procédés rationnels, les confessions de consommateurs apparaissent fréquemment dans les publicités médicales. Imaginé par des publicitaires américains au début des années 1920, le genre des *testimonials* est introduit en Chine par l'intermédiaire de compagnies pharmaceutiques telles que Fulford & Company, fabricant des célèbres Dr. William's Pink Pills, et des publicitaires professionnels comme Carl Crow. Reposant sur le régime de la preuve, la confession fait appel à l'empathie des lecteurs qui, selon les experts, raffolent des récits décrivant longuement les maux endurés par les patients. Le publicitaire chanceux peut parfois compter sur des témoignages spontanés. Dans une lettre adressée à Carl Crow, par exemple, un employé des chemins de fer de Hankou raconte

532 Percival White, *Market Analysis, Its Principles and Methods* (New York : McGraw-Hill, 1921).

533 Wu et Zhu, 76.

534 « ‹ Truth in Advertising › As Problem For China's Reading Public Discussed By Mason », *China Press*, juin 1933 ; Hollington Tong, « Newspapers as an Advertising Medium in China », 29–32.

535 Crow, « When You Advertise to Orientals », 116 ; *Four Hundred Million Customers*, 23, 260–280.

comment le cacao Bournville l'a guéri d'insomnies et d'indigestions chroniques que les médecins attribuaient à une consommation excessive de thé. Néanmoins, ce genre d'aubaine reste rare et les publicitaires sont généralement amenés à fabriquer de faux témoignages.[536]

Les moyens de la publicité rationnelle deviennent plus sophistiqués à la fin de la période. Lu Meiseng distingue notamment les publicités pédagogiques (jiaoyu guanggao) ou « à motif » (liyoushi), et le genre de la notification ou de l'avertissement. Les premières utilisent conjointement les mots et les images pour faire ressortir les qualités du produit. Ayant un effet à court terme, les publicités pédagogiques sont préconisées pour les annonceurs qui veulent introduire un nouveau produit (kaichuangshi) ou pour souligner l'avantage comparatif par rapport aux concurrents (bijiaoshi). Réservé aux produits déjà connus, le genre de la notification repose à l'inverse sur une logique cumulative produisant des effets à long terme. N'ayant pas besoin d'expliquer ce qui fait la supériorité du produit, le *copywriter* peut s'appuyer uniquement sur des images ou des textes brefs. L'annonce des soldes des grands magasins Wing On 永安 (Yong'an) fournit un bon exemple : d'une extrême simplicité, la publicité se contente d'indiquer les dates des soldes.[537]

Après la guerre sino-japonaise, la notion de publicité rationnelle est introduite dans la langue vernaculaire sous le terme *jieyou guanggao*. Observant que les formes de témoignages se sont diversifiées, Wu et Zhu distinguent les confessions ordinaires de celles qui s'appuient sur l'autorité d'experts ou de célébrités, notamment les stars de cinéma. Le discours rationnel peut aussi être renforcé par des données statistiques ou les résultats d'enquêtes scientifiques, plus ou moins authentiques. Citant à l'appui les travaux du psychologue américain Walter Dill Scott, les deux auteurs soulignent finalement que les publicités rationnelles comportent toujours une part d'implicite (anshi) échappant à la raison.[538]

De la raison aux émotions

Sous l'influence de la psychologie commerciale, les publicitaires chinois font de plus en plus appel aux émotions du consommateur. Cette tendance va de pair avec l'usage croissant des images, donnant au lecteur l'impression qu'il peut palper le produit et ressentir ce que procure sa consommation. Implicite dans les premiers manuels, la notion de publicité émotionnelle ou suggestive est traduite

536 Crow, *Four Hundred Million Customers* 197–210.
537 Lu, 67–71.
538 Wu et Zhu, 82–85.

dans la langue chinoise par le terme – *anshi guanggao* – et transparaît dans l'expression *renxing xingwei suqiu guanggao* (human interest copy).[539] Wu et Zhu en préconisent l'usage pour les produits alimentaires, les produits dits « superflus » (cigarettes, cosmétiques, accessoires de mode, divertissements) et les services orientés vers le confort et la sécurité, comme les assurances. Comparant la publicité suggestive à la publicité rationnelle, les deux auteurs observent que la première est souvent associée aux femmes et qu'elle est censée produire un effet immédiat et de courte durée, tandis que la seconde, supposée efficace à plus long terme, est réservée aux intellectuels, aux hommes d'affaires et aux hommes en général.[540]

La publicité extérieure dans la littérature professionnelle

La littérature professionnelle fournit peu d'instructions concernant spécifiquement les publicités extérieures. Les pionniers accordent plus d'importance à la presse et s'attachent essentiellement à comparer les affiches chinoises et occidentales.[541] Les auteurs étrangers soulignent simplement qu'à l'extérieur, le texte doit être encore plus bref et plus simple que dans la presse. Dans des conditions de visibilité réduites, les caractères doivent être de taille suffisante pour être lisibles à distance. Bacon observe que l'agence Oriental utilise la taille des caractères comme base de calcul pour fixer ses prix.[542] Le texte étant réduit au minimum, l'image devient prépondérante. Comme dans les journaux, elle doit reproduire fidèlement le produit, mais la reproduction doit être agrandie pour être visible à distance. Dans le rapport du *trade commissioner*, les panneaux que BAT a placés le long de la ligne de chemin fer reliant Pékin à Tianjin fournissent un bon exemple : la taille des cigarettes Three Castles est délibéremment disproportionnée pour s'ajuster à la vitesse du train [Figure 14]. A l'inverse, la photographie d'un panneau installé dans une rue de Tianjin sert un contre-exemple : saturé de texte, il semble tout droit tiré d'une page de journal [Figure 15].[543] Sanger recommande aussi d'animer les publicités par des scènes de vie illustrées. Comme dans la presse, insistent les pionniers, les images doivent être réalisées par un artiste local, même si cet impératif s'estompe dans les ports ouverts exposés aux influences étrangères.[544]

---

539 En 1940, Lu Meiseng y fait brièvement allusion lorsqu'il décrit les procédés de stimulation sensorielle et le développement de la publicité comique (huajishi). Lu, 75–76.

540 Wu et Zhu, 89–90.

541 Row, « The Art of the Poster » ; Crow, « Advertising and Merchandising », 195–196.

542 Bacon, 759.

543 Sanger, 77–78.

544 Row, « The Art of the Poster ».

FIG. 25.—PAINTED SIGN ALONG RAILWAY, NEAR TIENTSIN.
Note the Chinese characters in addition to the English name.

Figure 14: « Painted sign along Railway, near Tientsin (Tianjin) », Cité dans Sanger, 77.

FIG. 22.—SIGNBOARDS FOR CHINESE PRODUCTS.
Notice that no pictures are used—only text matter.

Figure 15: « Signboards for Chinese products. Notice that no pictures are used – only text matter. » Cité dans Sanger, 74.

Alors que les publicitaires étrangers se focalisent sur les supports classiques, les auteurs chinois s'intéressent de près aux nouvelles techniques de publicité mobile et lumineuse qui apparaissent à la fin des années 1920. Kuai est l'un des premiers à étudier la publicité sur les tramways et les autobus circulant dans les grandes villes chinoises. Il note que les publicités sont généralement placées à l'avant des omnibus, à l'arrière des tramways et sur les flancs des deux véhicules. L'auteur souligne que la faible surface disponible contraint le *copywriter* à condenser le message au maximum en mettant l'accent sur une ou deux propriétés bien choisies du produit. A l'intérieur, poursuit-il, la taille des publicités doit être supérieure à celle des journaux mais inférieure à celle des panneaux standardisés. Pour gagner en efficacité, la composition et le choix des couleurs doivent être particulièrement soignés. L'annonceur doit changer régulièrement le message pour éviter de lasser les passagers réguliers, idéalement chaque semaine et au minimum toutes les trois semaines.[545]

Introduit à Shanghai en 1929, l'éclairage au néon échappe à la première génération de publicitaires. Paru après la guerre, le manuel de Wu et Zhu aborde la publicité électrique mais se concentre sur les installations les plus spectaculaires, telles que l'horloge lumineuse de BAT et les abeilles mobiles incarnant la marque de textile Beehive.[546] A partir des années 1930, la publicité lumineuse s'affirme comme un domaine technique excédant l'ambition des manuels généralistes.

Conclusion

Les trois décennies qui séparent la Première Guerre mondiale de la révolution communiste sont marquées par l'émergence d'une littérature professionnelle qui dote la profession publicitaire d'un corps de doctrines et de pratiques spécifiques. Alors que les premiers textes en langue anglaise, ciblant un public d'entrepreneurs étrangers, véhiculent largement les préjugés ethnocentristes de leurs auteurs, les manuels en langue vernaculaire qui commencent à paraître dans les années 1920 ont l'ambition de former la nouvelle génération de publicitaires issue des universités chinoises. Si les premiers manuels sont traduits de l'américain ou du japonais, les auteurs chinois finissent par s'affranchir de leurs sources pour élaborer leur propre pensée à partir des connaissances qu'ils ont acquises de première main pendant leurs études aux Etats-Unis.

Malgré les contraintes techniques, tous les professionnels convergent vers l'idéal d'une publicité plus visuelle faisant une large place aux illustrations et aux émotions. Dans le contexte de réforme linguistique qui affecte aussi bien le niveau de langue que la typographie, les auteurs mettent l'accent sur la simplicité du langage et la clarté du texte, le choix des titres et des slogans, la composition de la *copy* et la nécessité d'adapter le registre de discours au produit et au

545 Kuai, 77–78.
546 Wu et Zhu, 288.

consommateur ciblé. A travers l'importance qu'ils accordent aux images et à la langue vernaculaire, les publicitaires rejoignent les projets d'industriels vernaculaires tels que Chen Diexian, orienté vers la promotion d'un savoir populaire (changshi), mais ils s'en distinguent néanmoins par l'affirmation de leur professionnalisme et les fondements académiques de leur scientificité.[547]

547 Lean, *Vernacular industrialism in China* (chapitre 3).

Chapitre 8
Ce que font les praticiens

Comment les praticiens appliquent-ils les instructions fournies dans les manuels ? Leurs publicités deviennent-elles plus visuelles ? Renoncent-ils à l'exagération des charlatans pour faire appel à la raison et aux émotions des consommateurs ? Pour examiner ces questions, la démarche suivie dans ce chapitre consiste à confronter les théories élaborées dans les manuels étudiés dans le chapitre précédent avec les publicités « réelles » telles qu'on peut les observer dans les journaux et les rues de Shanghai. Cette méthode empirique offre une alternative aux études culturelles qui partent du principe que la publicité fonctionne comme un miroir déformant de la réalité sociale.[548] Au lieu d'interroger les relations complexes entre représentations et réalité, ce chapitre propose plutôt d'analyser les rapports entre la littérature normative et les réalisations pratiques. La première partie examine comment les instructions fournies dans les manuels sont mises en application dans la presse entre 1914 et 1949, en reprenant les échantillons du *Shenbao* utilisés dans les chapitres précédents (chapitres 4 à 6). La deuxième partie applique la même démarche à la publicité extérieure, en s'appuyant sur les archives municipales de Shanghai et les photographies de rue collectées au cours de nos recherches.

Une application imparfaite dans la presse

D'après les manuels analysés dans le chapitre précédent, une publicité modèle doit *a minima* comporter un titre, un texte concis et une illustration. Elle peut aussi inclure des éléments optionnels comme un slogan, une bordure et une typographie élaborée. Dans la pratique, ces éléments ne sont pas toujours réunis. La *copy* idéale s'affirme lentement et s'applique inégalement selon les produits. Dans le *Shenbao*, les publicités modèles représentent en moyenne 15% de la population publicitaire entre 1914 et 1949. Jusqu'aux années 1920, seules 10% des publicités sont parfaitement conformes et à peine le double dix ans plus tard. En réalité, la progression n'est pas linéaire et les publicités modèles tendent même à reculer à la fin de la période.

---

548 Laikwan Pang, *The Distorting Mirror : Visual Modernity in China* (Honolulu : University of Hawai'i Press, 2007).

https://doi.org/10.1515/9783111336343-009

La résistance du texte

Avant la Première Guerre mondiale, le texte l'emporte très nettement sur les images. Sur les publicités du *Shenbao*, les éléments textuels occupent entre la moitié et les trois quarts de l'espace. Très dense au début de la période, en particulier sur les publicités médicales, le texte principal tend à se réduire au fil du temps.[549] Au milieu des années 1920, il recule au profit des éléments visuels et des espaces blancs qui occupent désormais plus de la moitié de la surface. Les publicités paraissent beaucoup plus aérées. Certaines, comme les ampoules électriques Philips et les thermos Isola, sont presque entièrement visuelles, tendant vers l'idéal rêvé par Carl Crow [Figure 16].[550] A l'opposé, les publicités dans le genre de la notification, telles que les loteries nationales et les campagnes de levées de fonds, maintiennent de longs textes jusqu'en 1949.[551]

En dehors du texte principal, d'autres éléments textuels persistent pendant toute la période. Incontournable, le nom de la marque ou du produit sert souvent de titre à la publicité. Lorsqu'il s'agit d'une marque d'origine étrangère, le nom est donné à la fois dans la langue d'origine, généralement l'anglais, et transcrite dans la langue chinoise. Conformément aux manuels, le titre est placé bien en évidence, occupant une position centrale sur la publicité, comme pour Bovril en 1924 ou les cigarettes Federal en 1934.[552] Il peut être mis en valeur par une typographie élaborée, au risque de l'illisibilité parfois, comme Nanyang Socks Factory en 1924, Foci Pharmacy en 1934, ou le dancing Yuwentai en 1941.[553] A partir des années 1920, le nom du fabricant se fait plus discret, se confondant parfois avec le nom de la marque. Lorsqu'il s'agit d'une entreprise étrangère peu connue en Chine, le nom est carrément éludé. Ainsi, la notoriété mondiale de Dr. Williams' Pink Pills éclipse l'identité de son fabricant Fulford & Company, une multinationale d'origine canadienne.[554] Le fabricant peut aussi se cacher derrière son représentant local. Par exemple, le fabricant britannique de confiseries Cadbury s'efface derrière son agent George McBain chargé de distribuer la marque Bourn-

549 Parmi les publicités les plus verbeuses, voir par exemple : Doan Backache & Kindey Pill, *SB*, 4 janvier 1914, 3 ; Kepler, *SB*, 6 janvier 1914, 14 ; Sanatogen, *SB*, 7 janvier 1914, 7.

550 Philips (Feilipu), *SB*, 3 janvier 1924, 16 ; Isola Thermos, *SB*, 3 janvier 1924, 18.

551 Kangyuan Canned Factory (Kangyuan zhiguanchang), *SB*, 1er février 1941, 1 ; Smart Shirt (xin guangbiao zhuo neiyi ranzhi zhengli chang), *SB*, 1er janvier 1949, 3 ; Chicago (Zhijiage), *SB*, 1er janvier 1949, 9.

552 Bovril, *SB*, 3 janvier 1924, 20 ; Federal Cigarette, *SB*, 5 janvier 1934, 2.

553 Nanyang Socks Factory (Nanyang wachang), *SB*, 3 janvier 1924, 18 ; Foci Pharmacy (Foci yaochang), *SB*, 5 janvier 1934, 16 ; Tiger Balm (Hubiao wanjingyou), *SB*, 5 janvier 1934, 11 ; Yiwentai dancing (Yiwentai wutai), *SB*, 1er février 1941, 8.

554 Dr. Williams' Pink Pills for Pale People, *SB*, 29 janvier 1914, 11.

Figure 16: Publicité pour les thermos Isola (Zhongde shangdian), *Shenbao*, 3 janvier 1924, 18. Un exemple rare de publicité au texte minimaliste, presque entièrement visuelle. Pour une analyse détaillée, voir : https://madspace.org/Press/?ID=238.

ville Cocoa en Chine.[555] Dans les années 1940, l'adresse physique tend à disparaître, remplacée par un numéro de téléphone.

555 Bournville Cocoa (Benwei kekefen), *SB*, 3 janvier 1924, 16.

D'autres éléments textuels sont optionnels. Bien qu'ils progressent sous la République, les slogans et les titres restent peu fréquents. En dehors des marques exemplaires citées dans les manuels (My Dear, The Rat), peu de publicités affichent un slogan clairement identifiable.[556] Le *Shenbao* confirme la prédilection pour les titres-noms notée dans les manuels.[557] Dans la plupart des cas, le titre se confond avec le nom du fabricant, du produit ou de la marque. Peu de publicités mentionnent le prix de vente, sauf pour les cigarettes, les billets de spectacles et certains médicaments. Jusqu'à la Première Guerre mondiale, il est courant d'afficher le prix lorsqu'il est élevé. En 1914, le coût prohibitif des médicaments Jintan, célèbre marque d'origine japonaise, apparaît comme un gage de qualité. Le prix sert ici de marqueur social pour une élite de consommateurs en quête d'un présent raffiné pour les festivités du Nouvel An.[558] La fonction sociale du prix se renforce après la guerre. Dans les années 1920, la marque Doan Ointment assume son élitisme en dénigrant explicitement les produits bon marché qui lui font concurrence.[559] L'effet-prix s'inverse avec la dépression qui s'installe au milieu des années 1930. Les annonceurs jouent au contraire sur l'argument économique pour s'attacher les couches populaires. « Les cigarettes les moins chères » (Jiaqian bi renjia pianyi), proclame la compagnie Datongnan à propos de sa marque The Golf (Gao'erfu). Le même argumentaire est repris pour la marque de dentifrice Three Stars (Sanxing yagao) et les ampoules électriques Wateh (Huade gongchang), bien que le prix de vente exact ne soit jamais clairement indiqué sur les publicités.[560]

La diversification des procédés visuels

Comme pour les textes, les éléments visuels prescrits dans les manuels ne sont pas systématiquement réunis. Les images figuratives progressent dans les années 1920 mais tendent à s'effacer à la fin de la période. A partir des années 1930, les scènes illustrées prennent de l'importance au détriment des reproductions d'emballage. Malgré une éclipse dans les années 1930, la présence des logos est relativement stable, apparaissant sur 10% des publicités en moyenne. D'autres dispositifs occupant une place secondaire dans la littérature normative, comme les bordures, la typographie, les lignes et les contrastes, prennent au contraire de l'importance dans le *Shenbao*.

---

556 My Dear (Meilipai), *SB*, 1er février 1941, 3 ; The Rat (Jinshupai), *SB*, 1er janvier 1949, 10.
557 Su, 39.
558 Jintan, *SB*, 4 janvier 1914, 9.
559 Doan Ointment, *SB*, 1er janvier 1934, 17.
560 The Golf (Gao'erfu), *SB*, 1er janvier 1949, 7 ; Three Stars (Sanxing yagao), *SB*, 5 janvier 1934, 2 ; Wateh (Huade gongchang), *SB*, 5 janvier 1934, 7.

Avant la Première Guerre mondiale, les illustrations sont rares et cantonnées sur des pages bien définies du journal. Elles distinguent les multinationales du tabac telles que British-American Tobacco (BAT) et de l'industrie pharmaceutique comme Sanatogen, Scott & Bowne ou Toa & Company. Conformément aux instructions fournies dans les manuels, les reproductions des produits sont les plus répandues. Elles apparaissent systématiquement sur les publicités médicales (Waterbury Compound), pour les cigarettes (Three Castles), les boissons alcoolisées (Hennessy cognac) et l'industrie mécanique (Carlowitz).[561] L'emballage est représenté largement ouvert de manière à rendre son contenu visible, à l'image des cigarettes Three Castles semblant jaillir de leur paquet. Il porte le nom bien lisible de la marque, dans les deux langues s'il s'agit d'une marque étrangère. Associé au logo, l'emballage facilite l'identification du produit et évite qu'il ne soit confondu avec une marque concurrente. Avant la Première Guerre mondiale, le logo se confond avec la marque de fabrique. Il constitue l'unique élément visuel sur les publicités pour les biens industriels (ciment Onoda) et les services immatériels (assurance Asia Life), attirant l'attention à moindre frais que les riches illustrations de l'industrie pharmaceutique ou du tabac.[562]

Après la guerre, la reproduction du produit devient plus centrale. Initialement cantonné aux publicités médicales et aux cigarettes, le motif s'étend aux produits alimentaires, aux produits d'hygiène et aux cosmétiques. Les scènes illustrées progressent également mais elles sont reléguées en fin de journal et restent l'apanage de l'industrie pharmaceutique et des cigarettes. Les logos persistent mais ne viennent qu'en renfort de publicités déjà richement illustrées, comme les ampoules électriques Wateh ou les produits pharmaceutiques de Great China Dispensary.[563] Les lignes de la composition restent très régulières, voire monotones, même si les publicitaires commencent à exploiter les ressources typographiques, jouant sur les effets de contraste, la taille et la police de caractère.[564] Si certaines bordures sont richement ornementées, la plupart sert simplement de ligne de démarcation entre deux publicités voisines.[565]

561 Waterbury Coumpound (Huadabaoli yuganyou), *SB*, 7 janvier 1914, 7 ; Three Castles (Sanpaotai xiangyan), *SB*, 7 janvier 1914, 5 ; Hennessy (Haineisi), *SB*,, 7 janvier 1914, 3 ; Carlowitz & Company (Chanhe yanghang), *SB*, 7 janvier 1914, 14.

562 Onoda Dragon brand Portland cement (Longpai shuimenting), *SB*, 7 janvier 1914, 4 ; Asia Life Insurance, Everlasting Himalaya, *SB*, 3 janvier 1924, 16.

563 Wateh (Huade gongchang), *SB*, 5 janvier 1934, 7 ; Great China Dispensary (Zhongxi dayaofang), *SB*, 5 janvier 1934, 5.

564 Nanyang Socks Factory (Nanyang wachang), *SB*, 3 janvier 1924, 18 ; Bovril, *SB*, 3 janvier 1924, 20.

565 Jiufu gongsi, *SB*, 3 janvier 1924, 7 ; Taihe Dispensary (606), *SB*, 3 janvier 1924, 3 ; Glaxo (Gelansu naifen), *SB*, 3 janvier 1924, 20 ; Kofa American Drug Company (White Pine Cough Syrup), *SB*, 3 janvier 1924, 11.

Dans les années 1930, les logos et les emballages inanimés reculent au profit des mises en situation occupant désormais la une du journal et couvrant parfois une page entière, comme le fabricant des cigarettes Maskee (Huamei).[566] Sur cette publicité en particulier, les bordures, effets de contrastes et les jeux typographiques commencent à prendre de l'importance [Figure 12].[567] D'autres annonceurs, comme l'International Savings Society ou Taihe Pharmacy, s'emparent également de la ponctuation, récemment introduite dans la langue chinoise, pour attirer l'attention.[568] Inspirés par le futurisme italien, les publicitaires exploitent la composition et la dynamique de l'image. Les lignes se courbent et se déforment pour accrocher le regard en brisant la régularité des pages. Tirant profit de l'horizontalisation de l'écriture des sinogrammes, les *copywriters* exploitent tous les sens de lecture possibles, en les combinant parfois sur une même publicité, comme Great China Dispensary.[569] Les annonceurs les plus audacieux, comme Taihe Pharmacy ou l'International Dispensary, vont même jusqu'à diagonaliser les titres et les phrases d'accroche pour provoquer l'œil du lecteur.[570]

Pendant la guerre sino-japonaise, les scènes illustrées persistent sur les publicités médicales (De Witt Kidney Pills), les cigarettes (My Dear) et les produits alimentaires (Maling Canned Food).[571] Dans un environnement saturé d'images, un nombre croissant de publicités, telles que Doan Backache & Kidney Pills, New Star

---

566 Huamei Tobacco Company (Huamei yangongsi), Maskee (Hongmai sigan xiangyan), *SB*, 5 janvier 1934, 1. Dans la même édition, China Bookstore (Zhonghua shuju), *SB*, 5 janvier 1934, 4 et Zhuanghua Wool Company (Zhanghua maorong fangzhi gongsi), *SB*, 5 janvier 1934, 22, fournissent d'autres exemples de publicité en pleine page.

567 D'autres publicités jouant sur les bordures, la typographie et les contrastes, paraissent dans ce même numéro du *Shenbao* : Pastille Valda (Fuhuada wan), *SB*, 5 janvier 1934, 11 ; Great Eastern Dispensary (Zhongfa dayaofang), *SB*, 5 janvier 1934 ; International Dispensary (Wuzhou dayaofang), *SB*, 5 janvier 1934, 10 ; Tiger Balm (Hubiao wanjingyou), *SB*, 5 janvier 1934, 11 ; Foci Pharmacy (Foci yaochang), *SB*, 5 janvier 1934, 16.

568 International Savings Society (Wanguo chuxu hui), *SB*, 5 janvier 1934, 7 ; Taihe Pharmacy, *SB*,, 5 janvier 1934, 10. Concernant l'introduction de la ponctuation dans la langue chinoise, voir : Mullaney 2017, 206–250.

569 Jusqu'à la période républicaine, la langue chinoise s'écrit verticalement et de haut en bas. Comme l'a montré Thomas Mullaney, ces conventions sont remises en question au début de la République. Certains réformateurs prônent l'horizontalisation de l'écriture pour aligner la langue chinoise sur les langues occidentales, arguant que la disposition horizontale rend la lecture plus efficace d'un point de vue cognitif et constitue un trait distinctif des civilisations modernes. (Mullaney, 2017, 206–250).

570 Great China Dispensary (Zhongxi dayaofang), *SB*, 5 janvier 1934, 5 ; Taihe Pharmacy, *SB*,, 5 janvier 1934, 10 ; International Dispensary (Wuzhou dayaofang), *SB*, 5 janvier 1934, 15.

571 De Witt Kidney Pills (Diweide bushen wan), *SB*, 1er février 1941, 7 ; My Dear (Meilipai), *SB*, 1er février 1941, 3 ; Maling Canned Food (Meili fanqing guantou shipin), *SB*, 1er février 1941, 7.

Figure 12: Publicité pour Huamei Tobacco Company (Huamei yangongsi) et ses cigarettes Maskee (Hongmai sigan xiangyan), *Shenbao*, 5 janvier 1934, 1. Un exemple de publicité en pleine page, placée à la une, qui rassemble tous les éléments de la *copy* idéale : le nom de la marque, servant de titre, placée en position saillante ; un slogan faisant appel aux émotions ; une typographie élaborée inspirée du mouvement Art Déco, exploitant toutes les directions d'écriture possibles ; les nuances de gris pour pallier l'absence de couleurs ; une composition soignée usant des lignes de fuite pour attirer le regard ; l'emballage ouvert exposant son contenu ; une scène de vie festive égayant la publicité et marquant le glissement des *appeals* vers les émotions positives dans les années 1930. Pour une analyse détaillée, voir : https://madspace.org/Press/?ID=186.

Research Laboratories et Yiwentai, emploient d'autres moyens pour se démarquer de leur voisinage.[572] Après une courte éclipse, les logos reviennent en force pour attirer l'attention sur des publicités plus sobres, comme celles de New Star Research Laboratories et la fabrique de conserves Kanyang, ou pour neutraliser la menace lancinante des contrefaçons, dans le cas de Chi Chong Rubber Factory, des harmonicas Huamao ou de Qinkanghang Cod Liver Oil.[573] Sur les pages les plus peuplées, la typographie, les bordures et les contrastes sont renforcés pour mettre en valeur les publicités à dominante textuelle, telles que les annonces de spectacles, les services financiers, éducatifs, et les petites annonces.[574] Ces procédés non figuratifs se généralisent après la guerre. Certains annonceurs, comme le fabricant du baume Hubiao ou l'élixir de longévité des Huit Immortels (Baguadan), utilisent un effet en trompe-l'œil pour donner de la profondeur aux caractères imprimés.[575]

Une application variable selon les produits

La conformité au modèle varie selon la nature des produits. Avant la Première Guerre mondiale, les annonceurs de cigarettes et de médicaments sont les premiers à embrasser l'idéal visuel. Au cours des décennies suivantes, les produits alimentaires, les cosmétiques, les biens culturels et les divertissements l'adoptent à leur tour. Les cigarettes sont les plus conformes aux prescriptions des manuels. Dès 1914, les publicités pour Three Castles comportent une reproduction réaliste de l'emballage portant lisiblement le nom de la marque et révélant ostensiblement son contenu. Dans les années 1920–1930, les publicités pour Hatamen, The Rat et Maskee [Figure 12], sont enrichies par des scènes de vie quotidienne qui cherchent à humaniser la publicité et susciter le désir d'achat.[576]

Les produits pharmaceutiques (Kepler, Doan Backache & Kidney Pills), les produits d'hygiène (dentifrice Sodozont, brosse à dents Listerine, rasoirs Ever-ready), les cosmétiques (Pond's Cold Cream, Tiger brand Snow Cream) et les produits issus de l'industrie alimentaire (Bournville Cocoa, Horlicks Malted Milk, Quaker Oats)

---

572 Doan Backache & Kidney Pills (Dou'anshi mizhi baoshen wan), *SB*, 1er février 1941, 6 ; Yiwentai dancing (Yiwentai wutai), *SB*, 1er février 1941, 8 ; New Star Research Laboratories (NS) (Xinxing xiyaohang wuxian gongsi), *SB*, 1er février 1941, 10.

573 Qinkanghang Cod Liver Oil, *SB*,, 1er janvier 1949, 2 ; Huamao, *SB*,, 1er janvier 1949, 9 ; Chi Chong Rubber Factory (Qichang xiangjiao chang), *SB*, 1er janvier 1949, 10.

574 Fenlei guanggao (Petites annonces), 1er février 1941, 12.

575 *SB*, 5 janvier 1934, 11.

576 Three Castles (cigarette) (Sanpaotai xiangyan), *SB*, 7 janvier 1914, 5 ; Hatamen (Hademen), *SB*, 4 janvier 1924, 2 ; Maskee (Hong mai si gan xiangyan), *SB*, 5 janvier 1934, 1 ; My Dear (Meilipai), *SB*, 1er février 1941, 3 ; The Rat (Jinshupai), *SB*, 1er janvier 1949, 10.

sont également très proches de la norme, même s'ils comportent généralement des textes plus longs décrivant le mode d'emploi et les effets attendus du produit.[577] Malgré leur attachement au texte, ces produits recourent fréquemment aux images. Dans le cas des publicités pour Sanatogen, Pond's Cold Cream, Sodozont et Horlicks' Malted Milk, une illustration pédagogique vient à l'appui de la démonstration.[578]

Alors que les annonces de théâtre accordent une large place au texte, l'industrie du cinéma qui prend son essor dans les années 1930 élabore son propre style de publicité visuelle [Figure 17]. Le nom de la salle de projection figure en haut de l'affiche, écrit en caractères blancs se détachant nettement sur un fond noir. Le titre du film tient lieu du nom de la marque. En l'absence de produit tangible, la publicité est richement illustrée par des scènes du film ou des gros plans sur le visage des acteurs. A mesure que les salles de projection deviennent mieux connues des citadins, les repères géographiques disparaissent. L'adresse physique est remplacée par un numéro de téléphone, que les spectateurs peuvent composer pour obtenir des informations ou réserver des places.[579]

A l'opposé, les alcools (Lager Beer, Hennessy Cognac) et les biens industriels (Carlowitz, Willard Storage Batteries, Kailing Electric Motor) réduisent les éléments visuels à la portion congrue. Ces publicités se contentent de reproduire le produit ou d'afficher le logo de la marque, comme le ciment Onoda. Le logo est aussi utilisé par les services financiers qui n'ont pas de produits palpables à montrer, comme Butterfield & Swire ou Asia Life Insurance.[580] Les offres d'enseignement et les petites annonces sont les plus éloignés de l'idéal visuel. Ces publicités se rattachent au genre de « l'annonce » ou de la « notification » (xinwenshi), largement dominé par le texte. Certaines petites annonces utilisent des symboles pour attirer l'attention et s'entourent de bordures pour se démarquer de leurs voisines.[581]

---

577 Sodozont (Soshudun), *SB*, 3 janvier 1924, 16 ; Listerine, *SB*, 5 janvier 1934, 16 ; Tiger brand Snow Cream (Hupai bailanshuang), *SB*, 3 janvier 1924, 9 ; Pond's Cold Cream (Pangshi baiyujiang), *SB*, 5 janvier 1934, 13 ; Quaker Oats (Guige maipian), *SB*, 1er janvier 1934, 16 ; Horlicks Malted Milk (Haolike maijing niurufen), *SB*, 5 janvier 1934, 12.

578 Sanatogen, *SB*, 7 janvier 1914, 7 ; Ever-ready blades (Changbei daopian), *SB*, 5 janvier 1934, 19 ; Shanghai Dairy Farm (Shanghai xuzhi niunai gongsi), *SB*, 5 janvier 1934, 21.

579 Dans le *Shenbao*, voir par exemple : Peking Theatre (Beijing daxiyuan), *SB*, 5 janvier 1934, 26 ; Nanking Theatre (Nanjing daxiyuan), *SB*, 5 janvier 1934, 29 ; Carlton Theatre (Ka'erdeng daxiyuan), *SB*, 5 janvier 1934, 28 ; Crystal Theatre (Huangjin daxiyuan), *SB*, 5 janvier 1934, 29. Grand Theatre (Daguangming daxiyuan), *SB*, 5 janvier 1934, 26 ; Cathay Theatre (Guotai daxiyuan), *SB*, 5 janvier 1934, 29).

580 Dans le Shenbao, voir par exemple : Willard Storage Batteries (Huile hongyinpai xudianchi), *SB*, 5 janvier 1934, 15 ; Kailing Electric Motor Factory (Kailing mada dianye zhizhaochang), *SB*, 1er janvier 1949, 3 ; Lager Beer (Qingdao pijiu), *SB*, 7 janvier 1914, 3. *SB*, 7 janvier 1914, 8 ; *SB*, 3 janvier 1924, 16.

581 Lu, 78. Voir par exemple : International Correspondence Schools (ICS), *SB*, 1er janvier 1924, 29 ; Beixin Bookstore, SB, 1er janvier 1934, 6 ; Parker Pen, *SB*, 5 janvier 1934, 17 ; Everlasting Hima-

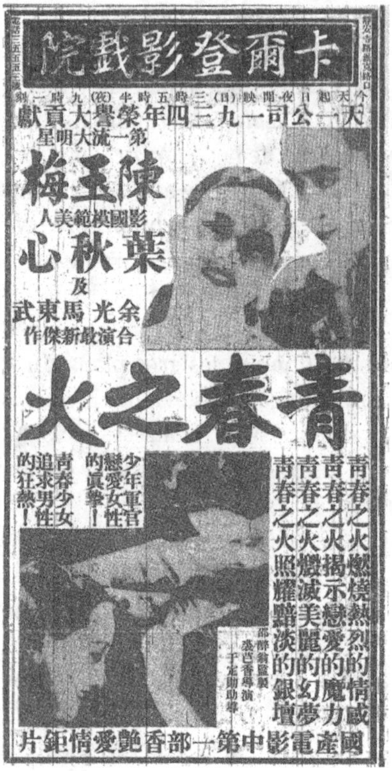

Figure 17: Publicité pour la projection du film « Le Feu de la Jeunesse » (Qingchun zhi huo) au Carlton Theater (Ka'erdeng daxiyuan), *Shenbao*, 5 janvier 1934, 28. Ce modèle de publicité est repris par la plupart des cinémas : le nom de la salle de projection figure en haut, le titre du film au milieu, entouré de phrases exclamatives faisant appel aux émotions, des scènes du film et des gros plans sur les visages des acteurs servent d'illustrations, avec, dans ce cas précis, un usage rare de la photographie.

Mutations des discours : de l'exagération aux émotions

Les trois grands registres discursifs sont bien représentés dans le *Shenbao*. Alors que l'exagération règne encore avant la Première Guerre mondiale, la publicité rationnelle s'affirme dans les années 1920 et s'impose jusqu'en 1949. Elle représente en moyenne 60% des publicités, même si elle tend à reculer sous la poussée de la publicité suggestive, qui passe de 5% en 1914 à 45% des publicités dans les années 1930 (25% en moyenne sur l'ensemble de la période). De même que le discours rationnel ne fait pas disparaître l'exagération, les émotions ne remplacent la raison. Dans la pratique, les publicitaires continuent de combiner les différents registres à leur disposition.

---

laya (Asia Life Insurance), *SB*, 3 janvier 1924, 16 ; Commercial Bank of China (Zhongguo tongshang yinhang), *SB*, 5 janvier 1934, 16. Fenlei guanggao (Petites annonces), *SB*, 5 janvier 1934 ; 1er février 1941, 12 ; 1er janvier 1949, 7.

Métamorphoses de l'exagération

Prolongeant les réclames de charlatans, les publicités médicales sont les plus fortement marquées par l'exagération. Dans le *Shenbao*, le discours hyperbolique se signale par l'abondance des superlatifs, des panacées (buyao, lingyao, shenyao, wanyao) et le lexique du miracle, en particulier dans les récits de guérison. En 1914, par exemple, la compagnie Holland promet de soulager tous les maux en un instant grâce au remède Xudaoyuan.[582] En dehors des médicaments, l'exagération s'associe plus discrètement aux biens industriels (Rose, Downs & Thompson), aux spiritueux (cognac Hennessy) et à certaines marques de cigarettes (President, Conqueror).[583] Dès 1914, cependant, les publicitaires commencent à diluer l'exagération dans un discours plus rationnel. Dans une publicité pour Scott's Emulsion, par exemple, les superlatifs et les prétentions universalistes n'empêchent pas de décrire avec rigueur les effets cliniques du médicament.[584] Après la guerre, des traces d'exagération persistent dans certains noms de marque, comme l'huile de foie de morue « universelle » (diqiupai maijing yuganyou) fabriquée par l'International Dispensary, ou dans certaines représentations disproportionnées, comme les chaussures géantes de Red Star et Chi Chong Rubber Factory en 1949.[585]

L'âge de raison

Dans le *Shenbao*, le discours rationnel s'applique à tous les produits mais s'associe plus volontiers aux médicaments, à la culture du corps (hygiène, aliments, cosmétiques), aux secteurs réputés « sérieux » (industrie, finance, culture), et plus largement, aux produits nouveaux qui nécessitent une introduction détaillée. Conformément aux manuels, la plupart de ces publicités comporte une reproduction fidèle du produit, comme Chamberlain Pain Balm, et de son contenu, comme les cigarettes Three Castles ou les comprimés Ulifans.[586] Dans les secteurs sujets à une forte concurrence, l'emballage porte lisiblement le nom de la marque et de son fabricant pour faciliter

582 Xudaoyuan wanyao (Holland China Handels Compagnie), *SB*, 7 janvier 1914, 3.

583 Rose, Downs & Thompson, *SB*, 7 janvier 1914, 11 ; Hennessy (Haineisi) cognac, *SB*, 7 janvier 1914, 3 ; President (Dazongtong pai), Conqueror (Qiangjunpai xiangyuan), *SB*, 30 janvier 1914, 14.

584 Scott's Emulsion (Sigetuo rubaican yuganyou), *SB*, 7 janvier 1914, 7.

585 Red Star Rubber Factory (Keda pai), Chi Chong Rubber Factory (Qichang xiangjiao chang), *SB*, 1er janvier 1949, 3, 10 ; International Dispensary (Wuzhou dayaofang) (diqiupai maijing yuganyou), *SB*, 1er février 1941, 14.

586 Chamberlain Pain Balm, *SB*, 3 janvier 1924, 16 ; Three Castles (Sanpaotai xiangyan), *SB*, 7 janvier 1914, 5 ; Ulifans, *SB*, 1er février 1941, 1.

l'identification du produit, comme la marque Doctor Lowes, fabriquée par Sine Laboratory, ou les cigarettes Ruby Queen (BAT), Maskee (Huamei) [Figure 12] et The Rat (Huacheng).[587] Dans les secteurs émergents comme l'hygiène et les cosmétiques, les publicités illustrent le produit en cours d'utilisation, comme les marques de dentifrice Sodozont et Listerine, ou la crème de jour Tiger.[588] D'autres préfèrent illustrer le résultat obtenu, tel qu'un plat cuisiné avec Royal Baking Powder. Certaines publicités médicales, comme De Witt Backache & Kidney Pills, recourent à la comparaison avant/après pour démontrer visuellement l'efficacité du médicament.[589] L'usage de la preuve photographique reste limité. Comme l'a montré le chapitre précédent, les coûts d'impression sont élevés et la qualité du rendu final n'est pas garantie.[590] Avant la Première Guerre mondiale, les premières tentatives sont généralement décevantes. Le lecteur peine à identifier le nourrisson incarnant la marque Virol ou le couple japonais posant pour Toa & Company (Taogu shuntian).[591] Jusqu'aux années 1920, les photographies de piètre qualité nécessitent le renfort du dessin, mais à partir des années 1930, les studios de cinéma l'exploitent avec plus de succès en illustrant leurs publicités par des scènes de film ou des portraits d'acteurs.[592]

Souvent très longs au début de la période, les textes rationnels décrivent les qualités du produit, son mode d'emploi et les effets attendus, surtout lorsqu'il s'agit s'introduire un produit inconnu.[593] A l'exemple de Kepler, Sanatogen et De Witt, les publicités médicales se complaisent dans de longues descriptions des symptômes et des maux endurés par un patient fictif, invitant le lecteur à compatir et s'identifier au malade.[594] La preuve par le témoignage est souvent employée pour les médicaments et les cosmétiques. Deux types de témoignages se distinguent dans le *Shenbao*. Les confessions de gens ordinaires offrent une forme rationalisée des récits de miracles. Cherchant à gagner l'empathie et la confiance du

---

587 Doctor Lowes (Luo yisheng), *SB*, 7 janvier 1914, 7 ; Ruby Queen (Daying pai xiangyuan), *SB*, 1er janvier 1924, 2 ; Maskee (Hong mai si gan xiangyan), *SB*, 5 janvier 1934, 1 ; Sine Laboratory (Xinyi huaxue zhiyaochang), *SB*, 1er février 1941, 3 ; The Rat (Jinshupai), *SB*, 1er janvier 1949, 10.

588 Sodozont (Soshudun), *SB*, 3 janvier 1924, 16 ; Listerine, *SB*, 5 janvier 1934, 16 ; Tiger brand Snow Cream (Hupai bailanshuang), *SB*, 3 janvier 1924, 9 ; Hai'er mian, *SB*, 5 janvier 1934, 5, 13.

589 De Witt Kidney Pills (Diweide bushen wan), Royal Baking Powder (Baitang xiaobing), *SB*, 1er février 1941, 7.

590 Carl Crow, « Advertising and Merchandising », 197.

591 Virol, *SB*, 6 janvier 1914, 14 ; Toa & Company (Taogu shuntian guan), *SB*, 7 janvier 1914, 14.

592 Carlton Theatre (Ka'erdeng daxiyuan), *SB*, 5 janvier 1934, 28 ; Cathay Theatre (Guotai daxiyuan), *SB*, 5 janvier 1934, 29.

593 Glaxo (Gelansu naifen), *SB*, 3 janvier 1924, 20.

594 Kepler, *SB*, 6 janvier 1914, 14 ; Sanatogen, *SB*, 7 janvier 1914, 7 ; De Witt Long Life Pills (Diweide huli wan), *SB*, janvier 1924, 8.

lecteur, des patients racontent leur guérison après l'absorption du remède.[595] Sur les publicités pour Dr. William's Pink Pills for Pale People, Pinkettes ou Respiroids, un portrait du témoin présumé vient authentifier le discours.[596] D'autres publicités rationnelles font appel à l'autorité d'experts ou de célébrités, comme l'acteur d'opéra pékinois Mei Lanfang, choisi pour faire la promotion des cigarettes Du Maurier.[597] Profitant de la vogue du cinéma, les fabricants de cosmétiques exploitent la popularité montante des stars hollywoodiennes, comme l'actrice Jean Parker posant pour Lux Toilet Soap, avec une phrase d'accroche précisant que neuf vedettes sur dix ont choisi la marque.[598] Les produits alimentaires et pharmaceutiques s'appuient plus souvent sur la caution d'un expert scientifique, comme Horlicks Malted Milk, prétendument recommandé par les médecins et les explorateurs polaires.[599] Dans les années 1930, l'argument d'autorité s'accompagne souvent d'un certificat délivré par une institution compétente, comme le ministère de la santé ou le Bureau d'hygiène de la municipalité de Shanghai.[600]

Sous le régime nationaliste, le discours rationnel tend à se politiser. L'éditeur de manuels scolaires China Bookstore certifie que ses ouvrages sont conformes aux nouveaux programmes du ministère de l'Éducation.[601] Les entreprises qui adhèrent au mouvement pour la promotion les produits nationaux l'affichent fièrement sur leurs publicités, mettant en avant leur labellisation nationale et leur participation active aux événements nationalistes, comme l'année de la femme en 1934.[602] Dans les années 1930, l'imaginaire de laboratoire se développe pour renforcer la scientificité proclamée des méthodes de production. Les éprouvettes, les formules chimiques, les vues au microscope et les schémas anatomiques envahissent les publicités médicales, tandis que l'industrie et la finance font miroiter les statistiques pour démontrer leur crédibilité et leur transparence comptable.[603]

---

595 Xudaoyuan wanyao (Holland China Handels Compagnie), *SB*, 7 janvier 1914, 3.

596 Dr. William's Pink Pills for Pale People (Weilianshi dayisheng hongsi buwan), *SB*, 1er janvier 1917, 15 ; Pinkettes (Hongse qing daowan), *SB*, 4 janvier 1924, 11 ; Respiroids (Weilianshi xiju zhikepian), *SB*, 6 janvier 1934, 13.

597 Du Maurier (Dumanli xiangyan), *SB*, 5 janvier 1934, 24.

598 Jack Birns, « Panneau publicitaire pour Lux Toilet Soap (Lishi xiangzao) », Photographie, Google LIFE Photo Archive (Shanghai, janvier 1948), https://madspace.org/Photos/?ID=250.

599 Aishikai Company, *SB*, 5 janvier 1934, 15 ; Dr. Yao Juyan, *SB*, 1er février 1941, 9 ; New Asiatic Chemical Works (Xingpai niudoumiao), *SB*, 1er février 1941, 4.

600 Great Eastern Dispensary (Zhongfa dayaofang), *SB*, 5 janvier 1934, 13.

601 China Bookstore (Zhonghua shuju), *SB*, 5 janvier 1934, 4.

602 Zhuanghua Wool Company (Zhanghua maorong fangzhi gongsi), *SB*, 5 janvier 1934, 22.

603 Dr. Yao Juyan, *SB*, 1er février 1941, 9 ; Sine Laboratory (Xinyi huaxue zhiyaochang), *SB*, 5 janvier 1934, 11, 1er février 1941, 3 ; Ulifans, *SB*, 1er février 1941, 1. Chinese Engineering and Mining Co. (Kaiping kangwu youxian gongsi), *SB*, 3 janvier 1924, 20.

Comme le notent les manuels, les publicités rationnelles ne sont jamais purement cérébrales. Comportant une touche d'exagération avant la guerre, elles s'orientent dans les années 1920 vers un registre plus suggestif mâtiné d'émotions.

De la raison aux émotions

Entre la Première Guerre mondiale et la révolution communiste, les publicités du *Shenbao* s'animent sensiblement. Les scènes de vie illustrées, l'élargissement de la palette sensorielle et le glissement vers des émotions plus positives signalent l'émergence de la publicité suggestive. Ce nouveau registre, qui s'applique principalement à la culture des apparences (hygiène, cosmétiques) et aux produits gustatifs (aliments, alcools, cigarettes), s'appuie sur trois catégories d'illustrations. Dans un style naïf, les scènes de famille et de vie quotidienne sont souvent centrées sur des enfants, comme Kepler, Taihe et Betavit, ou des animaux domestiques, comme le chat pour Philips et le chien pour Beixin Bookstore.[604] Les scènes de séduction se focalisent sur de belles femmes posant avec grâce ou provocation pour différentes marques de cosmétiques (Two sisters, Tiger brand Snow Cream), de vêtements (Zhuanghua) ou de cigarettes (My Dear).[605] Les illustrations dans le genre de la nature morte accompagnent les produits alimentaires et comestibles, cherchant à éveiller l'appétit du lecteur, comme Royal Baking Powder et les conserves Maling, ou à susciter la rêverie du fumeur, comme les cigarettes Red Kores.[606]

La publicité suggestive contribue à enrichir le lexique des sens et des émotions. Reléguant la vue au second plan, elle fait appel à des sens habituellement déclassés, comme le goût pour les cigarettes et les produits alimentaires, l'odorat et le toucher pour les cosmétiques et les produits l'hygiène. Dès 1914, les publicités de BAT commencent à évoquer les arômes subtils du tabac. Dans les années 1920, les produits alimentaires (Bournville Cocoa, Royal Baking Powder) et les boissons alcoolisées (Peter Dawson Scotch Whisky) déploient d'alléchantes mises en scènes, tandis que les parfums, les déodorants, les savons et les crèmes parfumées

604 Kepler, *SB*, 1er janvier 1934, 24 ; 1er février 1941, 7 ; Taihe cough syrup (Taihe baifeijiang) *SB*, 1er février 1941, 13 ; Betavit (Bitafei), *SB*, 5 février 1941, 4. Philips (Feilipu), *SB*, 3 janvier 1924, 16 ; Beixin Bookstore (Beixin shuju), *SB*, 1er janvier 1934, 6.

605 Two Sisters (Shuangmei) Face Powder, *SB*, 7 janvier 1914, 14 ; Tiger brand Snow Cream (Hupai bailanshuang), *SB*, 3 janvier 1924, 9 ; Zhuanghua Wool Company (Zhanghua maorong fangzhi gongsi), *SB*, 5 janvier 1934, 22 ; My Dear (Meilipai), *SB*, 6 janvier 1934, 1.

606 Royal Baking Powder (Baitang xiaobing), Maling Canned Food (Meili fanqing guantou shipin), *SB*, 1er février 1941, 7 ; Red Kores (Hong gao lian), *SB*, 1er janvier 1949, 5.

exploitent la hantise des mauvaises odeurs corporelles.[607] Affirmant que les femmes chinoises associent systématiquement la beauté au parfum, Carl Crow assure qu'une publicité qui ne mentionnerait pas l'odeur d'une crème ou d'un savon paraîtrait suspecte.[608] Pour éveiller tous les sens du lecteur, le fabricant de la crème Hai'ermian utilise un lexique à la fois vaste et raffiné, évoquant le toucher (zhidi, qing, jiao, hua, run, bainen, youguang, han, xi), l'odorat (xiang, fenfang, han), l'ouïe (yun) et la vue (seze, yan, meihua, chi, hui'an, yun).[609] Au cours des décennies suivantes, le toucher et l'odorat prennent de l'importance dans les publicités de Pond's Cold Cream et de Richard Hudnut (Three Flowers, Sanhua xiangshuang), qui mettent l'accent sur le parfum et la texture de la peau au détriment de l'apparence (jian).[610]

D'abord neutres voire négatives, les émotions deviennent plus positives après la guerre. A partir des années 1920, une ambiance de fête et de sociabilité chaleureuse se dégage des publicités pour les produits alimentaires et les cigarettes, à l'image de Hatamen, Maskee [Figure 12] et My Dear.[611] En parallèle, cependant, certaines publicités médicales entretiennent la peur, la menace ou la douleur pour faire réagir le lecteur, comme Doan Backache & Kidney Pills ou Santal Midy.[612] Jusqu'aux années 1920, les publicités restent assez austères, peuplées de visages sérieux, dans le cas de Jintan, voire inquiets, dans le cas de Sanatogen.[613] Détonant dans ce paysage sinistre, les petits lutins malicieux de l'Anglo-Chinese Dispensary bousculent les manuels qui proscrivent le genre comique pour les sujets réputés sérieux, tels que la maladie et la santé.[614] Bien que les visages commencent à se dérider après la guerre, il faut attendre le milieu des années 1930 pour que des personnages enfantins comme Mickey Mouse, Blanche-Neige ou le Père Noël investissent les publicités pour les brosses à dents Listerine, les cigarettes Brandy, la revue

---

607 Three Castles (Sanpaotai xiangyan), *SB*, 7 janvier 1914, 5 ; Peter Dawson Scotch Whisky (Sugelan weisige), *SB*, 3 janvier 1924, 9 ; Bournville Cocoa (Benwei kekefen), *SB*, 3 janvier 1924, 16 ; Royal Baking Powder (Baitang xiaobing), *SB*, 1er février 1941.

608 Crow, « Advertising and Merchandising », 195.

609 Hai'er mian, *SB*, 5 janvier 1934, 5, 13.

610 Pond's Cold Cream (Pangshi baiyujiang), *SB*, 5 janvier 1934, 13 ; Richard Hudnut, *Three Flowers Vanishing Cream* (Sanhua xiangshuang), *SB*, 1er février 1941, 7.

611 Hatamen (Hademen), *SB*, 4 janvier 1924, 2 ; Maskee (Hongmaisi ganxiangyan), *SB*, 5 janvier 1934, 1 ; My Dear (Meilipai), *SB*, 1er février 1941, 3.

612 Doan Backache & Kidney Pills (Dou'anshi mizhi baoshen wan), *SB*, 15 janvier 1914, 3 ; Santal Midy (Shanda miede yaowan), *SB*, 5 janvier 1934, 16 ; Doan Analgesic (Dou'anshi zhitong yaoshui), *SB*, 5 février 1941, 7.

613 Jintan (Rendan), *SB*, 4 janvier 1914, 9 ; Toa & Company (Taogu shuntian guan), *SB*, 7 janvier 1914, 14 ; Sanatogen, *SB*, 7 janvier 1914, 7.

614 Lu, 75-76. Anglo-Chinese Dispensary (Zhongying dayaofang), *SB*, 4 janvier 1914, 11.

Children Young Companion ou le fortifiant alimentaire Covimalton.[615] Le genre de la bande dessinée est adopté au même moment pour les produits hygiéniques et alimentaires, comme le dentifrice Kolynos et les céréales Quaker Oats.[616]

Le renouvellement des *appeals*

En réaction ou en complément aux publicités rationnelles focalisées sur la santé et la sécurité, les publicités suggestives mettent davantage l'accent sur le goût et la beauté à partir des années 1930.

De la santé vers le goût : les produits alimentaires

Accompagnant le déplacement de la raison vers la suggestion, les publicités font de plus en plus appel au plaisir des sens plutôt qu'à la santé (health appeal). Peu fréquent avant la Première Guerre mondiale, l'appel au goût (taste appeal) s'affirme sous l'influence de l'industrie alimentaire. Cependant, l'argument sanitaire ne disparaît pas définitivement. Dans le *Shenbao*, les deux *appeals* continuent de coexister, en suivant des trajectoires différentes selon les produits auxquels ils sont associés. Si le *health appeal* s'allie naturellement aux médicaments, il conquiert aussi des produits moins attendus, comme les cigarettes, les alcools et les produits alimentaires. Inversement, le *taste appeal* se déporte de plus en plus vers les produits curatifs. Guérir n'est plus suffisant : les médicaments doivent aussi être agréables au goût.

Introduites en Chine au tournant du XXe siècle, les cigarettes sont d'abord vendues comme un substitut à l'opium et un remède à son addiction.[617] Avant la Première Guerre mondiale, les publicités pour les marques President (Dazongtong) et Conqueror (Qiangjun) affirment sans sourciller que le tabac est bénéfique à la santé. Dès 1914, cependant, les publicités commencent à associer les cigarettes au plaisir plutôt qu'à la santé. Suivant la voie tracée par l'industrie du tabac, les boissons se dépouillent à leur tour de leurs attributs médicaux pour s'orienter vers le

615 Sanatogen, Bournville Cocoa (Benwei kekefen), *SB*, 3 janvier 1924, 24 ; Hatamen (Hademen), *SB*, 4 janvier 1924, 2 ; Listerine, *SB*, 5 janvier 1934, 16 ; Children Young Companion Company (Ertong liangyou she), *SB*, 1er janvier 1949, 6 ; Covimalton (Kangfu maiju jing), *SB*, 1er janvier 1949, 12 ; The Brandy (Bailandi), *SB*, 5 janvier 1949, 1.

616 Quaker Oats (Guige maipian), *SB*, 1er janvier 1934, 16 ; Kolynos (Gulingyu yagao), 5 janvier 1934, 19.

617 Benedict, 215–216.

plaisir gustatif. Avant la guerre, la dualité goût/santé est très marquée dans le secteur des alcools. Elle se manifeste notamment à travers l'opposition entre Hennessy Cognac, qui met l'accent sur ses vertus curatives, et Lager Beer qui se tourne déjà vers le plaisir et le raffinement sensoriel. Dans la majorité des cas, le basculement s'opère au milieu des années 1920. Plus qu'une rupture brutale, il s'agit d'une transition graduelle. Dupont Cognac en est la parfaite illustration. En janvier 1924, ses publicités maintiennent le *health appeal* tout en l'associant au goût et en jouant sur la saisonnalité d'une boisson qui réchauffe pendant les mois d'hiver.[618]

Le glissement intervient à peu près au même moment pour les boissons non alcoolisées, avec des variations selon les produits et les marques. En 1924, le cacao Bournville continue d'allier les deux *appeals* : ses publicités affirment que le chocolat chaud est à la fois bon pour la santé et agréable au goût.[619] Alors que jusqu'aux années 1920, le lait en poudre est vendu pour ses vertus curatives, à partir des années 1930, les producteurs de lait pasteurisé mettent davantage l'accent sur ses qualités gustatives.[620] En 1934, une publicité pour Horlick's Malted Milk suggère de l'utiliser pour la préparation de céréales ou en guise de substitut au café. Le message continue de jouer sur les deux *appeals* : Horlicks est présenté à la fois comme une boisson d'agrément et comme un remède nécessitant une prescription médicale.[621]

Apparus plus tard, les produits alimentaires embrassent immédiatement le *taste appeal.* La marque américaine Royal Baking Powder choisit le style de la nature morte pour éveiller l'appétit du lecteur, tandis que les conserves Maling évoquent simplement la couleur des tomates pour suggérer leur saveur et leur texture.[622] Certaines publicités prodiguent des conseils culinaires et proposent aux lectrices de recevoir un livre de recettes sur simple demande.[623] Dans les années 1930, les guides culinaires deviennent un matériau publicitaire à part entière contribuant au développement du *taste appeal.* Le publicitaire A.C. Row, par

---

618 Dupont Cognac, *SB,* 3 janvier 1924, 17.

619 Bournville Cocoa (Benwei kekefen), *SB,* 3 janvier 1924, 16.

620 Liberty Dairy (Ziyou nongchang), Shanghai Dairy Farm (Shanghai xuzhi niunai gongsi), *SB,* 5 janvier 1934, 21.

621 Horlicks Malted Milk (Haolike maijing niurufen), *SB,* 5 janvier 1934, 12.

622 Maling Canned Food (Meili fanqing guantou shipin), Royal Baking Powder (Baitang xiaobing), *SB,* 1er février 1941, 7.

623 R. Calder-Marshall et P.L. Bryant, *The Anglo-Chinese Cook Book* (Shanghai : Commercial Press, 1916).

exemple, en fait un élément central de la campagne qu'il réalise pour son client américain Crescent Manufacturing Company.[624] Dans le même esprit, Carl Crow organise un concours de pâtisserie pour introduire sous une forme ludique la marque californienne de raisins Sun Maid. L'expérience s'avère plus que concluante : victime de son succès, le publicitaire débordé doit faire appel à la gourmandise de ses *coolies* pour sélectionner les gagnants.[625]

Afin de renforcer leur message et d'élargir le marché, les publicitaires combinent souvent plusieurs *appeals*. Les publicités pour Sun Maid Raisin, par exemple, concilient trois arguments principaux. Elles rappellent d'abord que le raisin est naturellement riche en fer et bénéfique à la santé. Exploitant le goût des Chinois pour le grignotage, elles soulignent aussi que les raisins secs font d'excellentes friandises à consommer entre les repas. Cherchant à « démocratiser » un mets jusqu'ici associé au luxe, enfin, les publicités insistent sur le prix de vente raisonnable des lots unitaires, dont le format est ajusté au budget moyen des consommateurs chinois.[626]

De la santé vers la beauté : médicaments et cosmétiques

Associé à la culture des apparences (hygiène, mode et cosmétiques), le discours suggestif s'accompagne d'un glissement de la santé vers la beauté. Dans le *Shenbao*, l'argument de la beauté (*beauty appeal)* domine pendant toute la période, tandis que la santé n'apparaît en moyenne qu'une ou deux fois par jour. Peu perceptibles jusqu'aux années 1920, les deux *appeals* enregistrent une forte progression dans les années 1930. Pendant la guerre sino-japonaise, ils sont fréquemment combinés sur les mêmes publicités. La beauté triomphe en 1949, tandis que la santé disparaît totalement.

Jusqu'à la guerre sino-japonaise, les publicités pour les cosmétiques invoquent conjointement la beauté et la santé. Les deux *appeals* sont intimement mêlés dans les années 1920, mais se séparent au moment où l'industrie des cosmétiques s'autonomise par rapport à l'industrie pharmaceutique. A partir des années 1930, les discours se spécialisent et les cosmétiques sont exclusivement vendus comme des

624 Lettre d'Albert C. Row Company (Marketing & Sales Promotion) à Alonzo Bland Calder, Shanghai, 4 juin 1931, Alonzo Bland Calder Papers, 1911–1956, Hoover Institution Archives, Stanford, Calif., Box 45.

625 Crow, *Four Hundred Million Customers*, 214–215.

626 Crow, 214–215. Au sujet de Sun Maid Raisin, voir les chapitres 4 et 9 et Cécile Armand, « The Grapes of Happiness : Selling Sun-Maid Raisins to the Chinese in the 1920s–1930s », *Asia Pacific Perspectives* XIII, n° 2 (Fall/Winter 2015).

produits de beauté.[627] Plus indécis, les produits d'hygiène oscillent entre santé (1934) et beauté (1934–1941), combinant parfois les deux (1949). L'histoire des entreprises explique en partie ces liens discursifs entre la santé et l'apparence. Jusqu'à la Première Guerre mondiale, de nombreuses firmes pharmaceutiques fabriquent à la fois des médicaments, des produits d'hygiène et des cosmétiques. Avant la guerre, la compagnie britannique Burroughs Wellcome propose aux lecteurs du *Shenbao* au moins trois produits différents, dont un médicament (Kepler Cod Liver Oil) et deux marques de cosmétiques (Hazeline Snow et Hazeline Rose Frost).[628] En 1934, l'International Dispensary (Wuzhou dayaofang) commercialise à la fois de l'huile de foie de morue (Wuzhou rubai yuganyou) et des savons parfumés (Rose Soap), placés sous le double signe de la santé et de la beauté.[629] A la fin de la période, la compagnie chinoise Great China Dispensary, qui fabrique des médicaments depuis les années 1920, commence à vendre des crèmes et des savons parfumés en utilisant exclusivement le *beauty appeal.*[630]

Applications à la publicité extérieure

Comme l'a montré le chapitre précédent, les manuels accordent peu de place à la publicité extérieure. Comment les praticiens font-ils face à ce déficit ? Reprennent-ils les instructions fournies pour la presse ? Comment les transposent-ils dans la ville ? L'historien qui souhaite analyser finement les publicités urbaines est assez mal servi par les sources. Dans les archives municipales, les services de travaux publics s'intéressent plus à la matérialité des structures qu'au contenu des affiches. Les photographes amateurs capturent parfois des publicités par accident, mais la netteté est souvent insuffisante pour permettre d'analyser le message et la composition de l'image. Hétérogène et fragmentaire, le corpus photographique que nous avons constitué au cours de nos recherches permet difficilement de généraliser et de suivre les changements sur la longue durée.

627 Tzu-Hsuan Sung, « Cosmétiques, beauté et genre en Chine. Une analyse de la presse et des publicités (Fin des Qing – 1930) » (Thèse de doctorat d'histoire, Lyon, ENS de Lyon, 2015).

628 Kepler Cod Liver Oil, *SB*, 6 janvier 1914, 14 ; Hazeline Rose Frost, *SB*, 8 janvier 1914, 11 ; Hazeline Snow, *SB*, 12 janvier 1914, 14.

629 Rose Soap (Ximeinü xiangzao), *SB*, 5 janvier 1934, 19 ; Five Continents Cod Liver Oil (Wuzhou rubai yuganyou), *SB*, 5 janvier 1934, 8.

630 Long life pills (Bailingji), *SB*, 3 janvier 1924, 10 ; Great China Dispensary (Zhongxi daoyaofang), *SB*, 1er février 1941, 1.

Malgré ces lacunes, un examen attentif des photographies conservées révèle que dans l'ensemble, les publicités extérieures suivent assez fidèlement les conseils fournis dans les manuels. Dans les années 1920, la plupart des panneaux comporte une reproduction agrandie du produit : un poêle à charbon et un pain de savon sur la rue de Nankin, une canette de bière Asahi et une bouteille de champagne Castillon sur les routes extérieures des concessions, un paquet de cigarettes Three Castles le long de la ligne de chemin de fer reliant Tianjin à Pékin [Figure 14].[631] L'illustration est généralement sobre et réaliste, mais des personnages et des scènes de vie viennent parfois l'animer : une élégante Chinoise se régalant d'une tasse de cacao Bournville, un jeune couple admirant leurs nouveaux mocassins Keds, une famille partant en vacances au volant d'une automobile Morris.[632] Dans chaque cas, le texte est réduit au strict minimum. Seul le nom de la marque, du produit ou de son fabricant parvient à se faire une place sur l'affiche. Ces éléments de base peuvent être renforcés par un slogan, comme « Morris for Happiness » pour les automobiles Morris. Contraintes au minimalisme, les publicités extérieures accordent une plus grande importance aux phrases d'accroche que dans la presse.

Dans les années 1930, la publicité extérieure anticipe les tendances observées dans le *Shenbao*. Le texte est condensé pour reduire les coûts d'affichage et s'adapter au temps d'attention limité des citadins. La taille des caractères augmente en proportion pour rester lisibles à distance, comme les cigarettes Elgin (Ai'erjin) et le dentifrice Darkie (Heiren yagao).[633] Les scènes illustrées se multiplient et les personnages sont mis en situation pour humaniser et dynamiser des affiches jusqu'ici plutôt froides et statiques. Les tons paraissent moins ternes, même s'il est difficile d'apprécier les effets de contrastes et les jeux de couleurs à partir des

---

631 J. Sanger, « Panneau publicitaire pour les cigarettes Three Castles le long d'une voie de chemin de fer, près de Tianjin (Painted sign along railway, near Tientsin) », Photographie (Tianjin, 1921), 77 ; C.A. Bacon, « Panneau publicitaire pour le champagne Castillon et la bière Asahi (Acme Advertising Agency) (China to be ‹ wet › ? Light beers on the two sideboards outshine ‹ Castillon › in the centre 2–1) », Photographie (Shanghai, 1929), 758 ; « Panneau publicitaire pour Lux Toilet Soap et un poële à charbon (Sikh Guard on duty) », Photographie, Virtual Shanghai (Shanghai, ca 1912), https://www.virtualshanghai.net/Photos/Images?ID=34159.

632 Carl Crow, Inc., Panneau publicitaire pour Bournville Cocoa (Benwei kekefen), Shanghai, vers 1920 (Photographie) ; Panneaux pour les chaussures Keds, le champagne Monopole et les cigarettes Capstan, (Photographie), cité dans Bacon, 758 ; Panneau pour les automobiles Morris et l'Auto Palace Company (Photographie), cité dans Bacon, 758.

633 Publicité pour les cigarettes Elgin (Ai'erjin), Shanghai, janvier 1948 (https://madspace.org/Photos/?ID=34264) ; Publicité pour la pâte à dents Darkie (Heiren yagao), Shanghai, janvier 1948 (https://madspace.org/Photos/?ID=34278). Source : Jack Birns, Google LIFE Photo Archive, http://images.google.com/hosted/life.

photographies en noir et blanc.[634] Après la guerre sino-japonaise, les publicitaires jouent davantage sur la disposition du texte et les lignes de la composition de manière à créer un effet de mouvement, comme pour les marques de cigarettes Horse Shoe (Matipai) et The Brandy (Bailandi).[635] Une ponctuation plus agressive, usant de points d'interrogation et d'exclamation, interpelle les passants, à l'image des cigarettes Red Kores (Honggaole) ou de la lingerie « Tête de chien » (Goutou laopai).[636] Sur les photographies de Jack Birns, certains panneaux expérimentent de nouveaux styles typographiques, tandis d'autres adoptent des formes animales, comme les oies de la marque de coton Goose (E mianmao shan) picorant autour du champ de courses [Figure 18].[637]

Jugé plus approprié aux publics urbains peu éduqués, le registre émotionnel triomphe dans la publicité extérieure. Sur les affiches qui tapissent les rues de Shanghai, des femmes posent dans des positions suggestives pour attirer l'attention des fumeurs. Une paire de jambes en l'air aguiche les passants au risque d'éclipser les pièces de lingerie dont elles sont censées faire la promotion.[638] Sur le toit des bâtiments, des vedettes hollywoodiennes prêtent leurs noms et leurs visages à différentes marques de cigarettes et de cosmétiques, comme Elglin (Ai'erjin) et Lux Toilet Soap.[639] En pleine guerre civile (1945–1949), les cigarettes

---

634 Voir par exemple : « Affiche de cinéma et panneau publicitaire pour les cigarettes Chesterfield (Film and tobacco advertisement on the street) », Photographie, Virtual Shanghai (Shanghai, 1930), https://www.virtualshanghai.net/Photos/Images?ID=1669 ; Jack Birns, « Panneau publicitaire pour les cigarettes Ai'erjin (version masculine) », Photographie, Google LIFE Photo Archive (Shanghai, janvier 1948), http://images.google.com/hosted/life.

635 Publicité pour les cigarettes Horse Shoe (Matipai), Shanghai, janvier 1948 (https://madspace.org/Photos/?ID=34258) ; Publicité pour les cigarettes The Brandy (Bailandi), Shanghai, janvier 1948 (https://madspace.org/Photos/?ID=34265). Source : Jack Birns, Google LIFE Photo Archive, http://images.google.com/hosted/life.

636 Publicité pour les cigarettes Red Kores (Honggaole) sur la façade du Grand Monde, Shanghai, janvier 1948 (https://madspace.org/Photos/?ID=34270) ; Publicité pour la lingerie « Tête de chien » (Goutou laopai), Shanghai, janvier 1949 (https://madspace.org/Photos/?ID=34270). Source : Harrison Forman Collection box L10, Forman 1340, University of Wisconsin-Milwaukee Libraries, Gift of Sandra Carlyle Forman, 1987.

637 Publicités en bordure du champ de courses pour The Greys et Taitai wanshui, Shanghai, janvier 1948 (https://madspace.org/Photos/?ID=34261). Source : Jack Birns, Google LIFE Photo Archive, http://images.google.com/hosted/life.

638 Publicité pour la lingerie « Tête de chien » (Goutou laopai), Shanghai, janvier 1949.

639 Panneau pour Lux Toilet Soap (Lishi xiangzao) ; Panneau pour les cigarettes Elgin (Ai'erjin), Shanghai, janvier 1948). Source : Jack Birns, Google LIFE Photo Archive (Shanghai, janvier 1948), http://images.google.com/hosted/life.

Figure 18: Publicité en forme d’oie incarnant la marque de textile Goose (E mianmao shan), Shanghai, janvier 1948. Source : Jack Birns, Google LIFE Photo Archive.

The Brandy (Bailandi) tentent d’introduire dans les rues une pointe d’humour pour égayer la vie quotidienne des citadins.[640]

Conclusion

Dans l’ensemble, les publicités du *Shenbao* appliquent assez fidèlement les normes définies dans les manuels. A partir des années 1920, les publicités deviennent nettement plus visuelles. Le texte recule au profit des illustrations et d’autres éléments visuels, tels que les logos, les bordures et les jeux typographiques. L’exagération des premières réclames s’estompe avec l’avènement de la publicité rationnelle, puis suggestive. Le *health appeal* devient moins central dans les publicités médicales, alimentaires et cosmétiques, qui mettent davantage l’accent sur le goût ou la beauté. Parce qu’elles s’adressent à un public élargi disposant d’un temps d’attention limité, les publicités extérieures misent essentiellement sur les images et les émotions, au détriment du texte et de la réflexion.

---

640 J. Birns, Panneau pour les cigarettes The Brandy (Bailandi).

L'idéal de publicité visuelle, cependant, ne s'impose pas partout ni à tous les produits. Si les médicaments, les cigarettes et les nouveaux biens de consommation sont à l'avant-garde du tournant visuel, le texte résiste sur les publicités financières et les annonces scolaires. Les titres et les slogans progressent plus lentement, tandis que l'exagération persiste de manière subtile dans le nom des marques et la représentation des produits. Dans la presse comme dans les rues, les publicités ne sont jamais pures. Suivant les conseils des manuels, les praticiens combinent différents registres et différents *appeals* afin de renforcer leur impact et d'élargir leur marché.

Chapitre 9
A la recherche des quatre cents millions de consommateurs

Depuis le lancement des réformes consécutives à la mort de Mao Zedong (1976), les recherches sur la consommation en Chine ont connu un essor inattendu. Au regard de la croissance économique fulgurante qu'a connue le pays au cours des dernières décennies, les chercheurs ont pris conscience qu'il existait en Chine une société de consommation méritant d'être étudiée en tant que telle. Le nouveau paradigme de la « révolution consumériste » a fini par éclipser l'approche politique longtemps centrée sur la révolution communiste.[641] Portés par la vague des études culturelles, les historiens se sont intéressés à la culture matérielle, aux pratiques de consommation, aux imaginaires et aux politiques consuméristes.[642] Adoptant une perspective fonctionnaliste, ces travaux ont eu tendance à postuler la société de consommation comme une évidence dont l'avènement apparaît ré-

641 Deborah Davis, *The Consumer Revolution in Urban China* (Berkeley: University of California Press, 2000).

642 Sur les imaginaires consuméristes, voir notamment : Tani Barlow, « Advertising Ephemera and the Angel of History », *Positions: East Asia Cultures Critique* 20, n° 1 (2012): 111–158; Barbara Mittler, « Gendered Advertising in China: What History Do Images Tell? », *European Journal of East Asian Studies* 6, n° 1 (2007): 13–41; Barbara Mittler, « Imagined Communities Divided: Reading Visual Regimes in Shanghai's Newspaper Advertising (1860s–1910s) », in *Visualising China, 1845–1965: Moving and Still Images in Historical Narratives*, éd. par Christian Henriot et Wenhsin Yeh (Leiden: Brill, 2013), 267–378, Laikwan Pang, *The distorting mirror: visual modernity in China* (University of Hawaii Press, 2007), 102–130; Weipin Tsai, *Reading Shenbao: Nationalism, Consumerism and Individuality in China, 1919–37* (Houndmills, Basingstoke: Palgrave Macmillan, 2008); Ping Xin et Xiao Feng, « 20 shiji 30 niandai shanghairen de xiaofei guan – yi 'shenbao' jiantao wei zhongxin (Le consumérisme à Shanghai dans les années 1930 – vu à travers les publicités du Shenbao) », *Shanghai daxue xuebao*, n° 3 (2012); Yulong Tang, « Jindai Shanghai xiaofei wenhua shi yu xia Shenbao guanggao de fazhan (Les publicités du Shenbao et le développement du consumérisme à Shanghai) », *Wenhua yuekan*, n° 6 (2017). Sur la culture matérielle et les modes de consommation, dans une perspective de longue durée, voir : Frank Dikötter, *Things Modern: Material Culture and Everyday Life in China* (London: C. Hurst & Co. (Pub.) Ltd., 2007); Frank Dikötter, *Exotic Commodities: Modern Objects and Everyday Life in China* (New York: Columbia University Press, 2006). Sur les politiques de consommation, les boycotts et le mouvement pour la promotion des produits nationaux, voir : Karl Gerth, *China Made: Consumer Culture and the Creation of the Nation* (Cambridge: Harvard University Press, 2003); David Embrey Fraser, « Smoking out the Enemy: The National Goods Movement and the Advertising of Nationalism in China, 1880–1937 » (Thèse de doctorat, Berkeley, University of California, 1999); Min Wang, « Jindai guo huoyun dong zhongdi yanghuo xiaofei shishang (Le mouvement pour la promotion des produits nationaux face à la vogue des produits étrangers) », *Lantai shijie*, n° 3 (2013).

https://doi.org/10.1515/9783111336343-010

trospectivement inévitable, évacuant du récit les acteurs et les conditions historiques de son développement. Une approche historique de la publicité invite au contraire à dénaturaliser la société de consommation pour l'appréhender comme une construction sociale qui prend racine à la fin de l'empire des Qing et s'épanouit après la Première guerre mondiale.

Que la naissance de la société de consommation coïncide avec celle de la profession publicitaire n'est pas le fruit du hasard : les pionniers de la publicité en ont été des artisans majeurs. A la différence des études portant sur l'imaginaire des consommateurs, ce chapitre analyse les stratégies discursives déployées par les publicitaires pour façonner la figure du consommateur et jeter les bases d'une culture consumériste. Comment les professionnels du marché perçoivent-ils les consommateurs chinois ? Quels faits et quels fantasmes nourrissent leur travail et imprègnent leurs campagnes ? Comment envisagent-ils de (trans)former les consommateurs et de réformer leurs habitudes ?[643] Après avoir présenté les sources disponibles, ce chapitre examine de manière critique le mythe des « quatre cents millions de consommateurs » et les trois grands *topoi* qui le constituent : pauvreté, ignorance et poids des traditions.

Problèmes de sources

Qui sont les consommateurs dans la Chine pré-communiste ? Cette question en recouvre trois distinctes : à qui s'adressent les publicitaires, qui achète les produits et qui les utilise *in fine*. D'interprétation délicate, les publicités répondent inégalement à ces questions. Si l'analyse conjointe des textes et des images permet de formuler des hypothèses concernant les destinataires du message et les utilisateurs ultimes des produits, ces conjectures restent invérifiables sans les archives des entreprises, en particulier les plans de campagnes explicitant les intentions des annonceurs. Faute de telles sources, l'historien doit faire appel à des sources alternatives.

---

643 Les travaux des sociologues du marché et des professions ont été déterminants dans cette entreprise de déconstruction. Voir notamment : Michel Callon, *The Laws of the Markets* (Oxford: Blackwell, 2011); Hartmut Berghoff, Philip Scranton, et Uwe Spiekermann, *The Rise of Marketing and Market Research* (New York: Palgrave Macmillan, 2011); Frank Trentmann, *The Making of the Consumer: Knowledge, Power and Identity in the Modern World* (Oxford: Berg, 2006); Marie-Emmanuelle Chessel et Sophie Dubuisson-Quellier, « The Making of the Consumer: Historical and Sociological Perspectives », in *The SAGE Handbook of Consumer Culture*, éd. par Olga Kravets et al. (London: Sage, 2018), 43–60; Luis Araujo, John Finch, et Hans Kjellberg, *Reconnecting Marketing to Markets* (Oxford: Oxford University Press, 2010).

Apparues en Europe et aux Etats-Unis au début du XXe siècle, les premières études de marché s'avèrent difficiles à mettre en oeuvre en Chine.[644] Les publicitaires locaux évoquent les difficultés qu'ils rencontrent face à l'étendue du territoire, les barrières linguistiques, le faible niveau d'éducation et la méfiance de la population.[645] A la différence des sociologues qui participent au grand mouvement des enquêtes sociales (shehui diaocha), les professionnels du marché n'ont ni les moyens, ni l'expertise nécessaires pour enquêter auprès des couches populaires. Par ailleurs, leurs objectifs ne sont pas les mêmes. Les classes moyennes et supérieures de la population leur paraissent plus accessibles et plus intéressantes à étudier d'un point de vue économique.[646] La presse nous apprend que les grands magasins de Shanghai tenaient un registre de leurs clients indiquant leur nom, leur profession, leur adresse et leurs préférences d'achat.[647] Certaines entreprises, telles que la Shanghai Bank of China, ont réalisé des enquêtes détaillées sur leur personnel, renseignant leur niveau de revenus, leur situation familiale et médicale, leurs dépenses, leurs loisirs et leurs habitudes de consommation.[648] De telles enquêtes sont cependant exceptionnelles et elles ont souvent disparu avec les archives des entreprises.

Les premiers publicitaires ont une connaissance largement intuitive des consommateurs, résultant d'observations collectées au hasard de leurs prérégrinations. Dans son récit autobiographique, Carl Crow évoque plusieurs « études de marché » qu'il aurait réalisées pour différents produits, mais ces enquêtes artisanales n'ont pas la rigueur des travaux de sociologues contemporains et sont plus

---

644 Sur le début des études de marché en Europe, voir : Douglas B Ward, « Tracking the Culture of Consumption: Curtis Publishing Company, Charles Coolidge Parlin, and the Origins of Market Research, 1911–1930 » (1996); Ina Merkel et Christine Grosse, « Au bonheur des petites gens. Publicité, étude des besoins et consommation au quotidien en RDA », *Mouvement Social*, n° 206 (juin 2004): 41–57; Christoph Conrad et Patrick Fridenson, « Observer les consommateurs. Études de marché et histoire de la consommation en Allemagne, des années 1930 aux années 1960 », *Mouvement Social*, n° 206 (Juin 2004): 17–39.

645 Crow, *Four Hundred Million Customers*, 257.

646 Les premières enquêtes sociales en Chine ont été conduites en milieu urbain par des missionnaires et des sociologues étrangers comme Sidney Gamble et John Burgess à Pékin ou Herbert Lamson à Shanghai. A partir des années 1930, les sociologues chinois comme Chen Da, Cao Yucong et Feng Rui prennent la tête du mouvement et déplacent le champ d'étude des villes vers les campagnes. Tong Lam, *A passion for facts : social surveys and the construction of the Chinese nation state, 1900–1949* (Berkeley: University of California Press, 2011), 32–38.

647 « The cost of life in Shanghai », *North China Herald*, 16 avril 1921, 196.

648 Brett Sheehan, « Middling Elites: Middle Managers at the Shanghai Bank of China on the Eve of the Communist Revolution », in *Knowledge, Power, and Networks: Elites in Transition in Modern China*, éd. par Cécile Armand, Christian Henriot, et Huei-min Sun (Leiden: Brill, 2022), 83–112.

approximatives que les études *marketing* qui se développent en Occident après la Seconde Guerre mondiale, au moment où la Chine bascule dans le communisme.[649] Biaisés par leur ethnocentrisme, les pionniers du *marketing* aboutissent parfois à des conclusions fantaisistes. Dans une étude visant à prospecter les ventes de savon, par exemple, Crow observe que les habitants du nord de la Chine ont l'habitude de prendre un bain quotidien, même lorsque les températures sont négatives, et qu'ils consomment plus de viande que les habitants du sud, majoritairement bouddhistes, qui suivent un régime végétarien et se lavent plus rarement. Corrélant religion, hygiène et alimentation, le publicitaire conclut que pour augmenter les ventes de savon, il faudrait convaincre les Bouddhistes de consommer de la viande et de prendre davantage de bains.[650]

En l'absence d'archives d'entreprises, la littérature professionnelle et la presse locale fournissent de précieuses informations sur la manière dont les publicitaires perçoivent les consommateurs et façonnent leur image sociale. Même si le tableau reste impressionniste, ces sources ont le mérite de rendre compte des développements en cours, laissant intacte la pluralité des vues qui animent les milieux professionnels pendant la période républicaine.

Imaginer le marché de masse

Initialement centrés sur leurs marchandises, les annonceurs commencent à accorder une plus grande attention aux destinataires des produits au tournant du XXe siècle. Ce recentrage se traduit sur les publicités par la place croissante qu'occupent les personnages et les scènes de vie quotidienne, comme l'ont souligné les chapitres précédents. Jusqu'à la Première Guerre mondiale, les pionniers européens et japonais se préoccupent peu des couches populaires. Dans le système des traités « inégaux », les importations d'origines étrangères sont destinées à un marché de niche. Les maisons de commerce se soucient principalement de répondre aux besoins des expatriés, même si, à la fin des années 1890, certaines commencent à s'intéresser aux élites chinoises en quête de distinction sociale.[651] Pendant la guerre, la deuxième grande vague d'industrialisation chinoise rend possible la production de substituts locaux aux importations étrangères. Meilleur marché, les produits issus l'industrie chinoise deviennent accessibles à de nouvelles couches de population. La baisse des prix de vente conjuguée à la hausse du

649 Crow, *Four Hundred Million Customers*, 257.

650 Crow, 140–141.

651 Sanger, 58; Gerth, *China Made*, 53, 68–72.

pouvoir d'achat favorise le développement d'une classe moyenne urbaine et de la consommation rurale.[652] Après la guerre, une nouvelle génération d'entrepreneurs vernaculaires et de multinationales américaines commencent à nourrir le projet d'un marché de masse, au-delà du cercle étroit des élites urbaines résidant dans les ports ouverts. Cet intérêt nouveau pour les « quatre cents millions de consommateurs » suscite le désir de mieux les connaître pour adapter les produits et les discours qui leur sont destinés.

Dans les années 1920, les professionnels du marché divisent la société chinoise en trois groupes hiérarchisés en fonction du statut social et du niveau d'éducation. Dans son enquête parue en 1921, le *trade commissioner* Sanger mentionne brièvement les 150 000 ressortissants étrangers et s'attarde plus longuement sur la société indigène. Au sommet, explique-t-il, le pouvoir est entre les mains des mandarins et des fonctionnaires. Bien que minoritaires (quelques dizaines de milliers), ces élites éduquées disposent d'un fort pouvoir d'achat. Le deuxième groupe comprend les marchands, les hommes d'affaires et les élites intellectuelles. Moins fortunés, ils sont cependant plus nombreux et plus influents sur les pratiques de consommation. En bas de la hiérarchie, des millions de paysans et de *coolies*, majoritairement illettrés, vivent près du seuil de pauvreté. D'un point de vue commercial, leur incapacité à lire les publicités et acquérir les produits proposés constitue, aux yeux de Sanger, une contrainte indéniable.[653] Dans son rapport paru en 1929, le journaliste Bacon adopte une classification similaire en mettant davantage l'accent sur le profil culturel des consommateurs. Au sommet figurent les expatriés et les élites chinoises occidentalisées qui lisent régulièrement la presse étrangère. Juste en dessous, les Chinois éduqués mais non anglophones ne fréquentent que la presse vernaculaire. En bas de l'échelle sociale, les illettrés représenteraient environ 90% de la population et la publicité extérieure serait le seul moyen de les atteindre.[654]

---

652 Gerth, *China Made*, 52–66; Thomas G Rawski, *Economic Growth in Prewar China* (Berkeley: University of California Press, 1989), 208–209; Marie-Claire Bergère, *L'âge d'or de la bourgeoisie chinoise, 1911–1937* (Paris: Flammarion, 1986).

653 Sanger, 55–56.

654 Bacon, 764. Ces chiffres alarmistes doivent cependant être pris avec distance. Aucune enquête systématique ne vient les étayer. Des travaux récents ont établi qu'au début de la République, environ 30% de la population chinoise était capable de lire un texte simple. Avec le développement d'un enseignement primaire de masse sous la République, les historiens ont calculé que les effectifs d'écoliers avaient été multipliés par 6 en l'espace d'une génération, passant de 2,8 millions à 11 millions en 1930 puis 17 millions en 1945. Voir : Xavier Paulès, *La République de Chine: histoire générale de la Chine : 1912–1949* (Paris: Belles-Lettres, 2019), 308–309.

Le mythe des « quatre cents millions » émerge progressivement à la fin de la dynastie des Qing. Initialement dépourvu de toute connotation commerciale, le chiffre symbolise les potentialités et les craintes que suscite l'immensité de la population chinoise.[655] Au lendemain de la Première Guerre mondiale, la métaphore commence à s'appliquer au marché et Carl Crow contribue à la rendre célèbre avec son *bestseller* éponyme – *Four Hundred Million Customers.* Cependant, l'image est ambivalente et revêt des sens différents selon les locuteurs. Du point de vue des exportateurs américains, la Chine apparaît comme un Eldorado susceptible d'écouler les surplus que le marché intérieur ne peut absorber.[656] Pour les élites chinoises nationalistes, développer la consommation intérieure est une condition vitale à la formation d'une nation forte capable de s'émanciper des puissances impérialistes.[657] Cependant, de nombreux écueils viennent écorner le mythe et tempérer l'enthousiasme des pionniers. Dès les années 1920, les publicitaires de terrain alertent leurs clients lointains envoûtés par le mirage statistique. Au moment où Carl Crow publie son roman, la métaphore a cessé de faire rêver.

Pendant la période républicaine, les obstacles s'opposant à la formation d'un marché de masse sont loin d'être négligeables. L'immensité du territoire, le maintien des douanes internes et l'insuffisance des réseaux de transports entravent la libre la circulation des marchandises et freinent l'intégration du marché national. Malgré les efforts pour établir une langue vernaculaire nationale, la division entre la culture classique héritée de la période impériale et la variété des dialectes populaires persistent jusqu'en 1949. Faute de médias nationaux, les campagnes restent localisées.[658] L'absence de données fiables sur la population chinoise complique le travail des publicitaires. Alors que le pouvoir d'achat et le niveau d'éducation progressent lentement, certaines habitudes freinent l'adoption des biens de consommation d'origine étrangère. Les différences de régimes alimentaires, la culture médicale et les rapports entre les sexes sont les plus souvent évoqués dans la littérature professionnelle. En partie fondés, en partie fantasmés, ces *topoi* sur la société chinoise nécessitent un examen critique.

---

655 Lam, *A passion for facts*, 32–38.
656 Michael H. Hunt, « Americans in the China Market: Economic Opportunities and Economic Nationalism, 1890s–1931 », *The Business History Review* 51, n° 3 (1 octobre 1977): 277–307.
657 Kuo, « Foreign Trade and Advertising », 27–28; Tong, « Newspapers as an Advertising Medium in China », 29–32.
658 *Ibid.*

Trois lieux communs de la littérature professionnelle

Illettrisme et visualité

Sous la République, le déficit général d'éducation est l'un des *topoi* les plus répandus. Faisant consensus entre les réformateurs chinois et les observateurs étrangers, l'illettrisme massif est considéré comme l'un des maux principaux de la société chinoise. Dans la littérature professionnelle, il s'incarne à travers trois archétypes sociaux, auxquels les publicitaires associent des médias spécifiques: les paysans sensibles à la rumeur, les *coolies* fascinés par les affiches colorées et les femmes au foyer lectrices de magazines illustrés. Les professionnels insistent sur l'importance de choisir le médium le plus adapté au public ciblé, en soulignant cependant que la presse nationale reste le canal le plus efficace pour couvrir l'ensemble du territoire.[659]

En dehors de la presse, les publicitaires s'intéressent à d'autres supports imprimés. Le *trade commissioner* Sanger observe que les Chinois peu éduqués éprouvent une certaine fascination pour la langue écrite. Ils n'est pas rare qu'ils conservent les brochures publicitaires distribuées gratuitement dans les rues et demandent à un voisin plus instruit de leur en faire la lecture. Dans les régions rurales, le bouche-à-oreille reste une méthode efficace pour introduire de nouvelles marques et les diffuser d'un village à l'autre. Les multinationales British-American Tobacco et Morishita ont su s'approprier les pratiques folkloriques telles que les processions, les conteurs itinérants et les cerfs-volants, pour introduire leurs produits dans les provinces les plus reculées. Cependant, ces méthodes inspirées de la culture populaire ne fonctionnent qu'au sein de communautés rurales de petite taille, perdant de leur efficacité auprès des populations urbaines où des méthodes plus sophistiquées sont nécessaires.[660]

Son impact étant plus localisé et plus difficile à mesurer, la publicité extérieure ne vient qu'en renfort de la presse.[661] Dans les ports ouverts marqués par une forte mixité sociale comme Shanghai, le choix du médium est à la fois socialement et spatialement déterminé. Les journaux et les panneaux s'imposent aux annonceurs qui veulent toucher l'ensemble de la population citadine, tandis que les publicités multicolores et lumineuses s'adressent plus spécifiquement aux couches populaires. Afin de renforcer sa popularité, British-American Tobacco fait édifier une horloge lumineuse à son effigie au croisement de la rue Yu Ya Ching

659 Crow, « Advertising and Merchandising », 196; Bacon, 763–764; Sanger, 65–66; Tong, 32.
660 Sanger, 77–81.
661 Crow, « Advertising and Merchandising », 198; Bacon, 764; « The Advertiser's Dilemma: Another Chinese Puzzle », *NCH*, juin 1929.

et de l'avenue Edward VII, un lieu de passage très fréquenté entre les deux concessions étrangères à Shanghai. Combinant lumière et mouvement, ses dimensions spectaculaires et son texte minimaliste rendent le message facile à comprendre et à mémoriser.[662] Coûteux à construire et à entretenir, ce genre de dispositif reste toutefois exceptionnel, tout comme la publicité sonore, qui intéresse une minorité de professionnels. Dans les années 1930, par exemple, Millington envisage de stationner des camions radiophoniques à la sortie des stades et usines, mais ces dispositifs sont strictement contrôlés et généralement interdits dans les rues bruyantes et encombrées de Shanghai.[663] Les publicitaires désireux d'élargir leur audience pressentent aussi le potentiel des transports urbains, mais ils doivent attendre 1928 pour que la publicité commerciale soit autorisée à l'extérieur des tramways et des omnibus de la Concession internationale.[664]

Certains annonceurs tentent d'exploiter les calendriers, très populaires au moment du Nouvel An. Les plus accomplis sur le plan artistique ne servent pas simplement à mesurer le temps mais aussi à décorer l'intérieur des maisons. Les annonceurs espèrent ainsi introduire leurs marques dans l'intimité des foyers et s'installer durablement dans la vie quotidienne. Cependant, le potentiel commercial des calendriers ne fait pas l'unanimité dans les milieux professionnels. Carl Crow observe que leur qualité et leurs coûts de production varient fortement. Les calendriers les plus raffinés restent inaccessibles aux plus modestes et leur impact limité sur les ventes ne compense pas l'investissement initial.[665] De même, le publicitaire américain déconseille la distribution de bons d'achat et d'échantillons gratuits. Ces offres déclenchent souvent une avalanche de réponses mais la majorité des répondants ne constitue pas un marché solvable. Il arrive parfois que l'opération se retourne contre l'annonceur. Crow raconte qu'ayant eu vent d'une offre spéciale avant son lancement, un livreur de journaux collecta tous les coupons la veille et les revendit avant la parution de l'édition matinale. Une autre fois, les coupons attirèrent tant de candidats que la foule amassée devant le magasin finit par alerter la police municipale. L'annonceur victime de son succès dut payer une amende pour trouble à l'ordre public.[666] Cependant, ces aléas sem-

---

662 Bacon, 764; Wu et Zhu, 288.

663 F.C. Millington, Suggested Revenue from Advertising on Trams, Buses, Lorries, etc. (août 1928); Tramway Company, Advertising on Exterior of Trams (novembre-décembre 1928), SMA (SMC), U1-3-1284.

664 Sanger, 79.

665 Sanger, 81–82. Crow, « Advertising and Merchandising », 200. Sur la conception des calendriers, voir: Ellen Johnston Laing, *Selling Happiness: Calendar Posters and Visual Culture in Early Twentieth-Century Shanghai* (Honolulu: University of Hawai'i Press, 2004).

666 Crow, « Advertising and Merchandising », 200; *Four Hundred Million* Customers, 52–55.

blent mieux gérés dans les années 1930. Comme l'a montré le deuxième chapitre, les agences spécialisées comme Consolidated Coupon Company contribuent à généraliser la pratique des bons d'achat au sein de la société chinoise.

Pauvreté et pouvoir d'achat

La pauvreté massive est un autre lieu commun de la littérature professionnelle, qui s'incarne le plus souvent à travers la figure du *coolie*. Ce *topos* appelle néanmoins plusieurs réserves. Dans le régime des traités « inégaux », les observateurs étrangers ont tendance à dramatiser le problème de la pauvreté. Baignant dans le colonialisme ambiant, beaucoup d'expatriés et de missionnaires restent convaincus de leur supériorité et cherchent à justifier leur présence en Chine. Les réformateurs chinois, hantés par l'obsession comparatiste, sont eux-même tentés d'évaluer les performances de leur pays à l'aune des sociétés occidentales. Or, malgré l'instabilité politique et les crises récurrentes, le niveau général de pauvreté tend à reculer pendant la période républicaine.[667] La frontière entre luxe et nécessité se déplace. Certains produits comme les cigarettes, classés parmi les objets de luxe avant la Première Guerre mondiale, deviennent plus accessibles au cours des décennies suivantes. En favorisant la production massive de substituts bon marché, l'industrialisation chinoise joue un rôle décisif dans l'élargissement social de la consommation.[668]

Le degré d'accessibilité varie néanmoins d'un produit à l'autre. Alors que les cigarettes, les cosmétiques et les produits alimentaires se diffusent progressivement dans les années 1920, l'automobile reste un bien de luxe jusqu'en 1949. Introduites en Chine à la fin du XIXe siècle, les cigarettes font partie des produits qui se diffusent le plus rapidement. Entre 1902 et 1933, les ventes annuelles de British-American Tobacco bondissent de 300 000 à 88 millions.[669] D'après le journaliste Bacon, les cigarettes constituent à la fin des années 1920 le seul vrai produit de masse en Chine :

> In fact, the main article that reaches the masses is cigarettes. (. . .). The general impression is that cigarette exceeds all others, and this is doubtless true if outdoor publicity is included.[670]

---

667 Stephen L. Morgan, « Economic growth and the biological standard of living in China, 1880–1930 », *Economics & Human Biology* 2, n° 2 (1 juin 2004): 197–218; Rawski, *Economic Growth in Prewar China*, 208–209.

668 Margherita Zanasi, *Saving the Nation: Economic Modernity in Republican China* (Chicago: University of Chicago Press, 2006).

669 Cochran, *Big Business in China*, 80.

670 Bacon, 756, 764.

Cependant, le marché du tabac reste fortement segmenté. Comme l'a montré le chapitre précédent, la majorité des fumeurs se contente de produits génériques. Dans certains secteurs, notamment les cigarettes, les médicaments et les produits alimentaires, les fabricants tentent de s'adapter à l'éventail des budgets en échelonnant les prix en fonction de la quantité vendue. British-American Tobacco commercialise ses cigarettes par lot de dix ou de cinquante, tandis que Morishita propose deux formats différents pour sa célèbre marque de médicament Jintan. Soucieuse de s'adapter au niveau de vie local, la compagnie Sun Maid Raisin réduit de moitié la taille des paquets par rapport à ceux vendus aux Etats-Unis, ce qui lui permet d'abaisser le prix de vente unitaire.[671]

Sur le terrain, les publicitaires constatent que le prix n'est pas toujours le facteur le plus déterminant. D'autres paramètres moins quantifiables influencent les décisions d'achat, comme les préférences individuelles, la fidélité aux marques ou les possibilités de recyclage. Observant la persistance de la culture du recyclage en Chine, les publicitaires recommandent d'apporter une grande attention à la valeur d'usage des emballages, auxquels les Chinois savent inventer une seconde vie. Par exemple, les boîtes métalliques servent à fabriquer de petits poêles domestiques, tandis que les emballages colorés sont utilisés comme objets décoratifs et sont parfois revendus jusqu'à cinq fois leur prix d'achat.[672]

Barrières culturelles à la consommation

Que peut-on vendre aux Chinois ? Existe-t-il des obstacles culturels à l'adoption de certains produits ? La publicité peut-elle les abolir ou les déplacer ? Les produits eux-mêmes doivent-ils être adaptés aux habitudes locales ? Les observateurs étrangers sont divisés quant à l'universalité des pratiques de consommation. Certains, comme le *trade commissioner* Sanger, considèrent que les manières de vivre et de penser en Chine sont si différentes qu'elles défient l'hypothèse même d'une nature humaine. Parmi les principales singularités de la société chinoise, Sanger mentionne les divisions sociales façonnées par l'éducation et la richesse, les codes vestimentaires, les règles de politesse et le culte des ancêtres. Les habitudes alimentaires expliqueraient aussi l'échec d'une campagne pour une marque de lait condensé qui, ignorant que les Chinois boivent leur thé pur et ne consomment pas de café, avait

671 « A Smaller Selling Unit Gets Chinese Market for Sun-Maid », *J.W.T. Newsletter*, n° 47 (2 octobre 1924). J. Walter Thompson Company, Newsletter Collection, 1910–2005, Box MN6 (1923–1925). J. Hartmann for Sales, Advertising & Marketing History, David M. Rubenstein Rare Book & Manuscript Library, Duke Universy Library, Durham, NC.

672 Crow, *Four Hundred Million* Customers, 51–52, 56–57, 212.

mis en scène des personnages versant le lait dans une tasse de thé ou de café. Devenu canonique, l'exemple est repris par l'attaché commercial Arnold, et aucune publicité du *Shenbao*, à notre connaissance, ne reproduit cette anomalie.[673] Sanger relève d'autres différences dans la culture du corps. Alors que le talc et la poudre à dent se vendent plutôt bien, les shampoings rencontrent peu de succès auprès des Chinoises, qui lavent leurs cheveux à sec. Dans le *Shenbao*, l'absence de publicités pour du shampoing contraste effectivement avec la profusion de poudres et de dentifrices.[674] A l'opposé, le cosmopolite Carl Crow s'attache moins à la variété des coutumes qu'à l'universalité des besoins. De son point de vue, il n'y a pas plus de différences entre Chinois et Américains qu'entre les Chinois ou les Américains eux-mêmes. Les divergences individuelles affleurent dans les détails, comme le choix des couleurs, des matériaux ou des textures, sans affecter l'unité anthropologique profonde qui rapproche les deux peuples, animés des mêmes besoins et des mêmes désirs.[675]

Les observateurs étrangers sont en désaccord au sujet de deux besoins fondamentaux : se nourrir et se vêtir. Selon Bacon, les produits alimentaires circulent aisément car le besoin de se nourrir est une nécessité absolue. En revanche, la culture vestimentaire ne s'exporte pas aussi facilement car les goûts et les modes varient fortement d'un pays à l'autre. Le journaliste admet néanmoins qu'il existe des exceptions à cette règle. Les produits importés que la Chine fabrique déjà en surplus n'ont aucune chance de trouver des débouchés localement. En revanche, les denrées rares comme les mangues se vendent bien à Shanghai, tandis que les oranges d'origine californienne peuvent rivaliser avec celle de Fuzhou ou de Shantou car elles sont plus grosses, plus savoureuses et se conservent mieux hors saison. A l'opposé, Crow soutient que les différences de régimes alimentaires sont si marquées que les aliments d'origine étrangère ont peu de chance de trouver une place dans la gastronomie chinoise. Ce n'est qu'à de rares occasions qu'une minorité d'élites occidentalisées consomment certains aliments importés, comme les raisins

673 Crow, « Advertising and Merchandising », 195.

674 Nous n'avons relevé qu'une seule occurrence de *shampooing* dans nos échantillons du *Shenbao*: Qushi dayaofang (Sanmei paisheng fayou), *SB*, 7 janvier 1914, 8.

675 Crow, *Four Hundred Million Customers*, 39–40. Dans sa thèse sur la communauté américaine de Shanghai, Huskey oppose les Américains « cosmopolites » (cosmopolites), qui éprouvent une certaine sympathie pour la population, et ceux marqués par un certain « esprit de clocher » (parochials), qui la méprisent et se tiennent à l'écart. L'attitude ambivalente de Carl Crow suggère que les deux catégories ne sont pas incompatibles. Huskey, James Layton. « Americans in Shanghai: Community Formation and Response to Revolution, 1919–1928 ». Thèse de doctorat, University of North Carolina, 1985.

secs.[676] A la différence de Bacon qui met l'accent sur les différences vestimentaires, Carl Crow affirme que les modes circulent sans entrave. Témoin des changements culturels survenus après la révolution de 1911, le publicitaire américain raconte comment l'adoption de la jupe a libéré les jambes des femmes chinoises. Éditeur du premier catalogue de mode en langue vernaculaire, il est convaincu que la publicité a le pouvoir de transformer les pratiques vestimentaires.[677]

D'autres anomalies restent inexpliquées. Bacon s'étonne par exemple que des nouveautés « superflues » comme les phonographes et les radios rencontrent un tel succès en Chine.[678] Les pratiques mutent rapidement dans les années 1920. Moins de dix ans après l'enquête de Sanger, certaines barrières culturelles commencent à se déplacer. Si la frontière entre universalité et diversité n'est pas figée, les changements sont inégaux selon les produits et les groupes sociaux. Malgré leur adoption massive, les cigarettes ne remplacent pas les pratiques plus anciennes comme la pipe à eau.[679] Si la santé est une quête globalement partagée, les pratiques médicales restent culturellement différenciées. Selon Carl Crow, les Chinois sont attachés à leur médecin de famille et préfèrent l'automédication aux produits nouveaux issus de l'industrie pharmaceutique. Certaines publicités du *Shenbao* tentent néanmoins d'infléchir ces habitudes. Une publicité pour Scott's Emulsion, par exemple, invite les lecteurs du journal à se traiter dès les premiers symptômes, voire de manière préventive.[680]

Les produits alimentaires d'origine étrangère trouvent leur place dans les régimes locaux sans les bouleverser en profondeur. Connus en Chine depuis l'Antiquité mais cultivés en petites quantités, les raisins secs popularisés par Sun Maid servent de friandises entre les repas ou sont servis comme dessert lors des banquets.[681] Carl Crow observe que le cacao Bournville est consommé comme un remède aux indigestions et aux insomnies chroniques provoquées par une consommation excessive de thé.[682] Les marques de porridge Quaker Oats et Horlicks Malted Milk doivent leur popularité à leur ressemblance au *congee*, un gruau de riz apprécié pour

676 Crow, 215–216.

677 Crow, 29–32.

678 Bacon, 763.

679 Benedict, *Golden-Silk Smoke*, 136–139, 149–162.

680 *SB*, 7 janvier 1914, 7.

681 Bacon, 763; Crow, *Four Hundred Million* Customers, 212-15; « Sun-Maid beats August Quota by 3,557 tons – Sales Set New Record for Eighth Consecutive Months », *J.W.T. Newsletter*, n° 54 (20 novembre 1924): 5.

682 Crow, *Four Hundred Million Customers*, 209–210.

ses qualités nutritives.[683] La consommation de lait constitue une vraie révolution, mais elle reste réservée aux élites urbaines au moins jusqu'à la guerre sino-japonaise.[684] Certains aliments, enfin, ne parviennent pas à s'implanter en Chine, comme le fromage, victime de son odeur et d'une traduction malheureuse.

Conclusion

Bien que le marché de masse reste un mirage sous la République, les trois décennies qui séparent la Première Guerre mondiale de la révolution communiste marquent une tentative inédite pour élargir la base sociale des consommateurs en Chine. A partir des années 1920, les publicitaires cultivent le mythe des quatre cents millions pour exprimer le fantasme d'un marché au potentiel vertigineux, sans nier pour autant les obstacles qui entravent son développement : pauvreté, illettrisme et préférences culturelles. En réalité, la reconnaissance de ces contraintes fait partie intégrante de leur stratégie de légitimation : admettre, voire exagérer les difficultés, est une manière pour les nouveaux professionnels de mettre en valeur le bien-fondé de leur activité. Grâce à sa force incitative, la publicité promet de neutraliser la faiblesse du pouvoir d'achat. Grâce aux images et à son didactisme, elle prétend surmonter le déficit d'éducation et réformer les habitudes de consommation. Ce qui compte, finalement, c'est moins l'effet indémontrable qu'aurait la publicité sur les ventes et les acheteurs, que la capacité des professionnels à construire une représentation suffisamment crédible de la société pour convaincre leurs clients de recourir à leurs services.

Comment évaluer le pouvoir de la publicité ? La littérature professionnelle reste prudente à ce sujet, soulignant l'absence d'instruments fiables pour mesurer son effet sur les ventes et les modes de consommation. S'il est possible d'évaluer l'impact de la publicité dans les journaux à partir des coupons retournés, qui prouvent que la publicité a été lue jusqu'au bout, l'efficacité de la publicité extérieure est plus difficile à apprécier.[685] La presse locale enregistre l'émerveillement des populations urbaines devant les premières publicités électriques, le scandale soulevé par une affiche de cinéma un peu trop audacieuse, les craintes

---

683 Crow, 216.

684 Susan Glosser, *Chinese Visions of Family and State, 1915–1953* (Berkeley: University of California Press, 2003); Jia-Chen Fu, *The Other Milk Reinventing Soy in Republican China* (Seattle: University of Washington Press, 2018).

685 Les professionnels estiment qu'environ 1% des lecteurs répondent aux coupons dans les journaux. Wu et Zhu, 88–90; Crow, *Four Hundred Million Customers*, 164–165.

face à la « défiguration » des quartiers résidentiels. Les journaux relaient la parole des élites et se concentrent sur les artefacts les plus spectaculaires, mais ils restent muets sur l'impact quotidien des publicités plus banales. Accéder à l'ordinaire de la rue et de la lecture nécessite de lire entre les lignes des archives municipales et de scruter les zones d'ombre sur les photographies.

Conclusion

Hong Kong, 11 décembre 2018, métro Lai Chi Kok, Kowloon. Un jeune Chinois en costume cravate m'attend en haut des marches pour me conduire au siège de l'agence de publicité Adling. J'attends ce moment depuis des mois. Héritière de la China Commercial Advertising Agency fondée en 1926, Adling est la seule agence antérieure au régime communiste qui ait survécu jusqu'à ce jour. Un an auparavant, j'avais retrouvé la trace du petit-fils du fondateur sur le réseau social LinkedIn. La famille Lin vivait désormais à Vancouver, mais un rendez-vous avait pu être arrangé avec le responsable de l'agence à Hong Kong. Allais-je enfin mettre la main sur ces précieuses archives que je cherchais en vain depuis le début de mes recherches de thèse ? De la station de métro nous marchons quelques minutes pour rejoindre l'agence. Loin de l'Admiral Square et du centre des affaires, Lai Chi Kok est un quartier sans éclat où logent les classes populaires et les petits commerces en quête de loyers bon marché. Arrivés au pied d'un immeuble sans apparat, nous grimpons plusieurs étages. Au bout d'un couloir, mon hôte s'arrête devant une porte sur laquelle une petite plaque indique simplement – Adling (Holding) Ltd. Le jeune *manager* nous invite à entrer. Derrière la porte, un étroit bureau envahi de dossiers, que se partagent les deux uniques employés de l'agence. Quelle stupeur. Pétrie de séries télévisées, j'avais imaginé qu'un Don Draper chinois me recevrait dans un immense bureau vitré surplombant la baie. La tristesse succède à la déception. Était-ce tout ce qui restait du J. Walter Thompson chinois des années 1930 ?[686]

Parce qu'elles ont disparu sans laisser d'archives, les agences professionnelles comme CCAA sont longtemps restées dans l'ombre de l'histoire. Les historiens se sont intéressés aux calendriers commerciaux, aux publicités illustrées dans la presse, aux marques iconiques comme Jintan, ou aux campagnes massives des multinationales comme British-American Tobacco Company. Malgré la richesse de ces travaux, notre connaissance s'arrêtait aux marges et à la surface de l'industrie publicitaire, tandis que ses principaux protagonistes restaient tapis dans les coulisses de l'histoire. Pour la première fois, cet ouvrage a tenté de les ramener à la lumière.

686 Don Draper est le principal protagoniste de la série télévisée *Mad Men* qui a pour théâtre une agence de publicité new-yorkaise à la fin des années 1950. Fondée en 1864, la J. Walter Thompson Company est l'une des plus anciennes et des plus importantes agences de publicité américaines. Elle a laissé un fond d'archives d'une richesse exceptionnelle, conservé à Duke University, Durham, North Carolina (John Hartman Center for Sales, Advertising & Marketing History, David M. Rubenstein Rare Book & Manuscript Library). A ce sujet, voir : Cécile Armand, « J. Walter Thompson Newsletters (1910–2005) – A Journey », Billet, *Advertising History* (blog), consulté le 29 juillet 2022, https://advertisinghistory.hypotheses.org/1284.

https://doi.org/10.1515/9783111336343-011

Au lendemain de la Première Guerre mondiale, les premiers publicitaires autoproclamés s'efforcent de prendre leur distance avec les courtiers et les réclames de charlatans supposés nuire à leur réputation. Revendiquant leur professionnalisme, leur indépendance et le service rendu à la société, puisant leurs références dans les arts et les sciences, l'antiquité autant que le progrès, ils parviennent à faire de la publicité une activité respectable et finalement indispensable à partir des années 1930. A la différence des professions bien connues (avocats, médecins), strictement réglementées par l'État et cimentées par le nationalisme, la profession publicitaire s'affirme comme un groupe interprofessionnel et multinational relativement ouvert, fonctionnant sur la base de l'auto-régulation. Alors que les associations permettent aux pionniers de se regrouper et de s'organiser, ce sont les agences indépendantes qui, à partir des années 1920, mettent en œuvre l'idéal professionnel. Bien qu'elles ne fassent pas disparaître l'amateurisme, ces agences spécialisées contribuent à faire de la publicité une industrie à part entière. Alors que les étrangers dominent immédiatement après la guerre, les agences vernaculaires se multiplient sous le régime de Nankin (1927–1937) et finissent par s'imposer après la guerre sino-japonaise (1937–1945), formant parfois de véritables conglomérats, à l'image de l'agence Lianhe. Reflétant la place centrale qu'occupe la publicité dans la stratégie du groupe, l'agence Lianhe est le point névralgique dans la constellation d'entreprises que contrôlent ses associés, couvrant des secteurs aussi variés que la presse, l'industrie textile, le tabac, la finance et les produits alimentaires.

La publicité chinoise se construit au rythme de l'histoire mondiale, tout en suivant sa propre trajectoire. Les deux guerres mondiales ont impact décisif sur son développement. La fin de la Première Guerre mondiale favorise la naissance des premières agences indépendantes, fondées par des journalistes américains comme Carl Crow et par des Chinois éduqués aux États-Unis, comme Lin Zhenbin, Lu Meiseng et Wang Yingbin. Le régime nationaliste est propice à la formation d'agences vernaculaires, même si beaucoup sont éphémères et ne survivent pas à l'euphorie de la décennie de Nankin. La guerre sino-japonaise élimine finalement toute concurrence étrangère, aussi bien dans l'industrie publicitaire que dans la production des biens de consommation. Elle donne aux conglomérats comme Lianhe l'opportunité d'augmenter leur prestige, à travers leur contribution à l'effort de guerre et à la reconstruction d'après-guerre. A ce titre, la Seconde Guerre mondiale joue pour les agences chinoises une fonction de légitimation similaire à celle qu'a joué la Première Guerre mondiale pour les agences américaines aux États-Unis.[687] Bien

687 Concernant l'impact de la guerre sur les agences américaines, voir : Cécile Armand, « JWT et la guerre (WWI) », Billet, *Advertising History* (blog), consulté le 28 juillet 2022, https://advertisinghistory.hypotheses.org/1679.

que partielle, l'information disponible suggère que tout au long de période républicaine, les institutions publiques elles-mêmes n'hésitaient pas à faire directement appel aux services des publicitaires. L'implication de Millington dans le lancement de la première chaîne de radio nationale, la prise en charge par Lin Zhenbin de la promotion des jeux athlétiques et du mouvement de construction routière en sont les meilleurs exemples. Les usages politiques de la publicité méritent une étude spécifique, qui déborde le cadre de ce travail. Une attention particulière devrait être portée au recyclage des techniques entre les secteurs public et privé et d'un régime à l'autre. Une telle étude permettrait de mieux comprendre comment l'industrie publicitaire héritée de la période républicaine a pu servir de matrice aux techniques de propagande des régimes successifs.

Mobiles et polyvalents, les publicitaires sont emblématiques de la nouvelle classe d'entrepreneurs culturels qui s'affirme sous la République, naviguant entre le journalisme, l'industrie, la philanthropie, les arts et l'université. Les parcours individuels étudiés dans ce livre révèlent que, pendant cette période d'incubation, il n'y a pas *une* mais de *multiples* voies d'accès à la profession publicitaire, même si les cursus tendent à se standardiser dans les années 1930. Alors que Carl Crow et Francis Millington, partis du journalisme et du scoutisme, sont arrivés incidemment à la publicité, pour Lin Zhenbin, Lu Meiseng et Wang Yingbing, l'acquisition d'une formation académique de haut niveau dans les meilleures universités américaines fait partie d'une stratégie entrepreneuriale de longue haleine. Alors que la guerre met à un terme à la carrière des expatriés en Chine, c'est la révolution communiste en 1949 qui interrompt ou réoriente celle des publicitaires chinois. Certains, comme Lin Zhenbin ou Millington, choisissent de poursuivre leurs activités à Hong Kong, en Europe et aux États-Unis. D'autres, comme les artisans de Lianhe, restent en Chine et profitent brièvement de la restructuration du secteur, avant d'être emportés par la vague de nationalisations imposées au milieu des années 1950. Que deviennent les dirigeants et leur personnel ? La question du transfert de compétences d'un régime à l'autre nécessite également une recherche à part entière. Comprendre comment le régime communiste a récupéré les talents et les savoir-faire hérités de la période républicaine apporterait un éclairage précieux sur la transition entre les deux régimes et tracerait un trait d'union entre deux historiographies encore largement séparées.

En complément des monographies précédentes, cette recherche de grande ampleur a montré que la professionnalisation de la publicité sous la République a permis au capitalisme chinois de changer d'échelle et de diversifier ses marchés. Jusqu'à l'apparition des agences indépendantes, seuls les géants de l'industrie pharmaceutique et du tabac, tels que British-American Tobacco (BAT), Nanyang Brothers ou l'International Dispensary, pratiquaient massivement la publicité, en s'appuyant sur leurs propres services. Les agences indépendantes ne remplacent pas ces services internes, mais elles contribuent à élargir le spectre des produits tout en permettant à des annonceurs plus modestes d'accéder à la publicité. Ces agences professionnelles jouent un rôle essentiel dans le *boom* des industries de consommation, qui deviennent en retour leurs principales clientes après la Première Guerre mondiale. L'un des effets les plus remarquables est de généraliser la création des marques commerciales, jusqu'ici réservées aux multinationales comme BAT (Three Castles, Pirate, Ruby Queen) et aux industriels vernaculaires tels que Huang Chujiu, patron de l'International Dispensary et créateur de la marque Rendan, ou Chen Dexian (Household Industries), créateur de la marque Butterfly (Wudipai). S'ajoutant aux marques de fabrique plus classiques, ces marques identitaires visent à combler les failles de la protection industrielle et cherchent à établir un lien affectif avec les usagers des produits. Ce faisant, elles favorisent l'émergence de nouvelles catégories de consommateurs, notamment les femmes et les enfants, qui sont au centre des débats dans le climat nataliste de l'entre-deux-guerres, et au cœur des programmes de « régénération » sociale poursuivis par le régime nationaliste.

Les années 1920 sont marquées par l'éclosion d'une littérature professionnelle qui a pour effet de doter l'activité publicitaire d'un cadre théorique et de mieux codifier ses pratiques. Alors que les premiers écrits sont l'œuvre d'experts étrangers ou sont traduits de manuels américains, les publicitaires chinois s'affranchissent assez vite des normes occidentales et produisent leur propre littérature dès la fin des années 1920. S'ils reprennent en apparence l'idéal de simplicité mis en avant par les étrangers, les auteurs chinois lui donnent une portée différente. Sous l'influence du mouvement de la Nouvelle Culture et du 4 mai (1919), ils l'inscrivent dans le projet de création d'une langue vernaculaire (*baihua*) en réaction à la culture lettrée classique héritée de la période impériale. L'appel à la simplicité rejoint aussi les efforts de Chen Dexian et d'autres industriels vernaculaires orientés vers la production d'un savoir populaire (*changshi*). Les auteurs de manuels s'en distinguent néanmoins par la profusion de néologismes et l'adoption d'un vocabulaire plus technique à la fin de la période, emprunté aux nouvelles sciences cognitives et sociales. *In fine*, les deux genres littéraires remplissent des fonctions différentes et ne s'adressent pas aux mêmes publics : les revues populaires de Chen Dexian visent un large public d'amateurs et de curieux, tandis que les manuels de publicité ciblent une élite de praticiens et d'étudiants désireux de connaître l'état de l'art dans leur discipline. Alors que les industriels vernaculaires rejettent l'expertise technique des nouveaux professionnels, les publicitaires, à l'opposé, martèlent leur professionnalisme et la scientificité de leur savoir pour se démarquer des « charlatans » et des « amateurs » jugés responsables du discrédit qui pèse sur leur activité. Le recours aux images, invoqué par les étrangers pour contourner l'illettrisme supposé massif dans la population chinoise, est également repris par les publicitaires vernaculaires, qui leur attribuent cependant de nouvelles fonctions. Appréciée à la fois pour ses qualités pédagogiques et sa capacité à stimuler les émotions, la publicité visuelle s'impose progressivement dans la presse chinoise. Alors que la production des publicités illustrées reste un luxe pendant toute la période républicaine, les *copywriters* chinois imaginent d'autres procédés pour rendre leurs publicités plus attractives, en jouant notamment sur la composition, les bordures, la typographie et les propriétés visuelles des sinogrammes.

Cette étude contribue finalement à nuancer le récit de « l'occidentalisation » de la société chinoise, un thème récurrent dans l'historiographie de la période républicaine depuis les travaux de John Fairbank et Marie-Claire Bergère.[688] Depuis la mort de Mao Zedong (1976) et l'ère des réformes en Chine (1978–), le paradigme de la modernisation est redevenu central, se substituant à celui de la révolution. Au cours des dernières décennies, l'approche sino-centrée s'est substituée au paradigme de la « réponse à l'Occident » (Fairbank et Teng), selon lequel l'intrusion étrangère aurait servi de stimulus à la modernisation chinoise. Cette recherche se situe quelque part entre les deux, concluant que les industriels vernaculaires, les publicitaires chinois formés aux Etats-Unis, et les publicitaires étrangers actifs en Chine, ont œuvré conjointement au développement de l'industrie publicitaire, même s'ils poursuivent des objectifs différents. La documentation disponible suggère l'existence d'interactions entre les trois groupes, à travers la mobilité du personnel et la participation commune aux organisations professionnelles, mais en l'absence de leurs archives, il est difficile d'en connaître le détail. On peut aussi imaginer qu'avec la montée de la concurrence dans les années 1920–1930, les inquiétudes concernant la propriété intellectuelle, la hantise des contrefaçons et le respect du secret professionnel ont pu freiner les échanges.

Il y a plus d'une vingtaine d'années, Sherman Cochran se demandait si la publicité avait été importée de l'extérieur, ou bien si elle avait été inventée localement.[689] A cette vaste question qui traverse toute l'historiographie de la Chine moderne et ses rapports avec l'Occident, les historiens ont apporté des réponses diverses, parfois contradictoires, oscillant entre imitation, adaptation, appropriation ou hybridation. Face à ce problème, insoluble en ces termes, il m'a semblé préférable de reformuler et de déplacer la question. Au lieu de rechercher les origines

688 John King Fairbank et Ssu-yü Teng, *China's Response to the West : A Documentary Survey, 1839–1923* (Cambridge : Harvard University Press, 1954) ; Paul A Cohen, *Discovering History in China : American Historical Writing on the Recent Chinese Past* (New York : Columbia University Press, 1984) ; Bergère, *L'âge d'or de la bourgeoisie chinoise, 1911–1937*.

689 Sherman Cochran, éd., *Inventing Nanjing Road : Commercial Culture in Shanghai, 1900–1945* (Ithaca, NY : Cornell University Press, 1999), 3–18.

culturelles de la publicité chinoise, j'ai choisi de suivre la trace des acteurs sociaux qui ont rendu possible son développement. En passant de l'autre côté du miroir publicitaire, j'ai découvert le rôle critique qu'ont joué les publicitaires formés aux États-Unis dans l'introduction des méthodes américaines en Chine. A travers leurs écrits, leurs enseignements et la gestion quotidienne de leurs agences, ces pionniers ont eu à cœur de transmettre les connaissances acquises de première main pendant leurs études, tout en les acclimatant aux conditions locales et à leurs propres préoccupations. Alors que le problème central pour les pionniers étrangers, comme Carl Crow, est de traduire les textes et de siniser l'imaginaire des marques multinationales, l'enjeu pour leurs collègues chinois est d'élargir la base des consommateurs et d'adapter les discours aux différences de sexe, d'âge et de classe qui structurent finement la société chinoise. Si certains tabous sur les couleurs, les symboles et les produits s'estompent au fil du temps, c'est largement le fruit de leurs efforts. Le travail de ces publicitaires vernaculaires, conjugué à la mixité culturelle des ports ouverts et la dissémination des journaux en dehors des villes, facilite l'acceptation de représentations et de pratiques autrefois inimaginables, telles que les motifs orientalistes, les animaux domestiques, les produits laitiers, ou l'usage des coupons comme technique d'incitation à l'achat, dont l'agence Lianhe a fait l'une de ses spécialités.

Les échanges ne sont pas à sens unique. Outre les milliers de jeunes Chinois qui partent étudier outremer pour rapporter des connaissances nouvelles, des visiteurs du monde entier convergent à Shanghai pour étudier le fonctionnement des agences locales et prospecter les potentialités d'un marché multimillionnaire. Au lendemain de la Première Guerre mondiale, les publicitaires formés à l'école américaine commencent à imaginer la possibilité d'un marché de masse en Chine, tout en restant conscients des obstacles qui entravent sa réalisation. Alors que la pauvreté, l'illettrisme et les barrières culturelles sont les plus fréquemment évoqués, la métaphore des « quatre cents millions de consommateurs » s'impose dans les discours professionnels, servant autant à mettre en garde qu'à justifier les effets difficilement démontrables de la publicité. Si la pauvreté et l'ignorance sont deux clichés partagés à la fois par les observateurs étrangers et les réformateurs chinois, le ton et les objectifs diffèrent. A la condescendance des premiers, qui s'apitoient sur le sort des *coolies* sans vraiment prétendre le changer, s'oppose l'intransigeance des seconds, qui y voient un obstacle à la modernisation de leur pays, qu'ils s'efforcent de transformer. Avec le développement des enquêtes sociales et de la sociologie vernaculaire, les professionnels chinois du marché se détournent des différences culturelles entre les peuples, qui focalisaient l'attention des pionniers, pour s'intéresser aux différences sociales qui travaillent la société chinoise, ayant à cœur, sinon de les réduire, du moins d'atténuer l'impact des crises récurrentes qui agitent la jeune République. Adeptes d'un changement graduel plutôt qu'une révolution radicale, ces capitalistes éclairés s'illustrent par leur activisme philanthropique et leur engagement parfois politique, à l'image de l'agence Lianhe, qui utilise les ressources de la publicité pour lever des fonds, secourir les réfugiés, construire des hôpitaux et financer des bourses d'études. Plus patriotes que nationalistes, ses artisans orientent leurs efforts vers la résistance antijaponaise après l'invasion de la Mandchourie (1931), se montrant plus tolérants face aux « impérialismes » occidentaux. Après une éclipse de trente ans sous le régime maoïste, le mythe des quatre cents millions a connu un retour en force avec l'ère des réformes ouverte par Deng Xiaoping (1978–). Dépassant désormais le milliard et porté par une croissance économique vertigineuse, le marché de masse surpasse aujourd'hui toutes les prévisions formulées par les pionniers du siècle dernier, même si, depuis une dizaine d'années, la montée des inégalités et la prise de conscience écologiste commencent à en montrer les limites.

Dès la période républicaine, l'influence de la publicité sur la société chinoise dépasse largement les cercles professionnels. Elle affecte profondément la vie quotidienne de la population, en particulier les citadins et les lecteurs de la presse. En nous obligeant à nous tourner vers d'autres sources, l'absence d'archives d'entreprises nous a permis de mettre en lumière des pans encore inexplorés de la publicité chinoise. Comment les publicités affectent-elles la lecture des journaux et leur modèle économique pendant la période républicaine ? Comment transforment-elles les paysages urbains ? Quels problèmes d'aménagement posent-elles pour les administrations municipales ? Comment les citadins réagissent-ils à l'emprise grandissante de la publicité sur leur vie quotidienne ? Ces aspects méconnus sont au coeur d'une recherche à part entière, que le lecteur découvrira dans le second ouvrage qui constitue l'autre volet de cette étude.

Annexes

Table 1: Liste des agences actives à Shanghai entre 1896 et 1956.

Nom (translitération anglaise)	Nom vernaculaire	Pinyin	Début	Fin
A.A. Art Service Studio	愛愛美術印刷靈?社	Ai'ai meishu guanggao yinshua ling? she	1938	
Acme Advertising Agency	愛克美廣告公司	Aikemei guanggao gongsi	1923	1943
Advertisers' Guild (Shanghai branch)	上海特別市廣告同業公會	Shanghai tebieshi guanggao tongye gonghui	1930	1930
Advertising Art Studio			1942	1943
Advertising Service	維利廣告公司	Weili guanggao gongsi	1941	1941
Aerial Advertising Company (P. Boorlin & Company)			1921	1921
Aiming Advertising Service Incorporated	一敏廣告社	Yimin guanggao she	1930	
Arrow Advertising Agency	愛羅廣告公司	Ailuo guanggao gongsi	1926	1927
Art and Drawing Studio	聯揮書社, 聯揮美術社	Lianhui shushe	1935	1941
Art Picture Advertising Company	星發洋行	Xingfa yanghang	1928	1929
Asahi Advertising Company			1931	
Asahi Donchu Kokokusha			1943	
Asia Advertising Company	亞西亞廣告公司	Ya xiya guanggao gongsi	1940	1941
Asia Decorating & Advertising Company	亞洲圖畫廣告公司	Yazhou tuhua guanggao gongsi	1928	1937
Associated Advertisers, Federal Incorporated	普益廣告公司	Puyi guanggao gongsi	1932	1936
Atrax Company, Illuminated Advertising	明華公司	Minghua gongsi	1930	1941
Baiji yishu guanggao gongsi	百吉藝術廣告公司	Baiji yishu guanggao gongsi	1948	

https://doi.org/10.1515/9783111336343-012

Table 1 (suite)

Nom (translitération anglaise)	Nom vernaculaire	Pinyin	Début	Fin
Bangda yishu guanggao she	邦達藝術廣告社	Bangda yishu guanggao she	1947	
Begdon & Nobbins			1928	1928
Begdon & Read			1929	
Belge-Neonlite Company, Limited			1929	1930
Bercott's Advertising Agency (International Advertising Corporation)	柏高廣告社	Baigao guanggao she	1930	1935
Berlin Transparent Advertising Company			1939	1939
Big Ben Advertising Agency	大鵬廣告公司	Dapeng guanggao gongsi	1935	
Bozallo Engineering Company	? 士羅管造建築公司	? Shiluo guanzao jianzhu gongsi	1922	1922
Bruno Perme	貝美廣告公司	Beimei guanggao gongsi	1933	1943
Carl Crow, Incorporated	克勞廣告公司	Kelao guanggao gongsi	1923	1948
Cathay Advertising Company	國泰廣告公司	Guotai guanggao gongsi	1940	1941
Central Advertising Agency	中央廣告社	Zhongyang guanggao she	1929	
Chee Fah Advertising Service, C.F. Lin & Company (General Advertising Contractors)	其發廣告(推銷)社	Qifa guanggao (tuixiao) she	1931	1940
Chester Cowen Company	哲斯德	Zheside	1916	
China Advertising Agency	中華廣告社	Zhonghua guanggao she	1922	1941
China Advertising Company, The	立發	Lifa	1908	1921
China Advertising Service, Incorporated	中國廣告公司	Zhongguo guanggao gongsi	1925	1932
China Art Publishing Company (Advertising Department)			1928	1928

Table 1 (suite)

Nom (translitération anglaise)	Nom vernaculaire	Pinyin	Début	Fin
China Automatic Advertising Company, Limited			1929	
China Bill Board Advertising Agency (Cheng Tai Sing Advertising Agency)	陳泰興廣告公司	Chentaixing guanggao gongsi	1927	1943
China Commercial Advertising Agency	華商廣告公司	Huashang guanggao gongsi	1926	1948
China Film Service Bureau	電影服務社	Dianying fuwu she	1935	
China Publicity Company	中國商務廣告公司	Zhongguo shangwu guanggao gongsi	1914	1941
China Ricksah Advertising Company, Limited	柏高廣告股份有限公司	Baigao guanggao gufenyouxian gongsi	1931	1931
China/Chinese Advertising Company, The	鳴藝廣告公司	Mingyi guanggao gongsi	1925	1939
Chinese Advertising Letters	中華信益廣告公司	Zhonghua xinyi guanggao gongsi	1926	
Chisolm and Keifer	啓森凱發	Qisen kaifa	1933	1935
Chun Mei News Agency	中美通信社	Zhongmei tongxinshe	1918	1919
Claude Neon Lights, Fed. Inc, U.S.A.	麗安電氣有限公司	Li'an gongqi youxiangongsi	1929	1942
Commercial Advertising Company	商業廣告公司	Shangye guanggao gongsi	1930	
Communicatus Advertising Company	交通廣告公司	Jiaotong guanggao gongsi	1931	1935
Consolidated National Advertising Company	聯合廣告公司	Lianhe guanggao gongsi	1928	1948
Consolidated National Advertising Company	聯合廣告公司	Lianhe guanggao gongsi	1933	1941
Continental Advertisers, Union Advertising Company	聯華廣告(股份有限)公司	Lianhua guanggao (gufen youxian) gongsi	1935	1941
Continental Advertising Company (Dah Loh Advertising Company)	大陸廣告公司	Dalu guanggao gongsi	1938	1943

Table 1 (suite)

Nom (translitération anglaise)	Nom vernaculaire	Pinyin	Début	Fin
Continental Trading Company (Advertising Department)			1929	1931
Cosmos Trading Company			1929	1929
Dadong guanggao gongsi	大東廣告公司	Dadong guanggao gongsi	1930	1948
Dafa guanggao she	大發廣告社	Dafa guanggao she	1935	
Dagong guanggao gongsi	大公廣告公司	Dagong guanggao gongsi	1928	1929
Dah Lai Commercial Service	大來華行	Dalaihuahang	1935	
Dah Loh Advertising Agency			1934	
Dah Lung Neon Light Company	大來氣光燈行	Dalai qiguang denghang	1938	1942
Dah Sin Advertising Agency	大新廣告公司	Daxin guanggao gongsi	1937	1956
Dah Wah Advertising Company	大華廣告公司	Dahua guanggao gongsi		
Daitung Advertising Agency			1936	
David & Company, Samuel	合盛	Hecheng	1924	1941
De Luxe Neon Light Company			1935	1942
Dianzhong guanggao gongsi	電鍾廣告公司	Dianzhong guanggao gongsi	1946	
Direct Mail Advertising Agency	捷運廣告公司	Jieyun guanggao gongsi	1935	1936
Dittman, S.			1917	1931
Dollar Advertising Company, Limited			1932	
E.H. McMichael			1935	1938
Eastern Advertisers	大美廣告公司	Da mei guanggao gongsi	1937	1941
Eastern Advertising Agency	東方廣告公司	Dongfang guanggao gongsi	1914	1943

Table 1 (suite)

Nom (translitération anglaise)	Nom vernaculaire	Pinyin	Début	Fin
Eastern China Advertising Company (Wa-Tong)	華東廣告社	Huadong guanggao she	1931	1933
Eastern Neon Light Company	東方年紅電光公司	Dongfang nianhong dianguang gongsi	1930	1942
Echo Advertising Agency			1930	1930
Electric Lamp Advertisement Company, Limited			1926	
Electro Advertising Corporation			1938	1938
Faguo dianguang guanggao gongsi	法國電光廣告公司	Faguo dianguang guanggao gongsi	1928	1929
Far Eastern Advertising Company Limited			1919	1931
Far Eastern Commercial Advertising Company	遠東商務廣告公司	Yuandong shangwu guanggao gongsi	1934	1937
Faxing guanggao gongsi	法興廣告公司	Faxing guanggao gongsi	1924	1929
Fine Art Studio	精藝照相舘	Jingyi zhaoxiang guan	1939	1939
Floydson Neon Light Company			1934	
Foo Lay Sun Neon Light Company			1941	1942
General Neon Light Company			1932	1934
Globe Advertising Agency	天球廣告公司	Tianqiu guanggao gongsi	1929	1929
Gold Dragon Advertising Company	金圓廣告公司	Jin yuan guanggao gongsi	1927	1927
Golden Neon Light Company			1938	1942
Gongyi guanggao gongsi	公益廣告公司	Gongyi guanggao gongsi	1948	
Grant Advertising, Incorporated			1936	
Great China Publicity Company Limited	中華廣告股份有限公司	Zhonghua guanggao gufenyouxiangongsi	1935	
Great Eastern Neon Light Company			1936	1938

Table 1 (suite)

Nom (translitération anglaise)	Nom vernaculaire	Pinyin	Début	Fin
Guojin guanggao she	國際廣告社	Guojin guanggao she	1930	
Guotai boyin guanggao gongsi	國泰播音廣告公司	Guotai boyin guanggao gongsi	1947	
Hampson, C.W.	海姆生	Haimusheng	1932	1935
Han Yang Advertising Company/Agency	漢洋廣告公司/社	Hanyang guanggao gongsi / she	1938	1943
Harvey's Advertising & Billposting Agency	哈維告白經理	Hawei gaobai jingli	1911	1928
Hau Kee & Company			1935	
Hengyu guanggao gongsi	恒裕廣告公司	Hengyu guanggao gongsi	1948	
Holodovich, N.V.			1935	
Holy Eagle Advertising Company			1930	
Honest Advertising	誠信廣告服務社	Chengxin guanggao fuwushe	1935	
Hong Chang Advertising Company (alias: Hong Chong Advertising Company (Fou Hong Gneu)	鴻昌廣告營造公司	Hongchang guanggao yingzao gongsi	1930	1939
Hong Dah Advertising Company			1940	1940
Howe's Advertising Company	好華廣告公司	Haohua guanggao gongsi	1919	1924
Hsu, Smin	徐世民	Xushimin	1933	1935
Hu Yi-chi (Woo Yih Kee) Advertising Agency	胡一記廣告公司	Huyiji guanggao gongsi	1930	1935
Hua'an guanggao gongsi	華安廣告公司	Hua'an guanggao gongsi	1949	
Huafu guanggao gongsi	華孚廣告公司	Huafu guanggao gongsi	1933	
Huamuxinghuagao guanggao she	華木行華高廣告社	Huamuxinghuagao guanggao she	1945	1948
Huanan guanggao she	華南廣告社	Huanan guanggao she	1947	1949

Table 1 (suite)

Nom (translitération anglaise)	Nom vernaculaire	Pinyin	Début	Fin
Huaxing guanggao gongsi	華星廣告公司	Huaxing guanggao gongsi	1949	
Huazhong guanggao she	華衆廣告社	Huazhong guanggao she	1946	
Hwa May Advertising Company	華美廣告公司	Huamei guanggao gongsi	1935	1939
Hwa Sung Advertising Company			1943	
Illuminated Advertising Company	照明廣告行	Zhaoming guanggao hang	1926	1929
Incorporated Advertising Consultant			1927	
International Advertising Agency	國際廣告公司	Guoji guanggao gongsi	1947?	
International Advertising Corporation (Bercott's Advertising Agency)	美國廣告公司	Meiguo guanggao gongsi	1930	1943
International Trade Advertisers	萬國廣告公司	Wanguo guanggao gongsi	1924	1946
Isida Service Association, Isida Associations (Isida-Hwei-Za) (Chung-Pu)	億捷達會社(總部)	Yijieda huishe (zongbu)	1932	1932
Jansen Cinema, W.H., A.S.C.			1935	1935
Jh Dah Advertising Company	一大廣告公司	Yida guanggao gongsi		
Jianguo guanggao gongsi	建國廣告公司	Jianguo guanggao gongsi	1948	
Jiedeng guanggao she	捷登廣告社	Jiedeng guanggao she		
Jimmy Advertising (Zeh Mei Advertising Agency)	集美廣告公司	Jimei guanggao she	1936	1943
Jincheng guanggao gongsi	訴金城廣告公司	Jincheng guanggao gongsi	1946	
Jinyi guanggao she	晉益廣告社	Jinyi guanggao she	1948	
Kawakita Electric Company			1941	1942
Kee (Koo) Zung Mow Advertising Company			1943	

Table 1 (suite)

Nom (translitération anglaise)	Nom vernaculaire	Pinyin	Début	Fin
Keenad, Inc	金亞廣告公司	Jinya guanggao gongsi	1934	1941
King-Degaw International			1935	
Kokumin Sefu Advertisers			1941	1941
Kong Tai Advertising Company	康泰廣告公司	Kangtai guanggao gongsi	1929	1943
Kongque guanggao she	孔雀廣告社	Kongque guanggao she	1947	1955
Kow How Advertising Company	國華廣告印刷社	Guohua guanggao yinshua she	1934	
Kwang Ming Neon Light Company	光明霓虹公司	Guangmingnihong gongsi	1934	1942
Liancheng guanggao she	聯成廣告社	Liancheng guanggao she	1946	1947
Lianhui guanggao meishu she	聯揮廣告美術社	Lianhui guanggao meishu she		
Lingchege guanggao gongsi	令饬各廣告公司	Lingchege guanggao gongsi	1931	
Liuhe guanggao gongsi	六合廣告公司	Liuhe guanggao gongsi	1948	
Luminous Advertising Company	露明電光廣告公司	Luming dianguang guanggao gongsi	1921	1925
Martynow & Company, B.	天?洋行	Tian ? yanghang	1923	1923
Mason Company, Limited	美新公司	Meixin gongsi	1926	1927
McMichael's Agency			1938	
Metropole Neon Light Company	大上海霓虹氣電公司	Dashanghai nihongqidian gongsi	1935	1935
Metropolitan Advertisement Company			1931	1931
Millington, Limited	美靈登(廣告有限公司)	Meilingdeng (guanggao youxian gongsi)	1927	1941
Mingming dianlihuoli guanggao she	明明電力活力廣告社	Mingming dianlihuoli guanggao she	1933	1934

Table 1 (suite)

Nom (translitération anglaise)	Nom vernaculaire	Pinyin	Début	Fin
Mingming guanggao gongsi	明明廣告公司	Mingming guanggao gongsi	1933	
Mingtai guanggao she	明泰廣告社	Mingtai guanggao she	1910	
Modern Art Services	摩登美術廣告書社	Modeng meishu guanggao shushe	1935	
Modern Neon Light Company	美登霓虹燈氣電公司	Meideng nihongdeng qidian gongsi	1934	1947
Modern Publicity Company			1932	
Mutual Advertisers Limited	益衆廣告公司	Yizhong guanggao gongsi	1933	1935
Nanyang Advertising Company	南洋廣告公司	Nanyang guanggao gongsi	1931	1935
National Advertising Agency (N.A.A.)	國民廣告公司	Guomin guanggao gongsi	1927	1928
National Advertising Agency & Publishers	國民廣告圖書公司	Guomin guanggao tushu gongsi	1929	1935
National Neon Light Company, Inc.			1933	1934
Night Glory Neon Light Company			1938	1942
Nihon Dempo Tsushin Sha	日本電報通信社	Riben dianbao tongxinshe	1922	1935
North China Advertising Bureau, The	惠見告白代理處	Hui jian gaobai daili chu	1911	1911
North China Advertising Company	中國北方告白公司	Zhongguo beifang gaobai gongsi	1930	
Novelty Advertising Company (ex Shanghai Public Motorcars Advertising Company)	新?廣告公司	Xin? guanggao gongsi	1941	1941
Oriental Advertising Agency (Company), The	法興廣告公司	Faxing guanggao gongsi	1914	1930
Oriental Cinematographic Advertising Company	東方電光廣告公司	Dongfang dianguang guanggao gongsi	1922	1923
Oriental Cinematographic Advertising Company	華大廣告社	Huada guanggao she	1936	1943

Table 1 (suite)

Nom (translitération anglaise)	Nom vernaculaire	Pinyin	Début	Fin
Oriental Neon Light Company			1931	1935
Oriental Press, The [La Presse Orientale]	法興印書館, 法新匯	Faxingyinshuguan, faxinhui	1899	1934
Outdoor Publicity Company			1923	1924
Parlin (Pah Ling) Advertising Company			1940	1943
Pax Publicity	太平廣告公司, 太平洋廣告社	Taiping guanggao gonsi, Taipingyang guanggao she	1943	1948
Publikans				
Qinfeng boyin guanggao gongsi	慶豐播音廣告公司	Qinfeng boyin guanggao gongsi	1948	
Qixin guanggao gongsi	企新廣告公司	Qixin guanggao gongsi	1936	
Roaming Advertising Company	途行廣告公司	Tuhang guanggao gongsi	1923	
Rongchangxiang guanggao gongsi	榮昌祥廣告公司	Zung Chong Ziang Advertising Company, Limited	1939	1956
Runmao guanggao gongsi	潤茂廣告公司	Runmao guanggao gongsi	1931	1937
Screen Advertising Service			1940	1940
Shanghai Advertising & Bill Posting Company	明得綠貼洋行	Mingdei lütie yanghang	1906	
Shanghai Advertising Company	上海廣告公司	Shanghai guanggao gongsi	1937	1937
Shanghai Mainichi Shimbun Limited	上海每日新聞社	Shanghai meirixinwen she	1925	1941
Shanghai meishu	上海美術	Shanghai meishu	1934	
Shanghai Neon Light Company, Limited (Strand Neon Light Company)	上海新光公司	Shanghai xinguang gongsi	1930	1934
Shanghai Nippo, The Sha	上海日報社	Shanghai ribao she	1913	1939

Table 1 (suite)

Nom (translitération anglaise)	Nom vernaculaire	Pinyin	Début	Fin
Shanghai Public Motorcars Advertising Company (Novelty Auto Advertising Company)	公共汽車廣告公司	Gonggong qiche guanggao gongsi	1933	1935
Shanghai Ricsha Advertising Company, Limited	人力廣告公司	Renli guanggao gongsi	1930	1930
Shanghai Service Corporation			1935	1935
Shanghai Tramway Advertising Company	上海電車招帖公司	Shanghai dianche zhao tie gongsi	1909	1911
Shanghai xinxin guanggao gongsi	上海新新廣告公司	Shanghai xinxin guanggao gongsi	1947	
Shenguang guanggao gongsi	申光廣告公司	Shenguang guanggao gongsi	1947	
Shijie guanggao gongsi	世界廣告公司	Shijie guanggao gongsi	1936	1948
Shijie meishu guanggao she	世界美術廣告社	Shijie meishu guanggao she	1936	1937
Silver Star Advertising Agency	銀星廣告	Yinxing guanggao gongsi	1956	
Sin(g) Sin(g) Advertising Company			1939	1943
Sing Kwang Company			1935	
Sing Poo Advertising Company			1943	
Sing Sen News Agency	新生通訊社	Xinshen tongxunshe	1913	1935
Singer Paunzen Advertising Studio			1939	
Société / Compagnie Française de Réclames Lumineuses	上海法商電燈電車公司	Shanghai fashang diandeng dianche gongsi	1908	1934
Star Advertising Agency			1938	1939
Strand Neon Light Company (formerly Shanghai Neon Light Company)	新光霓虹公司	Xinguangnihong gongsi	1934	1936
Strother's Advertising Service Agency			1926	1931
Sung Wei Kee Advertising Company			1943	

Table 1 (suite)

Nom (translitération anglaise)	Nom vernaculaire	Pinyin	Début	Fin
Sunmay Advertiser	生煤廣告社	Shengmei guanggao she	1935	
Suzhou Advertisement & Company, Limited	蘇州廣告股份有限公司	Suzhou guanggao gu fen youxian gongsi	1946	
Tanaka, M.	田中實	Tianzhong shi	1932	1936
Tokyo Neon Light Company			1941	1942
Transmutograph (Far East)			1928	1931
Truck Cab Advertising Company			1934	1934
Tseng Ching Advertising Company			1939	
Tsong Wei Advertising Company			1938	1939
Tung Ming Hsiang Chi Neon Light Company	通明汽電無限公司	Tongmingqidian wuxiangongsi	1936	1936
Union Advertising Agency	發聯廣告公司	Fa lian guanggao gongsi	1928	1929
Union Advertising and Publishing Company			1930	1931
Union Press Company	聯合印刷公司	Lianhe yinshua gongsi	1933	1935
United Advertising Advicers, Incoporated			1927	1930
Universal Neon Light Company			1936	
Universal Press Co.	中南印務報	Zhongnan yinwubao	1935	
Van Lee Advertising	萬利廣告社	Wanli guanggao she	1935	
Vee Loo Advertising Company	維羅廣告公司	Weiluo guanggao gongsi	1922	1943
Vee Sing Advertising Company			1941	1941
Vio Neon Light Company	紫光電器廣告製造廠	Ziguangdianqi guanggao zhizaochang	1930	1942
Wei Kee Advertising Company			1938	1939
Weixin guanggao gongsi	維新廣告公司	Weixin guanggao gongsi	1949	
Wha Teh Electric Light Company			1931	

Table 1 (suite)

Nom (translitération anglaise)	Nom vernaculaire	Pinyin	Début	Fin
Wushida, S.			1942	1943
Xiangmeideng guanggao she	向美登廣告社	Xiangmeideng guanggao she	1927	1954
Xiehe guanggao gongsi	協和廣告公司	Xiehe guanggao gongsi	1936	
Xingye guanggao gongsi	興業廣告公司	Xingye guanggao gongsi	1946	
Xinshen guanggao she	新申廣告社	Xinshen guanggao she	1948	
Yanggao guanggao she	楊高廣告社	Yanggao guanggao she	1931	
Yao Nan Advertising Company	耀南廣告社	Yaonan guanggao she	1920	1930
Yaxiya guanggao gongsi	亞西亞廣告公司	Yaxiya guanggao gongsi	1934	1948
Yifeng Advertising Company	于益豐廣告公司	Yifeng guanggao gongsi	1956	
Yilian guanggao sheji gufenyouxian gongsi	藝聯廣告設計股份有限公司	Yilian guanggao sheji gufenyouxian gongsi		
Yindu guanggao gongsi	銀都廣告公司	Yindu guanggao gongsi	1940	1941
Yong'an guanggao gongsi	永安廣告公司	Yong'an guanggao gongsi	1936	
Youxin guanggao she	又新廣告社	Youxin guanggao she	1943	
Yu Hsin Advertising Company	中國又新廣告公司	Zhongguo youxin guanggao gongsi	1922	1923
Yuanhe guanggao gongsi	元合廣告公司	Yuanhe guanggao gongsi	1949	
Yuanyan guanggao gongsi ?	園隒廣告公司	Yuanyan guanggao gongsi ?	1948	
Yuen Chong Advertising & Broadcasting Station	原廠廣告公司及廣播電台	Yuanchang guanggao gongsi ji guangbodiantai	1935	

Table 1 (suite)

Nom (translitération anglaise)	Nom vernaculaire	Pinyin	Début	Fin
Yuen Yuen Advertising Company	源源廣告公司	Yuenyuen guanggao gongsi	1934	1935
Yung Chong Ziang Advertising Company			1938	1943
Yung Sung Neon Light Company			1938	1942
Zhengda guanggao she	正大廣告社	Zhengda guanggao she	1936	
Zhenhua guanggao gongsi	振華廣告公司	Zhenhua guanggao gongsi	1934	
Zhisheng guanggao gongsi	訴氏生廣告公司	Zhisheng guanggao gongsi	1947	
Zhongguo feihang guanggao gongsi	中國飛行廣告公司	Zhongguo feihang guanggao gongsi	1935	
Zhongguo gongshang guanggao she	中國工商廣告社	Zhongguo gongshang guanggao she	1947	
Zhongguo leidian guanggao she	中國雷電廣告社	Zhongguo leidian guanggao she	1946	
Zhongxing guanggao she	中興廣告社	Zhongxing guanggao she	1929	1930
Zhongyi guanggao gongsi	中藝廣告公司	Zhongyi guanggao gongsi	1948	
Zimmerman & Company, W.I.	上海齊美洋行	Shanghai Qimei yanghang	1896	1929

Cette liste a été établie à partir de différentes sources, notamment l'annuaire du Bankers' Cooperative Credit Service (Zhongguo zhengxinsuo) paru en 1935, l'annuaire téléphonique de Shanghai (honglist) paru en 1941, et divers dossiers conservés aux archives municipales de Shanghai. Le tableau indique le nom des agences en langue vernaculaire ainsi que leurs translitérations, et dans la mesure du possible, leur date de création et de disparition.

Bibliographie

Sources primaires

Archives

Archives municipales de Shanghai (SMA), Shanghai.
Carl Crow Papers (1913–1945), State Historical Society of Missouri, Columbia, Missouri.
Hoover Institution Archives, Stanford University, Stanford, California.
National Archives and Records Administration (NARA), Washington, D.C.
J. Walter Thompson Company Archives, John Hartman Center for Sales, Advertising & Marketing History, David M. Rubenstein Rare Book & Manuscript Library, Duke University, Durham, North Carolina

Journaux et revues

China Press
China Monthly Review
China Weekly Review
Chinese Economic Monthly
Millard's Review of the Far East
North China Herald and Daily News
Shenbao
South China Morning Post

Sources secondaires

Alford, William P. *To Steal a Book Is an Elegant Offense : Intellectual Property Law in Chinese Civilization*. Stanford : Stanford University Press, 1995.

Allman, Norwood F. *Handbook on the Protection of Trade-Marks, Patents, Copyrights, and Trade-Names in China*. Shanghai : Kelly & Walsh, Ltd., 1924.

Allman, Norwood F. « Transliteration of ‹ Coca-Cola › Trade-Mark to Chinese Characters ». *The New Yorker*, février 1959, 61–62.

« An Analytical Study of Advertisements in Chinese Newspapers ». *Chinese Economic Monthly* 3, n° 4 (avril 1926) : 139–43.

Apple, Rima D. *Vitamania : Vitamins in American Culture*. New Brunswick, N.J. : Rutgers University Press, 1996.

Araujo, Luis, John Finch, et Hans Kjellberg. *Reconnecting Marketing to Markets*. Oxford : Oxford University Press, 2010.

https://doi.org/10.1515/9783111336343-013

Armand, Cécile. « Foreign Clubs with Chinese Flavor : The Rotary Club of Shanghai and the Politics of Language ». In *Knowledge, Power, and Networks : Elites in Transition in Modern China*, édité par Cécile Armand, Christian Henriot, et Huei-min Sun, 233–259. Leiden : Brill, 2022.

Armand, Cécile. « MADSpace : a Janus-faced digital companion to a PhD dissertation in Chinese history ». In *Shaping the Digital Dissertation : Knowledge Production in the Arts and Humanities*, édité par Virginia Kuhn et Anke Finger, 119–128. Open Book Publishers, 2021. https://doi.org/10.11647/OBP.0239.08.

Armand, Cécile. « The Grapes of Happiness : Selling Sun-Maid Raisins to the Chinese in the 1920s–1930s ». *Asia Pacific Perspectives* XIII, n° 2 (Fall/Winter 2015).

Arnett, Jeffrey Jensen. *Emerging Adulthood the Winding Road from the Late Teens through the Twenties*. New York ; Oxford : Oxford University Press, 2004.

Bacon, C.A. « Advertising in China ». *Chinese Economic Journal and Bulletin* 5, n° 3 (septembre 1929) : 754–767.

Bailey, Paul J. *Gender and Education in China : Gender Discourses and Women's Schooling in the Early Twentieth Century*. Routledge, 2007.

Bankers' Cooperative Credit Service (Zhongguo zhengxinsuo), Credit Men's Business Directory of Shanghai (Zhengxin gongshang hang minglu, Shanghai zhibu), Shanghai : Bankers' Cooperative Credit Service, 1935.

Baranowski, Shelley, Castillo Greg, Victoria de Grazia, Pamela E. Swett, S. Jonathan Wiesen, et Jonathan R. Zatlin. *Selling Modernity : Advertising in Twentieth-Century Germany*. Durham : Duke University Press, 2007.

Barlow, Tani. « Advertising Ephemera and the Angel of History ». *Positions : East Asia Cultures Critique* 20, n° 1 (2012) : 111–158.

Barthes, Roland. « Rhétorique de l'image ». *Communications* 4 (1964) : 41–42.

Bastid, Marianne, et Chien Chang. *Educational Reform in Early Twentieth Century China*. Ann Arbor : Center for Chinese Studies, University of Michigan, 1985.

Baum, Emily. « Health and the Bottle : The Dr. William's Medicine Company and the Commodification of Well-Being in Liangyou ». In *Liangyou : Kaleidoscopic Modernity and the Shanghai Global Metropolis, 1926–1945*, édité par Paul Pickowicz, 71–94. Leiden : Brill, 2013.

Becker, C.H. *Reorganisation of Education In China*. Paris : League of Nations' Institute of Intellectual Cooperation, 1932.

Belk, Russell W. et Xin Zhao. « Advertising Consumer Culture in 1930s Shanghai : Globalization and Localization in Yuefenpai ». *Journal of Advertising* 37, n° 2 (2008) : 45–56.

Benedict, Carol. *Golden-Silk Smoke : A History of Tobacco in China, 1550–2010*. Berkeley : University of California Press, 2011.

Bergère, Marie-Claire. *L'âge d'or de la bourgeoisie chinoise, 1911–1937*. Paris : Flammarion, 1986.

Berghoff, Hartmut, Philip Scranton, et Uwe Spiekermann. *The Rise of Marketing and Market Research*. New York : Palgrave Macmillan, 2011.

Bickers, Robert. « Shanghailanders : The Formation and Identity of the British Settler Community in Shanghai 1843–1937 ». *Past & Present*, n° 159 (1998) : 161–211.

Bickers, Robert A., et Christian Henriot. *New Frontiers : Imperialism's New Communities in East Asia, 1842–1953*. Manchester ; New York : Manchester University Press, 2000.

Bickers, Robert A., et Isabella Jackson, éd. *Treaty Ports in Modern China : Law, Land, and Power*. Routledge, 2016.

Bieler, Stacey. *« Patriots » or « Traitors » ? : A History of American-Educated Chinese Students*. New York : Routledge, 2003.

Black, Ernest J. « Advertising in Shanghai ». Consular Trade Report. General records of the Department of State, RG59, Box 948. Washington, D.C. : National Archives and Records Administration (NARA), 1932.

Brasó Broggi, Carles. *Trade and Technology Networks in the Chinese Textile Industry : Opening Up Before the Reform*. New York : Palgrave Macmillan : Palgrave Macmillan, 2015.

Brown, Margaret E. « Advertising to the Elite : The Role of Innovation of Fine Art in Advertising in the Development of the Advertising Industry ». M.A. Department of History, Indiana University-Purdue University, 2015.

Büchsel, Ulrike. « Lifestyles, Gender Roles and Nationalism in the Representation of Women in Cigarette Advertisements from the Republican Period ». Thèse de doctorat, Université d'Heidelberg, 2009.

Calder-Marshall, R., et P.L. Bryant. *The Anglo-Chinese Cook Book*. Shanghai : Commercial Press, 1916.

Callon, Michel. *The Laws of the Markets*. Oxford : Blackwell, 2011.

Callon, Michel, Yuval Millo, et Fabian Muniesa. *Market Devices*. Malden, Mass. : Blackwell, 2008.

Carl Crow, Inc. *Newspaper Directory of China (Including Hongkong)*. Shanghai : Carl Crow, Inc., 1931.

Chan, Wellington K.K. « Personal Styles, Cultural Values and Management : The Sincere and Wing on Companies in Shanghai and Hong Kong, 1900–1941 ». *Business History Review* 70, n° 2 (juillet 1996) : 141–166.

Chen, Deming. *Yuanqu de huihuang : « Shenbao » (1929–1949) haipai guanggao meishu zitu* ji (Gloires du passé : l'art publicitaire dans le style haipai dans le Shenbao, 1912–1949). Shanghai : Shanghai daxue chubanshe, 2019.

Chen, Janet Y. *Guilty of Indigence : The Urban Poor in China, 1900–1953*. Princeton, Princeton University Press, 2013.

Cheng Chaonan, et Feng Yiyou. *Lao guanggao* (Publicités anciennes). Shanghai : Shanghai huabao chubanshe, 1998.

Cheng, Linsun. *Banking in Modern China : Entrepreneurs, Professional Managers, and the Development of Chinese Banks, 1897–1937*. Cambridge ; New York : Cambridge University Press, 2006.

Chessel, Marie-Emmanuelle. *La publicité : naissance d'une profession, 1900–1940*. Paris : CNRS Éditions, 1998.

Chessel, Marie-Emmanuelle. « Une méthode publicitaire américaine ? Cadum dans la France de l'entre-deux-guerres ». *Entreprises et Histoire*, n° 11 (1996) : 61–76.

Chessel, Marie-Emmanuelle, et Sophie Dubuisson-Quellier. « The Making of the Consumer : Historical and Sociological Perspectives ». In *The SAGE Handbook of Consumer Culture*, édité par Olga Kravets, Pauline Maclaran, Steve Miles, et Alladi Venkatesh, 43–60. London : Sage, 2018.

Clark, J.D. *Sketches in and around Shanghai*. Shanghai : ‹ Shanghai Mercury › and ‹ Celestial Empire › Offices, 1894.

Cochoy, Franck. *Une histoire du marketing : discipliner l'économie de marché*. Paris : La Découverte, 1999.

Cochoy, Frank, et Sophie Dubuisson-Quellier. « The sociology of market work ». *Economic Sociology – the European Electronic Newsletter* 15, n° 1 (2013) : 4–11.

Cochran, Sherman. *Big Business in China : Sino-Foreign Rivalry in the Cigarette Industry, 1890–1930*. Cambridge, Mass. ; London : Harvard University Press, 1980.

Cochran, Sherman. *Encountering Chinese Networks : Western, Japanese, and Chinese Corporations in China, 1880–1937*. Berkeley, Calif. : University of California Press, 2000.

Cochran, Sherman, éd. *Inventing Nanjing Road : Commercial Culture in Shanghai, 1900–1945*. Ithaca, NY : Cornell University Press, 1999.

Cochran, Sherman. « Marketing Medicine and Advertising Dreams in China, 1900–1950 ». In *Becoming Chinese : Passages to Modernity and Beyond*, édité par Wen-Hsin Yeh, 62–97. Berkeley : University of California Press, 2000.

Cohen, Paul A. *Discovering History in China : American Historical Writing on the Recent Chinese Past.* New York : Columbia University Press, 1984.

Conrad, Christoph, et Patrick Fridenson. « Observer les consommateurs. Études de marché et histoire de la consommation en Allemagne, des années 1930 aux années 1960 ». *Mouvement Social*, n° 206 (Juin 2004) : 17–39.

Corbin, Alain. *La pluie, le soleil et le vent : une histoire de la sensibilité au temps qu'il fait.* Paris : Aubier, 2013.

Crawford, Robert. « Opening for Business : A Comparison of J. Walter Thompson and McCann Erickson's Entries into the Australian Market ». *Journal of Historical Research in Marketing* 8, n° 3 (2016) : 452–472.

Crawford, Robert, et Jacqueline Dickenson. *Behind Glass Doors : The World of Australian Advertising Agencies, 1959–1989*, 2016.

Crow, Carl. *The Travelers' Handbook for China*. San Francisco, Calif. : San Francisco News Co., 1913.

Crow, Carl. *Four Hundred Million Customers ; the Experiences – Some Happy, Some Sad, of an American in China, and What They Taught Him*. New York ; London : Harper, 1937.

Crow, Carl. « Advertising and Merchandising ». In *China. A Commercial and Industrial Handbook*, édité par Julean Herbert Arnold, 191–200. Washington, Govt. Print. Off., 1926.

Crow, Carl. « When You Advertise to Orientals ». *Printers' Ink Monthly*, Décembre 1927, 39–40, 116–23.

Crow, Carl. « Advertising Meets War and Survives ». *Printers' Ink Monthly*, Avril 1937.

Crow, Carl. *China Takes Her Place*. New York ; London : Harper & Bros., 1944.

Crow, Carl, et Esther Brock Bird. *Foreign Devils in the Flowery Kingdom*. New York ; London : Harper & Bros., 1940.

Crow, Carl, et Paul French. *The Long Road Back to China : Along the Burma Road to China's Wartime Capital in 1939*. Hong Kong : Earnshaw Books, 2009.

Curran, Thomas D. *Educational Reform in Republican China : The Failure of Educators to Create a Modern Nation*. Lewiston, NY : Mellen, 2005.

Davis, Deborah. *The Consumer Revolution in Urban China*. Berkeley : University of California Press, 2000.

De Grazia, Victoria. *Irresistible Empire : America's Advance through Twentieth-Century Europe*. Cambridge, Mass. : Belknap Press of Harvard University Press, 2005.

De Iulio, Simona, et Carlo Vinti. « The Americanization of Italian Advertising during the 1950s and the 1960s Mediations, Conflicts, and Appropriations ». *Journal of Historical Research in Marketing* 1, n° 2 (2009) : 270–294.

Delacroix, Christian. « Linguistic turn ». In *Historiographies : concepts et débats*, édité par Christian Delacroix, Patrick Garcia, et Nicolas Offenstadt, n° 1 : 476–490. Paris : Gallimard, 2010.

Dickenson, Jacqueline. *Australian Women in Advertising in the Twentieth Century*, 2015.

Dikötter, Frank. *Exotic Commodities : Modern Objects and Everyday Life in China*. New York : Columbia University Press, 2006.

Dikötter, Frank. *Things Modern : Material Culture and Everyday Life in China*. London : C. Hurst & Co. (Pub.) Ltd., 2007.

Drège, Jean Pierre. *La Commercial Press de Shanghai (1897–1949)*. Paris : PUF, 1978.

Effosse, Sabine, Hervé Joly, et Marc de Ferrière Le Vayer, éd. *Les entreprises de biens de consommation sous l'Occupation*. Traduit par Arlerte Stroumza. Perspectives Historiques. Tours : Presses universitaires François-Rabelais, 2013.

Elman, Benjamin A. *Civil Examinations and Meritocracy in Late Imperial China*. Harvard University Press, 2013.

Fairbank, John King, et Ssu-yü Teng. *China's Response to the West : A Documentary Survey, 1839–1923*. Cambridge : Harvard University Press, 1954.

Fass, Paula S. *The Routledge History of Childhood in the Western World*. London : Routledge, 2012.

Faure, David, éd. *China and Capitalism : Business Enterprise in Modern China*. Hong Kong : Division of Humanities, Hong Kong University of Science and Technology, 1994.

Feng, Xiaocai. *Zhengshang Zhongguo : Yu Qiaqing yu ta de shidai* (Les marchands politiques en Chine : Yu Qiaqing et son temps). Beijing : Shehui kexue wenxian chubanshe, 2013.

Fernsebner, Susan. « A People's Playthings : Toys, Childhood, and Chinese Identity, 1909–1933 ». *Postcolonial Studies* 6, n° 3 (2003) : 269–293.

Field, Andrew. *Shanghai's dancing world : cabaret culture and urban politics, 1919–1954*. Hong Kong : Chinese University Press, 2010.

Fraser, David Embrey. « Smoking out the Enemy : The National Goods Movement and the Advertising of Nationalism in China, 1880–1937 ». Thèse de doctorat, University of California, 1999.

French, Paul. *Carl Crow, a tough old China hand : the life, times and adventures of an American in Shanghai*. Hong Kong : Hong Kong University Press, 2006.

Fu, Jia-Chen. *The Other Milk : Reinventing Soy in Republican China*. Seattle : University of Washington Press, 2018.

Galy, Laurent. « Yishibao (Social Welfare) ». In *Encyclopédie des historiographies : Afriques, Amériques, Asies : Volume 1 : sources et genres historiques (Tome 1 et Tome 2)*, édité par Nathalie Kouamé, Éric P. Meyer, et Anne Viguier, 1975–1987. TransAireS. Paris : Presses de l'Inalco, 2020.

Gan, Yonglong. *Guanggao xinglixue* (La psychologie de la publicité). Shanghai : Commercial Press, 1927.

Ge, Gongzhen. *Zhonguo baoxue shi* (Histoire du journalisme en Chine). Shanghai : Commercial Press, 1927.

Gerth, Karl. *China Made : Consumer Culture and the Creation of the Nation*. Cambridge : Harvard University Press, 2003.

Goodman, Bryna. *Native Place, City, and Nation Regional Networks and Identities in Shanghai, 1853-1937*. Berkeley : University of California Press, 1995.

Gudis, Catherine. *Buyways : Billboards, Automobiles, and the American Landscape*. New York : Routledge, 2004.

Hamilton, John Maxwell. « The Missouri News Monopoly and American Altruism in China : Thomas F.F. Millard, J. B. Powell, and Edgar Snow ». *Pacific Historical Review* 55, n° 1 (1986) : 27–48.

Hamilton, Peter E. « The American-Returned Students : Educational Networks and New Forms of Business in Early Republican China ». In *Knowledge, Power, and Networks. Elites in Transition in Modern China*, édité par Cécile Armand, Christian Henriot, et Huei-min Sun, 258–288. Leiden : Brill, 2022.

Henriot, Christian. « Shanghai and the Experience of War : The Fate of Refugees ». *European Journal of East Asian Studies* 5, n° 2 (2006) : 215–245.

Henriot, Christian, Lu Shi, et Charlotte Aubrun. *The Population of Shanghai (1865–1953) : A Sourcebook*. Leiden, Boston : Brill, 2019.

Ho, Ping-ti. *The Ladder of Success in Imperial China : Aspects of Social Mobility, 1368–1911*. New York : Columbia University Press, 1962.

Huang, Kewu. « Cong Shenbao yiyao guanggao kan minchu Shanghai de yiliao wenhua yu shehui shenghuo, 1912~1926 (La culture médicale et la vie sociale à travers les publicités du Shenbao, 1912–1926) ». *Zhongyang yanjiu yuan Jindai shi yanjiu suo jikan* 17 (1988) : 141–194.

Hunt, Michael H. « Americans in the China Market : Economic Opportunities and Economic Nationalism, 1890s–1931 ». *The Business History Review* 51, n° 3 (1 octobre 1977) : 277–307.

Hunt, Michael H. « The American Remission of the Boxer Indemnity : A Reappraisal ». *The Journal of Asian Studies* 31, n° 3 (1972) : 539–559.

Huskey, James Layton. « Americans in Shanghai : Community Formation and Response to Revolution, 1919–1928 ». Thèse de doctorat, Durham : University of North Carolina, 1985.

International Textbook Company. *Engraving and printing methods, advertisement illustration, technical- and trade-paper advertising, street-car advertising, outdoor advertising, house publications.* Scranton, Pa. : Smithsonian Libraries, 1909.

Iseki Jiro. *Guanggao xuzhi* (Manuel de publicité). 1925 : Commercial Press, 1925.

Kaske, Elisabeth. *The Politics of Language in Chinese Education, 1895–1919*. Vol. 82. Sinica Leidensia. Leiden : Brill, 2007.

Kerlan-Stephens, Anne, et Christian Delage. *Hollywood à Shanghai : l'épopée des studios Lianhua, 1930–1948.* Rennes : Presses universitaires de Rennes, 2015.

Köll, Elisabeth. *Railroads and the Transformation of China*. Hardcover. Harvard University Press, 2019.

Kuai, Shixun. *Guanggao ABC (L'ABC de la publicité)*. Shanghai : Shijie shudian, 1928.

Kuisel, Richard F. *Seducing the French : The Dilemma of Americanization.* Berkeley : University of California Press, 1997.

Kuo, P.W. « Foreign Trade and Advertising ». *China Press*, septembre 1936, 27–28.

Laing, Ellen Johnston. *Selling Happiness : Calendar Posters and Visual Culture in Early Twentieth-Century Shanghai.* Honolulu : University of Hawai'i Press, 2004.

Lam, Tong. *A passion for facts : social surveys and the construction of the Chinese nation state, 1900–1949.* Berkeley : University of California Press, 2011.

Lean, Eugenia. *Vernacular industrialism in China : local Innovation and translated technologies in the making of a cosmetics empire, 1900–1940* (New York : Columbia University Press, 2020).

Lean, Eugenia. « The Modern Elixir : Medicine as a Consumer Item in the Early Twentieth-Century Chinese Press ». *UCLA Historical Journal* 15 (1995) : 65–92.

Liang Chen, Ren Yunzhu, et Li Zhongqing. *Qi shanlin zhe : Zhongguo xiandai zhishi jieceng de xingcheng 1912–1952.* Beijing : Beijing shehuikexue wenxian chubanshe, 2023.

Lien, Ling-ling, *Dazao xiaofei tiantang : baihuogongsi yu jindai Shanghai chengshi wenhua* (Créer un paradis pour la consommation : les grands magasins et la culture urbaine moderne à Shanghai) (Beijing : Shehui kexue wenxian chuban she, 2017).

Lin, Shengdong. *Zhongguo jin xiandai jingdian guanggao chuangyi pingxi : « Shenbao » qishi qinian* (Analyse de la publicité moderne en Chine, à travers les 70 ans du *Shenbao*). Nanjing : Dongnan daxue chubanshe, 2005.

Liu, Li. *Zhongguo jindai baoye caifang shilun : yi shenbao wei zhongxin de kaocha* (Histoire des interviews dans les journaux en Chine moderne : une enquête centrée sur le *Shenbao*) (Hefei : Anhui daxue chubanshe, 2014).

Lu, Meiseng. *Guanggao* (La publicité). Shanghai : Commercial Press, 1940.

Ma, Guoliang. *Liangyou yijiu : yijia huabao yu yige shidai* (Se souvenir de Liangyou : un journal illustré et son époque). Beijing : Sanlian shudian, 2002.

Marchand, Roland. *Advertising the American Dream : Making Way for Modernity, 1920–1940.* Berkeley : University of California Press, 1985.

Martin, Marc. *Trois siècles de publicité en France.* Paris : Éditions Odile Jacob, 1992.

Merkel, Ina, et Christine Grosse. « Au bonheur des petites gens. Publicité, étude des besoins et consommation au quotidien en RDA ». *Mouvement Social*, n° 206 (juin 2004) : 41–57.

Mittler, Barbara. *A newspaper for China ? Power, identity, and change in Shanghai's news media, 1872–1912*. Cambridge : Harvard University Press, 2004.

Mittler, Barbara. « Gendered Advertising in China : What History Do Images Tell ? » *European Journal of East Asian Studies* 6, n° 1 (2007) : 13–41.

Mittler, Barbara. « Imagined Communities Divided : Reading Visual Regimes in Shanghai's Newspaper Advertising (1860s–1910s) ». In *Visualising China, 1845–1965 : Moving and Still Images in Historical Narratives*, édité par Christian Henriot et Wen-hsin Yeh, 267–378. Leiden : Brill, 2013.

Mo, Yajun. *Touring China : A History of Travel Culture, 1912–1949*. Ithaca : Cornell University Press, 2021.

Morgan, Stephen L. « Economic growth and the biological standard of living in China, 1880–1930 ». *Economics & Human Biology* 2, n° 2 (1 juin 2004) : 197–218.

Mullaney T.S. « Quote Unquote Language Reform : New-Style Punctuation and the Horizontalization of Chinese ». *Modern Chinese Literature and Culture* 29, n° 2 (2017) : 206–250.

Nakajima, Chieko. *Body, Society, and Nation : The Creation of Public Health and Urban Culture in Shanghai*. Cambridge : Harvard University Press, 2018.

Narramore, Terry. « Making the News in Shanghai : Shen Bao and the Politics of Newspaper Journalism, 1912–1937 ». Thèse de doctorat, Australian National University, 1989.

Nellist, George F.M. *Men of Shanghai and North China. A Standard Biographical Reference Work*. Shanghai : The Oriental Press, 1933.

Nixon, Sean. «Apostles of Americanization ? J. Walter Thompson Company Ltd, Advertising and Anglo-American Relations 1945–67». *Contemporary British History* 22, n° 4 (décembre 2008) : 477–499.

Pan, Junxiang. *Zhongguo jindai guohuo yundong* (Le mouvement pour la promotion des produits nationaux en Chine moderne). Beijing : Zhongguo wenshi, 1995.

Pang, Ju'ai. *Kuawenhua guanggao yu shimin wenhua de bianqian : 1910–1930 nian « Shenbao » kuawenhua guanggao yanjiu* (Les publicités transculturelles et la transformation de la culture populaire : une études des publicités transculturelles dans le Shenbao dans les années 1910–1930). Shanghai : Jiaotong daxue chubanshe, 2011.

Pang, Laikwan. *The Distorting Mirror : Visual Modernity in China*. Honolulu : University of Hawaii Press, 2007.

Paulès, Xavier, et Damien Chaussende. *La République de Chine : histoire générale de la Chine : 1912–1949*. Paris : Belles-Lettres, 2019.

Peng, Hsiao-yen, et Isabelle Rabut. *Modern China and the West : Translation and Cultural Mediation*. Brill, 2014.

Pouillard, Véronique. « American Advertising Agencies in Europe : J. Walter Thompson's Belgian Business in the Inter-War Years ». *Business History* 47, n° 1 (janvier 2005) : 44–58.

Pouillard, Véronique. *La publicité en Belgique, 1850–1975 : des courtiers aux agences internationales*. Bruxelles : Académie Royale de Belgique, 2005.

Powell, John Benjamin. *Who's Who in China*. Shanghai : China Weekly Review, 1936.

Rawski, Thomas G. *Economic Growth in Prewar China*. Berkeley : University of California Press, 1989.

Rea, Christopher G. « Enter the Cultural Entrepreneur ». In *The Business of Culture : Cultural Entrepreneurs in China and Southeast Asia, 1900–65*, édité par Nicolai Volland et Christopher G Rea, 9–34. Vancouver : University of British Columbia Press, 2014.

Reinhardt, Anne. *Navigating Semi-Colonialism : Shipping, Sovereignty, and Nation-Building in China, 1860–1937*. Harvard University Press, 2018.

Roche, Daniel. *La culture des apparences : une histoire du vêtement (XVIIe–XVIIIe siècle)*, 1989.

Rorty, Richard. *The Linguistic Turn : Recent Essays in Philosophical Method*. Chicago : University of Chicago Press, 1967.

Sanger, J. *Advertising methods in Japan, China, and the Philippines*. Washington : Govt. Print. Office, 1921.

Schneider, Helen M. *Keeping the Nation's House Domestic Management and the Making of Modern China*. Vancouver : UBC Press, 2011.

Schwartz, Thomas A. « Coca-Cola and Pax Americana : The limits of americanization in postwar Europe ». *Contemporary Austrian Studies* 3 (janvier 1995) : 262–272.

Scott, Walter Dill. *The Psychology of Advertising : A Simple Exposition of the Principles of Psychology in Their Relation to Successful Advertising*. Boston : Small, Maynard & Co., 1908.

Shanghai gongshangren minglu (Annuaires des entrepreneurs de Shanghai). Shanghai : Meihua shuju, 1936.

Shanghai gongshang renwu zhi (Les entrepreneurs célèbres de Shanghai). Shanghai : Quanguo geda shuju, 1948.

Shanghaishi renzhi (Personnalités de Shanghai). Shanghai : Zhanwang chubanshe, 1947.

Sheehan, Brett. *Trust in Troubled Times : Money, Banks, and State-Society Relations in Republican Tianjin*. Cambridge, MA : Harvard University Press, 2003.

Sheehan, Brett. « Middling Elites : Middle Managers at the Shanghai Bank of China on the Eve of the Communist Revolution ». In *Knowledge, Power, and Networks : Elites in Transition in Modern China*, édité par Cécile Armand, Christian Henriot, et Huei-min Sun, 83–112. Leiden : Brill, 2022.

Song, Jialin. *Lao yuefenpai* (Calendriers commerciaux du passé). 11. Shanghai : Shanghai huabao chubanshe, 1997.

Song Shuqiang, Yin Zhaolu, et Zhao Feifei, éd. « *Shenbao* » *baodao yu pinlgun* (Enquêtes et commentaires dans le Shenbao). Nanjing : Nanjing daxue chubanshe, 2019.

Spiegel, Gabrielle. *Practicing History : New Directions in Historical Writing after the Linguistic Turn*. Taylor & Francis, 2005.

Starch, Daniel. *Advertising : Its principles, practice, and technique*. Chicago ; New York : Scott, Foresman and Company, 1914.

Su, Shangda. *Guanggao xue gailun* (Les fondamentaux de la publicité). Shanghai : Commercial Press, 1929.

Sun, Shunhua. *Zhongguo guanggao shi* (Histoire de la publicité en Chine). Jinan : Shandong daxue chuban she, 2007.

Sung, Tzu-Hsuan. « Cosmétiques, beauté et genre en Chine. Une analyse de la presse et des publicités (Fin des Qing – 1930) ». Thèse de doctorat, Ecole Normale Supérieure de Lyon, 2015.

Susan Glosser. *Chinese Visions of Family and State, 1915–1953*. Berkeley : University of California Press, 2003.

Tang, Yulong. « Jindai Shanghai xiaofei wenhua shi yu xia shenbao guanggao de fazhan (Les publicités du Shenbao et l'essor du consumérisme à Shanghai) ». *Wenhua yuekan*, n° 6 (2017).

Tillman, Margaret. *Raising China's Revolutionaries : Modernizing Childhood for Cosmopolitan Nationalists and Liberated Comrades, 1920s–1950s*. Columbia University Press, 2018.

Trentmann, Frank. *The Empire of Things : How We Became a World of Consumers, from the Fifteenth Century to the Twenty-First*, 2016.

Trentmann, Frank. *The Making of the Consumer : Knowledge, Power and Identity in the Modern World*. Oxford : Berg, 2006.

Tsai, Weipin. *Reading Shenbao : Nationalism, Consumerism and Individuality in China, 1919–37*. Houndmills, Basingstoke : Palgrave Macmillan, 2008.

Vittinghoff, Natascha, et Michael Lackner, éd. *Mapping Meanings the Field of New Learning in Late Qing China*. Leiden ; Boston : Brill, 2004.
Wagner, Rudolf G. « The Role of the Foreign Community in the Chinese Public Sphere ». *The China Quarterly*, n° 142 (juin 1995) : 423–443.
Wang, Fei-Hsien. *Pirates and Publishers : A Social History of Copyright in Modern China*. Princeton, New Jersey : Princeton University Press, 2019.
Wang, Min. « Jindai guo huoyun dong zhongdi yanghuo xiaofei shishang (Le mouvement pour la promotion des produits nationaux face à la vogue des produits étrangers) ». *Lantai shijie*, n° 3 (2013).
Wang, Pengcheng, éd., *Shanghai shiyanjiu* (Etude historique de Shanghai) (Shanghai, 1984).
Wang, Runian. *Yuwang de xiangxiang : 1920–1930 niandai « Shenbao » guanggao de wenhua shi yanjiu* (L'imaginaire du désir : une étude d'histoire culturelle des publicités dans le Shenbao dans les années 1920–1930). Shanghai : Shanghai renmin chubanshe, 2007.
Wang, Y.C. *Chinese intellectuals and the West, 1872–1949*. Chapel Hill : University of North Carolina Press, 1966.
Wang, Zhenzhu. « Popular Magazines and the Making of a Nation : The Healthy Baby Contest Organized by The Young Companion in 1926–27 ». *Frontiers of History in China* 6, n° 4 (2011) : 525–537.
Ward, Douglas B. « Tracking the Culture of Consumption : Curtis Publishing Company, Charles Coolidge Parlin, and the Origins of Market Research, 1911–1930 », 1996.
Weinbaum, Alys Eve, et Tani Barlow. *The Modern Girl around the World Consumption, Modernity, and Globalization*. Durham, N.C. : Duke University Press, 2008.
Wen Chunying, et Zhu Chen. « Zhong-Xi ronghe : jindai yiyao guanggao de ‹ shen › yu ‹ nao › – yi Shanghai *Xinbao, Shenbao* weili (1862–1915) (Le foie et le cerveau dans les publicités médicales du *Xinbao* et *Shenbao*) ». *Guanggao daguan*, 2012, 84–88.
White, Percival. *Market Analysis, Its Principles and Methods*. New York : McGraw-Hill, 1921.
Who's Who in China. Shanghai : China Weekly Review, 1940.
Wong, Katrine. « Wang Xiaolai (1887–1967) : A Biography ». Thèse de doctorat, Université Lyon 2, 2019.
Woodard, James P. « Marketing Modernity : The J. Walter Thompson Company and North American Advertising in Brazil, 1929–1939 ». *Hispanic American Historical Review* 82, n° 2 (mai 2002) : 257.
Wu Tiesheng, et Zhu Shengyu. *Guanggaoxue* (La science publicitaire). Shanghai : Zhonghua shuju, 1946.
Wu Shenyuan, *Shanghai zui zao de zhongchong* (Les premières espèces à Shanghai) (Shanghai : Huadong shifan daxue chubanshe, 1989).
Xin, Ping, et Xiao Feng. « 20 shiji 30 niandai shanghairen de xiaofei guan – yi ‹ shenbao › jiantao wei zhongxin (Le consumérisme à Shanghai dans les années 1930 – vu à travers les publicités du Shenbao) ». *Shanghai daxue xuebao*, n° 3 (2012).
Xu, Xiaoqun. *Chinese Professionals and the Republican State : The Rise of Professional Associations in Shanghai, 1912–1937*. Cambridge : Cambridge University Press, 2009.
Xu Yin, et Xiaoqun Xu. « Becoming Professional : Chinese Accountants in Early 20th Century Shanghai ». *Accounting Historians Journal* 30, n° 1 (juin 2003) : 129–153.
Yang, Tsui-hua. *Patronage of Science : The China Foundation for the Promotion of Education and Culture*. Taipei : Institute of Modern History, Academia Sinica, 1991.
Ye, Weili. *Seeking Modernity in China's Name : Chinese Students in the United States, 1900–1927*. Stanford : Stanford Univ. Press, 2001.

Yeh, Wen-Hsin. *Shanghai Splendor : Economic Sentiments and the Making of Modern China, 1843–1949*. Berkeley : University of California Press, 2007.

Yeh, Wen-Hsin. *The Alienated Academy : Culture and Politics in Republican China, 1919–1937*. Cambridge, Mass. ; London : Council on East Asian studies, Harvard University, 1990.

Zanasi, Margherita. *Saving the Nation : Economic Modernity in Republican China*. Chicago : University of Chicago Press, 2006.

Zhang, Jing. *Zhongguo Taiping Yang guoji xuehui yanjiu, 1925–1945* (Recherche sur le China Institute of Pacific Relations, 1925–1945). Beijing : Shehui kexue wenxian chubanshe, 2012.

Zuo Xuchu. *Zhongguo jindai shangbiao jianshi* (Une brève histoire des marques de fabrique modernes en Chine). Shanghai : Xuelin chubanshe, 2003.

Ressources numériques

« Advertising History ». https://advertisinghistory.hypotheses.org/

« Historical Photographs of China ». https://www.hpcbristol.net/

« MADSpace ». https://madspace.org/

« Virtual Shanghai Project ». https://www.virtualshanghai.net/

Concepts

https://doi.org/10.1515/9783111336343-014

Marques

https://doi.org/10.1515/9783111336343-015

Organisations

https://doi.org/10.1515/9783111336343-016

Personnes

https://doi.org/10.1515/9783111336343-017

www.ingramcontent.com/pod-product-compliance
Lightning Source LLC
LaVergne TN
LVHW010643300926
849161LV00005B/1030
* 9 7 8 3 1 1 1 1 8 5 3 9 2 *